做灵魂有香气的女人

沐之／编著

图书在版编目（CIP）数据

做灵魂有香气的女人 / 沐之编著 . -- 长春 : 吉林文史出版社，2019.10
ISBN 978-7-5472-5464-6

Ⅰ . ①做… Ⅱ . ①沐… Ⅲ . ①女性—修养—通俗读物Ⅳ . ① B825.5-49

中国版本图书馆 CIP 数据核字 (2018) 第 222265 号

做灵魂有香气的女人

编　　著：沐　之
责任编辑：董　芳　程　明
封面设计：韩立强
出版发行：吉林文史出版社（长春市福祉大路5788号出版集团A座）
　　　　　www.jlws.com.cn
印　　刷：大厂回族自治县德诚印务有限公司
版　　次：2019年10月第1版　2019年10月第1次印刷
开　　本：155mm × 220mm　1/16
印　　张：19.5印张
字　　数：176千字
书　　号：ISBN 978-7-5472-5464-6
定　　价：45.00元

前言

歌德曾说，永恒之女性，引领我们提升。

一个个拥有纯净高贵灵魂的女性就像一颗颗夜明珠，光芒四射、熠熠生辉。

她们曾用梦想和行动点燃生命的激情，她们并非都是命运的宠儿，却也能成为生命的强者，可以在黑暗、暴风雨中寻找自我。她们笑迎生命中的风雨和世态炎凉，静候岁月的花瓣悄然绽放。

这些美丽的女子用自己一生的辉煌成就一段段传奇，用无与伦比的美丽去跨越百年的风雨，她们懂得用淡定去修复日渐粗糙的容颜，以期保留那份和悦与温婉。她们更知道如何对待那些人性的浅薄与尖酸，让自己不被焦虑和无奈吞噬湮没。

我们通过打捞文字碎影中的残片，去聆听一段段传奇，触摸片刻她们心底的冷暖，从而懂得什么是人生最大的勇敢。

她们能在漫长的一生中悠远笃定地面带微笑，并在任何人生境遇下都能迸发出生命能量。她们温柔了岁月，惊艳了时光。

即使有些人的躯体已经归于永恒的寂静，精神却依旧可以引领我们提升。

走近她们，也就走近了高贵的心灵，然后以此唤醒我们追求高贵灵魂的冲动。

保留灵魂的高贵，到底有何用处？

人生忙碌，谁都不肯停下匆匆的脚步，一个个物质利益的诱惑，一场场无法喘息的竞争，人们的脚步太快，以至灵魂无法同行。不知不觉，有了太多的精神垃圾无处安放。我们只关注外部世界，却从不关注自我体验。于是，我们把日子过得越来越糟，总是认为所有人都比自己幸福。

我们需要积累灵魂的财富，然后，让平常的日子一点点地清丽脱俗。

也许我们不是名媛，在一座平凡的城市做一份平凡的工作，却希望借由这一缕缕灵魂的香气，在烦琐中，可以形成安宁、乐观、宠辱不惊的品质，洗尽铅华，淡淡地散发出精神和心灵的芬芳。同样的工作，从此有了不一样的心境，不为那一场无疾而终的爱情伤筋动骨，也不为事业的成就而虚张声势，也不因家庭琐碎歇斯底里，能实现经济独立、人格独立，也可以经营好家庭，纵然生活百般磨难，也不应让焦虑和戾气浸透生命。

这些美丽的灵魂可以引领我们穿越迷雾，走过生命的黑夜，让日益空虚的灵魂沐浴着爱与善，让内心真正拥有安宁与勇气，从而可以穿越人生中明亮的隧道，寻找生命的美好。

繁华落尽，依然可以在岁月中翩跹起舞。

从此，时光不老。

目录

爱自己，生命才有意义

与逆境共处的智慧

将苦涩的爱情嚼成橄榄的余甘

让婚姻经得起平淡的流年

于三千世界，智当凌驾于事

阴晴圆缺会有时，美景只是刚刚好

因为爱，不说再见

你不能要求没有风暴的海洋

高贵的灵魂，永恒的光亮

成长，永远是自己最重要的事

爱自己，生命才有意义

女人，最重要的或许不是嫁给谁，而是无论嫁给了谁，都能在这段婚姻中获取幸福。与其指望别人给予自己幸福，不如好好爱自己，因为只有当自己处于一个最好的状态，才会有一个可以匹配的人来义无反顾地爱你。集众优于一身，把自己经营成公主，自然吸引王子。

当你放下了自我，就永远无法站在与男人对等的高度；当你放弃自我，只是一味地仰视男人，你就失去了自己的阵地。不管如何安逸，也要有谋生的能力；不管如何陷入爱情，也不要迷失自己。遭遇困境，就尝试发出最强音；生活艰苦，也要柔情缱绻、尽心谋爱。在经济、实用的大众化生活方式上做一个从容、坚定、温暖的女人。

苏青：谋生与谋爱

她曾与张爱玲一起，被称为“上海文坛最负盛誉的女作家”；

她是典型的民国女子，有新青年的狂妄和韧劲儿，却也有旧式女人的局限；

她有着简单健康的底子，生活却总是辜负她，她只能在文章里弥补遗憾；

她中年遭受婚变，没有经济来源，却上有老母在堂，下有孩子需要抚养，她只能自食其力；

她毫不掩饰自己对金钱的贪恋，因为她太懂得生活的艰辛；

即便谋生耗费了她太多的精力，她也柔情缱绻、尽心谋爱；

她没能成为传统价值观念中幸福女性的样板，可热闹而坚韧的生活姿态却永远散发能量。

苏青，常常作为张爱玲的闺蜜，并因得到其高度肯定而被关注。

张爱玲说：“即使从纯粹自私的观点看来，我也愿意有苏青这么一个人存在，愿意她多写，愿意有许多人知道她的好处，因为，低估了苏青的文章的价值，就是低估了她的文化水准。如果必须把女作者特别分作一栏来评论的话，那么，把我同冰心、白薇她们来比较，我实在不能引以为荣，只有和苏青相提并论我是心甘情愿的。”

才女的话字字犀利刻薄，却也实实在在地肯定了苏青的文学地位。

于是，在20世纪斑驳的旧影中，那个“伟大的单纯”的身影在大众的注视下越来越清晰。

苏青虽然和张爱玲同为上海女人，同以文为业，但是文风不同，这源于二人不同的生活经历。

苏青的童年没有什么阴影，出生时在乡下外婆家，亲戚很多，家人常常带她串门，生活简单有趣，给了她很充分的自由成长的空间，使她稚嫩的心灵未有阴影，她也确实就像张爱玲所说，“有着简单健康的底子”。

到苏青8岁需要接受正规教育时，她就被父亲接到上海。父亲这时事业开展得很顺利，在上海银行升职，做了经理，做投机生意又赚了钱，他不但给女儿找了一个不错的小学读书，也曾希望苏青学好英语会话及音乐、舞蹈，成为一个淑女。可是苏青在乡下打下的底子让她对这些不感兴趣，久而久之，父母倒也没有过分勉强。

后来家里给苏青订了一门亲事，对方家境不错，未婚夫李钦后和苏青在学校时也有交集，苏青对李钦后的感情并不上心却也不反感。这时的苏青更乐于在读书中找寻乐趣，她成绩优异，1933年考入中央大学外文系，这在当地并不多见，也足见苏青的出类拔萃。只是后来苏青家境日益衰落，竟连读书费用都成问题，甚至连苏青订婚的一笔聘礼都成了重要经济来源。再加上苏青考上大学让李钦后深感危机，于是李家几次催促成婚，苏青虽然希望读完大学再谈婚事，可是读书费用还得依靠李家，最

后只能赶在苏青去读大学前，匆匆完婚。

婚后两个人也曾有过短暂的幸福，只不过，李钦后生性风流，还与外婆的长孙媳妇私通。苏青自然伤心，想借由读书忘记家庭烦恼，却又怀了身孕，只能休学。李钦后虽然风流，但对苏青也有感情，看她伤心，便向她悔过，提出带她到上海，承诺重新来过。

只是到了上海，生活不但没能像期待的那样美好，反而更加糟糕。除了李钦后的连连出轨时时引发的一次次争吵，还有一家几口的生计也成了问题。李钦后自私、懦弱、虚荣，不肯负起养家的责任，苏青每天就在争吵、愤怒、沮丧中倍受煎熬。

苏青讨厌自己的状态，她在文章里写道："一个女子到了无可作为的时候，便会小心眼儿起来了。记得我初进大学的时候，穿着淡绿绸衫子，下系同颜色的短裙，风吹过来飘舞着像密密层层柳条儿起的浪，觉得全世界就只有我一个人耀眼：我像娇艳的牡丹，而众人便再好些也不过同绿叶点缀或衬托一番罢了。但是现在呢？他，我的丈夫，却不许我向上。"

苏青开始意识到家庭生活已经让她时时都充满束缚感，只是这时她还没有勇气和家庭生活决裂，可是，命运倒是仁慈，借由李钦后的一记耳光才让她彻底与这桎梏煎熬的生活告别。

苏青养着女儿不受婆家的待见，想出去工作又受丈夫的限制，可是当她向李钦后要钱以作家用时，竟换来一记响亮的耳光。这个男人这时早已厌倦自己的妻子，他也早已忘记自己当时是如何高攀不起中央大学的才女。而苏青，被这一巴掌生生打醒。同李钦后的十年婚姻已经走到绝境，苏青终于离开丈夫选择独立。

后来，张爱玲这样评论苏青的婚变：“不论在什么样的患难中，她还是有一种生之烂漫。多遇见患难，于她只有好处；多一点枝枝节节，就多开一点花。”

离开李钦后的苏青确实表现出生活的韧性，幼子嗷嗷待哺，喂养刻不容缓，她必须承担起养家的重任。她说：“我相信就是爱孩子也须先自维持生存，自己连生存都不能够了，又拿什么去爱他们呢？”（《再论离婚》）。

从一个无忧无虑少女到一个名牌大学的才女，再到一个失婚还要抚养三个孩子的少妇，苏青真正体会到了生活的艰难。

她曾四处托人找工作却只有可怜的薪水，她想来想去还得发挥所长，以文谋生。

历经周折，她的《天地》月刊终于创刊。苏青的选材、文笔、主题，无一不迎合衣食父母之胃口，大家喜欢看她的市井烟火气，她便保持这种风格。苏青集作者、编辑、发行于一身，也因此，她要向张爱玲约稿。她的约稿信竟一下打动了这个当时在上海大红大紫、最负盛名的女作家。她亲函张爱玲“叨在同性，希望赐稿”，张爱玲喜欢这位率性的主编，也愿意为《天地》撰稿，后来还同苏青成为闺蜜。

苏青在经营杂志方面很有天赋，她不但能约来当时各界名人如周作人、张爱玲等为杂志撰稿，她还懂得营销之道，实施杂志预订，给客户八折优惠，以扩大销量。

在这期间，她的《结婚十年》也更广泛地被人关注，放在今天应该叫作畅销书。她将亲历十年婚姻的感触写进书中，不但感动着六七十年前的女性，就是在今天，人们也依旧能在书中找到共鸣。那对于男人的期待、抱怨、失望

如出一辙，一次次琐碎小事让埋怨积累太多，在金钱方面的算计让争吵持续升级，婆媳关系让夫妻感情也日益淡薄，全职主妇伸手要钱的难堪和尴尬，最后还有压垮婚姻的稻草——外遇，让女人彻底觉醒，除了自己没有另一个人可以对自己的生命负责。

许多这样的中国家庭主妇生活竟几十年不变。

苏青带给现代人的共鸣还不只这些。

苏青曾指望男人但又必须依靠自己，所以她常常会有这样的感慨："如果与男人一起吃饭，她付了账，一方面会觉得骄傲，另一方面则会有些悲哀，因为失去被保护的权利了。"

朋友炎樱也在谈到苏青时感慨："我想她最大的吸引力是，男人总觉得他们不欠她什么，同她在一起很开心。"

苏青的纠结应该也是现在众多女性的苦恼。想要大女人的权利，也想要小女人的待遇。

男人呢，倒是乐于同这样的女人交往，凡事女人自己担待，当需要他们负一点儿责任，他们就会说最初喜欢的就是她的那份潇洒，还要指责女人善变。

其实，这有可能是极端女权主义的误区，偏偏将男人放在自己的对立面，两性之间无论何时都要互相需要，女人只要能保证自己是独立的个体就好。

离婚后苏青也曾有过合适的对象，但是她不能只考虑自己的幸福，有一次当她与男友吃饭时，三个孩子站在门口张望不敢上前。苏青看出孩子心中的顾虑，也觉得有些伤感，她觉得始终要尽为人母的责任，于是孩子成为了苏青不能卸下的重担。为此她一直没有再婚。

1949年以后，张爱玲去了美国，身边的朋友也陆续离开，苏青却认为，无论何种政局、如何战乱，她能以文谋生，在哪儿都一样。她以本名进行地方戏曲剧本创作，一度深受大众的好评。只不过最后她还是没能逃过落难文人的下场，以致身患恶疾，晚景凄凉。1982年，苏青走完了她曲折的一生。

而她的文字却让读者常读常新，她爽利明快的文风，她对身边小事的态度，她对女人内心真实的洞察，和她将内心所感一一告之的坦诚，都让这个聪明外露的女子颇受女性的青睐。

生活本来就是柴米油盐、家长里短，能在其中活出智慧，在世俗、辛劳中获得解脱，生活大概也就没那么多艰辛，热热闹闹地活在当下，活出自我，也不失为一种幸福。

静思小语

不管如何安逸，也要有谋生的能力；不管如何陷入爱情，也不要迷失自己。遭遇困境，就尝试发出最强音；生活艰苦，也要柔情缱绻、尽心谋爱。在经济、实用的大众化生活方式上做一个从容、坚定、温暖的女人。

唐瑛：精致，是女人的尊严

她是上海20世纪二三十年代一颗闪耀的明星，她与陆小曼齐名，素有“南唐北陆”之说；

她是一道亮丽的风景线，一颦一笑总是牵动着许多男人的心；

她活得自在潇洒，在那个美女云集的花花世界，她总是最受瞩目的那个；

但纵然光彩照人，却从不无端生出无谓的花边新闻，她没有那么多华丽的忧伤，没有不甘的求索，没有委屈的眼泪和无奈，纵然岁月的痕迹爬上脸颊，纵然家务琐事缠身，她仍然可以把生活中平常的时光转换成巨大享受的时刻；

当智慧的双眼看透了生命的终点是短暂的死亡和美丽，她将明媚如水演绎成绝代风华。

同当时很多社交名媛一样，唐瑛成长在一个富足的家庭，父亲唐乃安是清政府获得庚子赔款资助的首批留洋学生，在爱丁堡大学读医科。唐乃安回国后曾在北洋海军任职，后来在上海开了诊所，专给当时的名门贵族看病，收入颇丰。唐瑛的外公徐退三先生是浸礼会昆山分会的创办人，笃信基督教。她的母亲徐亦蓁是中国第一所女子大学——金陵女子大学的首届毕业生，受过良好的高等教育。因此，唐家不但家境富足、人脉甚广，对子女的教育理念也颇为先进。

唐乃安和徐亦蓁都深受西方文化的影响，在他们眼中，女儿的地位同儿子一样重要，因此，唐瑛的教育从小就受到父母的重视，不但要学习舞蹈、英文、戏曲，母亲还特别注重培养她作为名媛应有的习惯和教养，从衣食住行到谈吐举止，样样考究。除了接受良好的家庭教育，唐瑛还有幸就读于中西女塾，这所名校培养出很多著名女性，比如宋家三姐妹。学校的教育方法非常灵活，不同于中国传统的死板的教读式教育，学校里常常寓教于乐，通过排练文艺节目，比如英语小品，来锻炼学生的表现能力，增强学生的语言能力。更为重要的是，学校里主张女子解放和女子自立。在学校里，唐瑛活泼开朗的天性得到最大地释放。这对唐瑛的一生都影响极深，她自立的人格成就了她淡定优雅的人生。自立才可自强，所以在她的人生中，她始终关注的都是自我价值的实现，她的眼光从未盲目地投向别处，没有人比她更爱自己，所以，她始终对生命保持一如既往的热情。

由于在学校表现优秀，常常参加演出，唐瑛从中西女塾毕业，出席社交活动时已经小有名气。当时上海有很多募捐活动，唐瑛在很多话剧表演中都有出色的表现。在1926年江南五所大学举行的运动会颁奖仪式上，主办方请唐瑛前来颁奖，她逐渐成为上海滩的“交际明星”。

她有奢华的风骨，但是她的美丽却绝不仅仅依靠这些奢华的名牌，她对时尚很有心得，会把在逛百货时看到的漂亮衣服的款式，根据自己的想法和审美稍作调整，总能穿出独特的气质。

她对自己的衣着搭配特别精心，出去交际时自不用说，就是没有应酬在家里她也从不邋邋遢遢。早上起来穿短袖羊毛衫，要是出门，她又会换上精致的旗袍，晚上有客人，就再换上西式长裙。

唐瑛的旗袍件件都是精品，有一件旗袍据说绲边上飞舞着百来只金银线绣的蝴蝶，缀着红宝石的纽扣，穿在唐瑛身上艳丽无比。她婀娜多姿的身影成为众多记者捕捉的焦点，她的打扮风格也成为当时上海女性的穿衣指南。

后来，漂亮的唐瑛索性将这种美的能力转化成生产力。

1927年，她与陆小曼等当时的一些名媛创办了“云裳服装公司”。她们将公司制衣的理念定位在“新”而不在“贵”。开业时，唐瑛和陆小曼还亲自在店内为顾客试穿新衣，一件件漂亮的服装在她们的推广下，成为了当时时尚女性不可缺少的装扮选择。一时间，云裳公司的服装风靡上海滩。初次涉足商业，大获全胜，这让本已风光无限的她成为上海滩名媛中的名媛、焦点中的焦点。

唐瑛将对于美丽的心得创造出巨大的商业价值。所以说，美丽的能力也是一种重要资源，对于外表的精心装扮能体现出对生命的珍视，也更有利于别人发现你优秀的内在，毕竟，能通过你毫不在意的邋遢外表去了解你丰富的内心的，只有你身边的少数人。

此刻，有着万丈光芒般耀眼魅力的唐瑛，终于把当时在全中国很富有、极受女人推崇的“钻石王老五”宋子文给吸引了过来。

但宋子文的追求，并未得到唐瑛父亲的认可，相反，他极力反对。在那个动荡的年代，唐瑛父亲认为，政治可能会为家人带来不能预

知的麻烦。

而唐瑛倒也潇洒，默默深锁宋子文给她的二十多封情书，将这段感情利落收场。

与宋子文分手后，唐瑛嫁给了宁波“小港李家”——沪上豪商李云书的公子李祖法。李祖法性格内向，做事一板一眼；唐瑛性格开朗，在上海大红大紫。李祖法不因唐瑛的优秀而骄傲反倒苦恼，最终两人因性格不合各奔东西。

不久，唐瑛遇到了北洋政府总理熊希龄的侄子熊七公子容显麟。容显麟虽然样貌一般，但为人幽默大方，两人性格相得益彰，骑马、听戏、跳舞、聚会，不亦乐乎，这两个同道中人最终结成连理，后来唐瑛便随丈夫远赴香港，而后又移民到美国。

后来容显麟去世，唐瑛就住到儿子隔壁的一个单元。

她不愿和孩子住在一起，一是不愿拖累子女，二是她依旧遵循着自己的生活节奏。

70年代时，唐瑛曾回国探亲，依旧是一袭艳丽的旗袍。虽已年过六旬，唐瑛对自己的身材依旧信心十足，好事者跑来想唏嘘一下美人迟暮的遗憾，却都徒劳而归。

晚年在美国，她活得依旧悠闲，有时打打牌，有时听听戏，有时下厨给孩子做做饭，她晚年时也不用保姆，一切都是自己打理。去世时，她没有一般女人的沧桑和恐惧，一脸从容，潇洒

离世。

这个高雅精致的女人在奔流不息的生命长河里，用淡定和优雅去修复日渐衰老粗糙的外在，做足了一辈子的美人。

在同时期所有的名媛中，唐瑛活得最自在。岁月流转，心若莲花，不被岁月的年轮压垮，她总会有暗香盈动，在不经意间沁人心扉，令人难以忘怀。

对唐瑛来说，时光也就只能在她脸上雕刻出皱纹，而即使岁月流逝，经历了太多的人世沧桑，她的风情也不会远离，反而变得醇厚、浓重，充满质感。

因为，对她来说，爱情不是空气，爱自己才是必需。

所以，每一段爱情来来去去，她都静静旁观，不像陆小曼那样耗尽元气，伤筋动骨。

她的爱情观充分体现着一个以“美人”为终身追求的女子的精神内核——顺其自然。

同宋子文的交往怎么会没有感情？但因父亲对政客没有好感，她就当机立断斩情丝，她知道，没有亲人的赞同，就不算皆大欢喜。同李祖法虽门当户对，但是没有共同语言，更不能委屈自己，索性分道扬镳，去寻找下一个春天。

她把主妇一职做得得心应手，事业上也可以帮助丈夫，对孩子的照顾也细致周到，最重要的是，自己不管何时都是装扮精致，令人赏心悦目。

能拥有丈夫的宠爱、孩子的敬爱，唐瑛不过是在拥有别人的爱之前，做到了先爱自己。

如果能懂得爱自己、善待自己，懂得展现出万种风情的魅力，就可以用气质打败年龄，把阅尽的沧桑都折现成无边的美丽。

爱自己，才是对生命最大的尊重。世界的繁杂是我们每天必须面对的，快乐或悲伤，丰富或乏味，不过一念之间。

你不安，世界更浮躁，很多女人脸上会有一种凶狠，她们忙碌却都是徒劳，这是因为她们想要的并非是她们需要的。

女人，应该寻找到一种内心的安宁状态，生命的单纯与美好全系于平适的心境，心若安好，便是晴天。

生命是自己的，要为自己而活，取悦自己和取悦别人同样重要。

别指望不加修饰就可以对抗岁月，没有人的美丽是漫不经心唾手可得的，精心的保养、适宜的装扮，表里兼修，才能成就一个精致的女人。

试着拥有一个好的心态，因为生命中注定要有崎岖，生活中注定要遭遇挫折，减少焦虑、浮躁，拒绝让失望和悲观蚕食生命的美好。放松心情去感受“宠辱不惊，闲看庭前花开花落；去留无意，漫随天外云卷云舒”的自在，就会告别生命中的很多沉重。

静思小语

没有不甘的求索，没有委屈的眼泪和无奈，纵然岁月的痕迹爬上脸颊，纵然家务琐事缠身，她仍然可以把生活中平常的时光转换成巨大享受的时刻。这个高雅精致的女人在奔流不息的生命长河里，用淡定和优雅去修复日渐粗糙的外在，做足了一辈子的美人。

张幼仪：放弃，才是真正的开始

在徐志摩丰富多彩的感情世界中，她是最黯淡的一笔；

而在她追求完美的人生中，与徐志摩的婚姻，也成为无法治愈的伤痛；

年轻时因为活在男人的阴影下愁苦半生，终于在找到自己的价值后生命才得以焕发光彩；

她因懂得放弃，才完成这样华丽的转身。

那一年，15岁的她遵从父母之命做了徐家的媳妇。这桩婚事本让两家人都满意，她也以为这应该是幸福的开始，可她渐渐懂得，婚姻中双方相互的认同才是婚姻的基础。不幸的是，丈夫徐志摩竟总是对她一脸嫌弃。早在第一次见到她照片时，他便曾用嫌弃的口吻说：“乡下土包子！”这样直白的评价丝毫没有掩饰，在日后的婚姻生活中，他也一直用这样的态度去伤害一个在众人眼里举止端庄、性格宽容大方的女人。

也许是由于在北大念了几年书，徐志摩见识的大都是乐观开朗的新女性，父母包办的婚姻对象在他眼里不过是个乡下女人，徐志摩先入为主这样认为，让这个在料理家务、照顾公婆、打理财务方面都甚为得力的女人，在他心里永远是个一无是处而又无知的女人。

“我没有裹小脚，可是对我丈夫来说，我两只脚可以说是缠过的，因为他认为我思想守旧，又没读什么书。”张幼仪回忆道。

这其实对张幼仪来讲是不公平的，12岁的她曾在江苏省立第二女子师范学校读书，并在此受到了先进教育。因为婚姻生活她不得不终止读书，婚后也曾申请继续学习，可是无奈于家务琐事缠身才不得不放弃这个打算。她天资聪慧，勤奋好学，成绩优秀，只是沉默坚毅的个性掩盖了她的才情。

她沉默却并非愚钝，在婚前的几次接触中她大概是感觉到了一个接受过新式教育洗礼的青年对一个传统女孩的鄙夷，所以，她默默地迎合着未婚夫的喜好，在婚礼当天，张幼仪选择了一件西式风格的礼服。她不知道这是否就是丈夫眼中的“新式的新娘”，但是她想让丈夫看到自己的诚意。

可是，她的一番苦心还是没能取悦新婚的丈夫，取下头盖时，她看到的是一张严肃甚至略带鄙视的脸。除了履行最基本的婚姻义务之外，他对她不理不睬。其实，就连履行婚姻义务这种事，他也只是遵从父母抱孙子

的愿望罢了。

徐志摩把对包办婚姻的无奈全部转化为对这个无辜新娘的怠慢。

一结完婚徐志摩就立刻离家读书去了。事实上，直到1920年张幼仪去欧洲前，5年光阴，她与徐志摩在一起的时间不超过4个月。而在这4个月里，“徐志摩从没正眼瞧过我，他的眼光只是从我身上掠过，好像我不存在似的”。

“也许，是我们相处的时间有限才没办法像其他夫妻那般恩爱。”对婚姻还是满怀期待的她一定有这样的思虑。

于是她千里迢迢赶赴法国马赛，希望能用长久的相处换来本该拥有的幸福。可她甚至都没等到站稳在欧洲的土地上，就已经听到了美梦土崩瓦解的声音。

“我斜倚着尾甲板，不耐烦地等着上岸，然后看到徐志摩站在东张西望的人群里。就在这时候，我的心凉了一大截。他穿着一件瘦长的黑色毛大衣，脖子上围了条白丝巾。虽然我从没看过他穿西装的样子，可是我晓得那是他。他的态度我一眼就看得出来，不会搞错，因为他是那堆接船的人当中唯一露出不想到那儿的表情的人。”

没有思妻心切、久别重逢的喜悦，张幼仪从他的表情中明确地看出，其实自己是一个并不受欢迎的人。旅途奔波没能让她疲惫，可是就是这样一个神情却让她的心凉了半截。

徐志摩带着张幼仪在法国草草兜了一圈，立刻坐飞机回英国。在由巴黎飞伦敦的飞机上，张幼仪晕机呕吐，徐志摩把头别过去，对她冷嘲热讽，变了时间、空间，却变不了根深蒂固的观念，他似乎没能对她有一丝改观。

不管徐志摩多么心不甘情不愿，张幼仪的到来让他被迫接受了丈夫这一角色。一个旧中国的传统婚姻总是让他感觉别扭。他根本不给她任何机会表现自己。他不喜欢她，从头到脚，彻头彻尾。

“我没法子让徐志摩了解我是谁，他根本不和我说话……我和自己的丈夫在一起的时候，情况总是：‘你懂什么？’‘你能说什么？’”

她知道，她其实永远无法取悦一个连了解她都懒得去尝试的男人。

在波士顿时的张幼仪，想讨他喜欢，却根本找不到途径。这虽不是长久之计，可是，忙于照顾徐志摩日常的生活又稍稍让她感到安心：“我从早到晚不得不一再向自己保证，我在徐家的地位是不会改变的：我替他生了个儿子，又服侍过他父母，我永远都是原配夫人……”

她的惶恐不安，她的自我安慰，听起来如此悲哀。

一段没有爱情的婚姻到底是要靠什么维系？是一方卑微地迎合和另一方暂无更好选择的半推半就，还是那桩旧式婚姻背后家长不可抗拒的威严？

终于，这些在张幼仪看来最为坚不可摧的牢固婚姻之堡垒，统统在徐志摩找寻到自己灵魂伴侣时轰然倒塌。

徐志摩提出恢复自由之身，可这时，张幼仪已经怀孕，徐志摩却要求她将孩子打掉。

一个因无爱婚姻到来的新生命在他的父亲眼中只是累赘。

在张幼仪不知如何面对这样残酷、无情却又是自己全部依靠的男人时，徐志摩竟撇下身怀六甲的妻子，云游四方。

纵然自己如何恐惧、如何悲伤也不能挽回这个男人的心，也许，她就从未得到过他一丝真心。1922年2月24日，在柏林，张幼仪第二个孩子降生，她叫来徐志摩，在离婚协议上签好字，还他梦寐以求的自由。

徐志摩欢天喜地地向张幼仪道谢，唯恐不及地逃离出张幼仪的生命轨迹，剩下她一人踽踽独行。

她以为可以依靠一生的男人离开时身影急切决绝。22岁的张幼仪知道，再悲痛人生也得继续。带着一颗破碎的心，张幼仪在德国努力地生活着，她已经经历了人生最悲惨的遭遇，所谓漂泊异乡的苦楚根本就算不了什么，去德国以前，她凡事都怕；到德国后，她反倒变得一无所惧。

她边工作边学习，并进入裴斯塔洛齐学院，专攻幼儿教育。她严肃的人生理念契合德国人严谨的工作作风，她在异国他乡逐渐地找到自信。5年后张幼仪回国，能说一口流利德语的她在东吴大学做德文教师，在四哥张嘉璈的支持下出任上海女子商业银行副总裁，与此同时，八弟张禹九与徐志摩等四人在静安寺路开了一家云裳服装公司，张幼仪又出任该公司总经理，经营能力得到极大发挥。

张幼仪的精明、干练、勇敢逐渐显露出来，她找到了人生的支撑点，她自信地昂起头，靠着坚强和拼搏，闯出了男人都望尘莫及的事业。当她以一位干练的现代女性面孔出现在徐志摩眼前，徐志摩眼中的“乡下土包子”绽放出了迟来却异常夺目的魅力。

他曾这样称赞道：“（张幼仪）可是一个有志气有胆量的女子，她这两年来进步不少，独立的步子已经站得稳，思想确有通道……她现在真是‘什么都不怕’，将来准备丢几个炸弹，惊惊中国鼠胆的社会，你们看着吧！”

前半生的她将家庭视为自己生命中最重要的存在，她不管丈夫的鄙视，不埋怨丈夫的怠慢，已经蛰伏成一种卑微隐忍的姿态，却无法留住丈夫的心。当她卑微地乞讨爱情时，他不曾看清她埋下的脸颊；当她骄傲地昂起头颅时，却再也掩盖不住耀眼的光芒。从这时起，他才看清她的真正价值，他甚至骄傲地说“以她为荣”。

命运真是充满讽刺章味，也真是波折，当找到自己的那一天，张幼仪已经失去了太多东西。如果她能早一点儿懂得这些道理，是否就能有不一样的人生？青春已经不能重来，幸好，在错失了一些东西后，她还是找到了自己，找到了幸福。在1953年，张幼仪终于再婚，与邻居中医苏纪之结婚，一起度过了18年。

在相关的史料中没有对于这位苏医生太多的描述，不过可以猜想，他应该是一个不同于徐志摩这样性格的男人，因为几经世事历练的张幼仪知道，温文儒雅、懂得欣赏自己的男人才值得托付终身。

婚姻需要两个人互相欣赏，否则再怎样付出和忍让也换不来爱情。

张幼仪曾以沉静的语气，向侄孙女张邦梅讲述业已尘封半个多世纪的往事：“我这辈子从没跟什么人说过‘我爱你’。如果照顾徐志摩和他家人叫作爱的话，那我大概爱他吧。在他一生当中遇到的几个女人里面，说不定我最爱他。”

用一种对方并不买账的方式去爱他，终究是徒劳。

张幼仪这样一个温顺、孝顺的女人，在活泼飘逸、热情奔放的诗人眼里，就是呆板无趣、僵硬乏味。

在爱情中，人往往都是对自己爱的人百般呵护，对自己不爱的人万分残忍。

在很多不幸福的婚姻中，并非是因为妻子不够贤惠或是丈夫不够体贴。对于妻子来说，不是你把衣服洗得更干净、熨烫得更整齐，他就会更爱你，擅长料理家务只是能让婚姻幸福的其中一种能力，而让自己变得更好得到对方的欣赏才是幸福婚姻的保障。要有高于爱情的第一理想，找到更好的自己，才是爱情的出路，才是自己的出路。

22岁之前的张幼仪在徐志摩的眼中平凡得几乎找不到任何特点，22岁后的她却用自己的成就彰显出自己独特的价值。

她不再是寄生虫、附属品，她是社会中有建设性的一员，所以她的面孔独特而张扬、美丽而清晰。

张幼仪以自己的智慧完成了一次凤凰涅槃。

她也用自己的经历告诉世人，一个女人成长的史诗，一个女人要怎样才能彰显出自己的价值。

对女人来说，必不可少的素质并非美貌与风韵，而是能力、勇气，以及把意志化为行动的魄力。女人的自信来自于奋斗之后的或大或小的成就。

人的本质是社会性的动物，人需要有伴，有族群认同，有精神交流，才会觉得安全、充实和开心。如果女人不去开展自己的事业，就斩断了自己同外界有效交流的机会，也就无法得到他人的认同，长此以往，自然会感觉孤独、失落。

女人只有通过尽情挥洒辛勤的汗水，在一次次的选择、失败、努力后才会变得更加强大、更加自信。

张幼仪终于能破茧成蝶，她将生活中所有的辛酸和悲哀变成前进的动力，最终，她赢得了世人的尊重。

她说：这一生，应该没有什么值得害怕的事情了。

这样的自信不是哪个男人的离去、哪段感情的失败就可以使之消失的。

年轻时的照片中，她的眼神中充满对未知的期盼和不安，而在她中年一张照片中，你能清晰地看到她眼神中的坚定，甚至有时刻洞察这个复杂世界的一丝精明，这是一个女人安身立命的基础——没有经过允许，再没人可以伤害自己。

静思小语

张幼仪用她的勇气和坚定让人看到了高贵的灵魂。她就像岁寒盛放的梅花，坚强而高雅。对女人来说，必不可少的素质并非美貌与风韵，而是能力、勇气，以及把意志化为行动的魄力。女人，做最好的自己后总是会被给予最厚重的敬佩。

吕碧城：我爱自己，没有情敌

她出生于没落的晚清，儿时就以诗扬名乡里，后来成为近三百年来最后一位女词人；

她才华出众，是中国新闻史上第一位女编辑；

她创办了京津一带最早的女子公学，为女性的整体觉醒播下了一粒粒希望的种子；

她留学美国，环游世界，阅尽世间繁华；

她把生命活得处处生动，所以，她一个人到地老天荒，也活得精彩。

她用经历告诉所有女人，爱情不是生活的全部，独身女子的人生别样精彩。

民国时期的名媛照片，大多数都是姿态端凝，表情矜持，深情冷艳。可是，吕碧城的照片中却独有几分张扬神气，有人称之“花繁月圆的饱满，更有气定神闲的笃定”。

美丽分很多种，吕碧城自成一派。

在晚清落寞的光阴中，吕碧城度过了她不太愉快的童年。少年失怙，家产被夺，夫家退婚，后来又寄人篱下。

如果是一个脆弱的灵魂，也就在这命运的洪波中随波逐流了。

可她是吕碧城，她有超常的生命力、意志力、创造力，她习惯于把生命的主动权掌握在自己的手上。

她的胆识气魄超于平凡女子。

吕碧城12岁时父亲去世，因女儿无继承遗产的权利，母亲和她们四姐妹饱受欺凌。族人霸占了家产，并唆使匪徒将吕母强行幽禁。

姐姐吕美荪的诗描绘过孤儿寡母当时的凄惨：“覆巢毁卵去乡里，相携痛哭长河滨。途穷日暮空踟蹰，朔风谁怜吹葛巾。”不甘被恶人欺凌，

吕碧城四处求援，写信求助于父亲生前好友，终于，任江宁布政使、两江总督的樊增祥收到了吕碧城言辞恳切的求助信。有权势的人施以援手，终于让吕碧城一家渡过难关。

后来寄居舅舅家也是尝尽寄人篱下之苦，20岁时，吕碧城打算和方君之的夫人一起去探访天津的女学，舅舅不满意一个女子不安于传统，对其大加指责。受不了舅舅的临行骂阻，吕碧城年轻气盛，竟身无分文地跳上了去天津的火车。

来到天津才知没有钱财傍身寸步难行，她只能写信求助于早她一步来到天津的方夫人。幸运的是，吕碧城的手柬无意中被《大公报》主编英敛之看到，过人的文笔和清秀的笔迹让英敛之意识到这是一个很有才华的年轻人。他同方夫人一同与吕碧城见面，听闻她的经历、见过她的谈吐后，英敛之更加欣赏这个有胆识、有才华的女子。

于是，英敛之将吕碧城所作的《满江红·感怀》发表于《大公报》。

“晦黯神州，欣曙光，一线遥射，问何人，女权高唱？若安达克。雪浪千寻悲业海，风潮廿纪看东亚。听青闺，挥涕发狂言，君休讶。

幽与闭，如长夜。羁与绊，无休歇。叩帝阍不见，愤怀难泻，遍地离魂招未得，一腔热血无从洒；叹蛙居井底愿频违，情空惹。”

英敛之随后在《大公报》刊载了一篇《读碧城女史诗词有感》，对吕碧城诗中表达的感情进行深入解读和赞赏，以文学的方式对其大加肯定：“吾中国古亦多才女，而惟以吟风弄月，消耗其岁月者，盖上无提倡实学之举，故皆以有用精神耗于无用之地。今国家如提倡女学，将来女界之人才，当必可观，此所谓时势造英雄也。”

随后吕碧城又在《大公报》接连发表了一系列关于女权与女学的文章

诗词，慷慨高歌女权，言辞间有横刀立马的气概，引起了强烈的反响。她不但成为了新女性们的向往和仰慕的对象，众多文坛男子对其也如众星捧月，常常写诗附和，出现了“到处咸推吕碧城”的盛况。

以过硬的文笔横空出世，将见识与才情一并倾注笔端，吕碧城有不输男人的显赫成绩。

成名之后，吕碧城并未沉迷于已有成就。这个张扬女权的精神风骨的女人自然希望有更多作为。

英敛之早有想法创办女校，于是吕碧城成为了这项事业的负责人。

后来，22岁的吕碧城还出任由天津公立女学堂改名的北洋女子公学校长。

吕碧城推广新式女子教育不遗余力。她针对中国传统女子的特点，将中国的传统美德与西方的民主、自由思想结合起来，增加西方的自然科学的课程，以“开导女子普通知识，培植后来师范，普及教育为宗旨”，培养了很多女性文化名人。邓颖超、刘清扬、许广平、郭隆真等，都是在这里学习成长的。

中国女性的整体觉醒，始终有吕碧城的功劳。

即使有这样的成绩，吕碧城还是没有止步于已有成就。

“学而优则仕”是中国读书人的梦想，确切地说，应该是中国男人的梦想。吕碧城在文学领域以及教育界的成就让她声名远扬，也有了一次参政议政的机会。吕碧城曾被袁世凯聘为总统府秘书，虽无太多政治成就，但曾有过参政的尝试，吕碧城也算多了一项人生体验。

她于1915年辞职，此后不再涉足政界。

吕碧城后涉足商界，竟让她赚得盆满钵满，收益丰厚。她常常谦虚地说自己“略谙陶朱之学”，总之，就算得益于宽泛的人脉，也确实让她有了享受生活的资本。

吕碧城衣食住行样样考究，自建的小楼金碧辉煌，陈设华丽。她平日身着欧式衣裙，曾拍过一张照片，胸绣孔雀翎、头戴翠羽，风姿绰约。

“吕碧城放诞风流，有比诸《红楼梦》中史湘云者。且染西习，常御晚礼服，袒其背部，留影以贻朋友。擅舞蹈，翩翩作交际之舞，开上海摩登风气之先。”

吕碧城旅游，跳交谊舞，穿西式裙装，学习英文，然后就开始到各国游历。她曾在美国哥伦比亚大学攻读文学与美术，将看到的国外的新鲜事物发表在上海《时报》上。

在纽约时，她长期入住豪华酒店，又因为气质高贵、衣着考究，交往的也是当时名流，所以，常常被认作东方公主。

曾有名人这样形容吕碧城：“以一弱女子自立于社会，手散千金不措意，笔扫千人而不自矜。”

她曾捐十万巨款给红十字会，战争时也常常挥资赈灾。

她将人生的每一步都走得风生水起，当把生活过到极致，也就看破了世事和繁华。

1930年，她皈依佛教，撰写了大量佛学著作，也翻译、印刷了许多佛经。

1943年，61岁的吕碧城在香港九龙辞世。

吕碧城虽然未曾有过婚姻，却不妨碍人生的精彩。

她的魅力与才华曾使她成为名流才俊争相追慕的对象。

但是她却这样说："生平可称心的男人不多。梁启超早有家室，汪精卫太年轻；汪荣宝人不错，也已结婚；张謇曾给我介绍过诸宗元，但年届不惑，须眉皆白，也太不般配。我的目的，不在钱多少和门第如何，而在于文学上的地位，因此难得合适的伴侣。"

这就是吕碧城的"不将就"。

独身女子没有婚姻羁绊，却履迹处处精彩，步伐足够逍遥。

她的一生，活给自己。

在日内瓦湖畔居住时，她写道："斗室精妍，静无人到，逐日购花供几，自成欣赏……虽闭户兼旬，不为烦倦。"

世间能有几人可以阅尽世间繁华，又可以享受没有凡事干扰的平静？

她奢华时，从无人非议，因为她的财富凭自己创造。她皈依时，旁人诧异，而于她自己，世间一切繁华已没有诱惑。

曾文采恣肆征服万人，成为第一位女主编；曾呕心沥血创办学校成为中国近代教育史上第一所女子公学的女校长；曾试图从政，成为袁世凯的秘书；曾跨界经商赚得奢华资本；曾游历各国亲历人间美好，最后皈依佛门，享受最后的宁静。

她哪有精力去纠结感情人心？财富上不需依靠男人，感情上不需男人满足，灵魂不需男人引领，她的人生不需要男人来点缀，这才是独身女人的典范。在吕碧城这里，婚姻对于女人已不再是刚性需求。

不是找不到，是没人可以匹配。

她不躲藏在婚姻背后，给自己脆弱的理由，她也不容忍自己懒惰，放弃自我丰富的机会，她宁可独身也不要婚姻羁绊住前行的脚步，她要亲力亲为地承受人生重压。

她素雅温柔时，如江南温软的春雨，滋润一树花开；她清丽率真时，如绿杨芳草、桃柳抽芽般轻灵；她洒脱坚忍时，又如陈年佳酿般浓烈。那由天马行空般的灵感而迸发出的生命能量赋予了她强烈的个人魅力，使她成为一颗夜明珠，光芒四射，熠熠生辉。她的目光始终朝向高远的外在世界，让生命得以升华，让灵魂得以丰盈。

能够在岁月的长河中留下不可磨灭的身影，并非是因为她美丽的外貌、优雅迷人的气质，而是因为她让我们领略到自励自强、温润洒脱女人的强大和美好前景。

不去依靠谁，自然不用取悦谁。

不用将生命的希望寄托给谁，也不用害怕苦心经营的幸福毁自于谁。

她只爱自己，没有情敌。

不做别人人生的配角，全力实现自己的快乐。

把自己的生活安排得丰富多彩，每一天过得充实而有意义，这比起那些为了结婚而将就出嫁的女人要快乐得多。

静思小语

生命是一段需要全情投入的旅程，认真地生活，不断修炼自我，才能真正感觉到时光的无悔和人生的意义。不放弃对精神领域的建构，才能摆脱琐碎和庸俗，不断地学习，不断地向上，才能洞悉一切，散发出成熟的魅力。

与逆境共处的智慧

她们被称作名媛，当然不仅仅是因为出身高贵。在任何人生境遇下都能迸发出的生命能量赋予了她们强烈的个人魅力，也许每一个可以在暗夜中行走的人，无一例外都有一颗隐忍、丰沛之心。安逸时从不受宠若惊，困顿时从不大呼小叫，顺境逆境都是风景。

命运不过是一场随遇而安的旅行，常有风寒阴霾的苦砺，可是没有哪一种痛苦是单为谁准备。当岁月的伤痕与生命的苦难不期而至，有人沉溺于悲痛不能自已；有人不堪重负从此心底投下沉重的阴影；有人将种种苦涩化为唇边云淡风轻的微笑，然后，用生活的价值和意义去抹去时代的艰辛、岁月的风尘。

郑念：用坚强抵御生命的无常

她的生活曾风和日丽：名校毕业，留学英国，家境优越，供职外企，婚姻美满，女儿聪慧；

她的生活也曾乌云压顶、身陷绝境：中年丧夫，七年监禁，晚年丧女，九死一生；

65岁时，她定居国外，积极生活，即使容颜老去，眼神却晶亮幽邃；

94岁时，她孑然一身，寂静离去，带着万般磨难后的勇气与尊严。

郑念出生于北京，父亲曾留学日本，后任北洋政府官员。她是一个成长在开放西化的家庭的知性女子，在南开女中就读时，她曾因美丽的容貌与不凡的谈吐修养四次登上《北洋画报》的封面，成为那个年代一道迷人的风景。

郑念原名姚念媛，改名是为了追念早逝的丈夫。她与丈夫郑康祺相识于英国，两个人同在英国伦敦留学，郑康祺虽不是世家出身，但是为人勤奋努力、博学多识，因此郑念完全不理会所谓门当户对的传统观念，毅然与其结为伉俪。丈夫并未让她失望，完成学业归国时，因为自身的学识和能力，郑康祺成为了一名外交官，被派往中国驻澳大利亚大使馆工作。那时抗日战争已经爆发，但是郑念一家并未遭受战争之苦，在澳大利亚平静地生活了7年，其间，家里还多了一位新成员，唯一的女儿出生了。1948年之后，夫妻二人回到了中国，定居上海，郑康祺在上海继续担任外交官，后来转任壳牌公司上海办事处总经理。这期间，她的生活依然精致优裕，不用为金钱及生活琐事所累，饮食起居有仆人和厨师照料，自己又有雅致的情趣，多年的旅外生活让她更乐于与外国友人交往。她平日读书看报，虽优越却不张扬，她爱穿旗袍，古典沉静又有些魅惑性感。

1957年，郑康祺突然患病去世。对于丈夫的离世，郑念的痛苦自不必多说，但作为一位新女性，她知道如何走出这样的阴影。她接受了壳牌公司的邀请，成为新任总经理的助手。这并非是因为她是前任经理的遗孀才获得工作机会，更主要的是，她有熟练的英语交流技能以及被西方世界极为认可的文化气质。而工作对于她来讲也并非为了谋生，郑念不但家产丰厚，国内外银行的存款也数以万计。工作的忙碌也许可以让她忘记亡夫的痛苦，作为伦敦经济学院的毕业生，这份工作她完全可以胜任。从1957年到1966年，虽偶感孤立无援，但波澜过后，她依旧把自己和女儿的生活照顾得很好。

她的女儿郑梅平虽然出生在国外，从澳大利亚回国时已经6岁，但显然，她更多的是受中国文化的影响。在动荡刚刚开始时，郑念曾有机会去香港，可是，在征求女儿意见时，女儿却不肯离开。郑梅

平遗传了母亲的基因，外貌极其漂亮，她在中学就经常演戏，后来在电影制片厂工作。曾在文艺小分队，到各地演出，她在演出时还经常同当地人一起劳动，在这样的生活中她感觉充实满足，因此不愿意离开，而郑念也不肯放心把二十二三岁的女儿独自留在内地生活，因此她没有申请马上去香港。经历“文革”动动后，遭受家庭不幸的她于1980年离开上海前往香港，后定居美国。已经六十几岁的她，身体经过多年在狱中的折磨因此总是疼痛难忍，尤其是关节的疼痛。但她积极地适应在美国的生活，自己开车、去银行、写书、演讲，94岁时因肾衰竭辞世。

从郑念年轻的照片看来，确实不负美女的盛名，而看到她头发花白时的照片，你才真正会惊叹于岁月在一个美丽的女人身上留下的优雅。

她幽邃晶亮的眼中有提防外界的警觉，有坚不可摧的强硬，有无所不知的睿智，有看淡一切的从容。

也许正如福楼拜所说，一位真正的贵族不在于他生来就是个贵族，而在于他直到去世仍保持着贵族的风采和尊严。郑念用自己一生的经历向世人诠释了一个名媛的所有内涵。

生活的价值不来源于男人，不来源于物质甚至不会受外界各种阻力的羁绊，绝不用泪水和软弱背叛正确的价值观念，也不用“不文明的大声嚎哭”去获得同情。在反抗外部环境的压迫无果时，不断丰富自我来获得生活的意义，再黑暗的时光她都可以看到生命的希望。

也许每个人随时都要承受命运突如其来的考验，命运的变幻让人措手不及。或许就是在这一瞬间，心灵的卑微与高贵便呈现出不同的姿态，愚钝者，改变自我去迁就一份貌合神离的情感；睿智者，参透了生命的真谛，去焕发生命不竭的光彩。

郑念说：“如果我失去清醒思考问题的能力，那要比头发大把脱落、牙龈出血和体重骤减更使我害怕。”这是一个强者的姿态，也是一个智者的心声。没有一个清醒的头脑，怎么能在纷繁的世界中不随波逐流，不仓皇失措？如果她没

有用理智的头脑看清动乱终会终止，公平必将到来，她又怎能在苦难中坚守？而这一份理智、这一份清醒又来自于哪里？

早年留学国外开阔了眼界、年轻时认真读书，就是在狱中，郑念还坚持背诵唐诗、《毛选》。所以说，没有一分生活智慧是与生俱来的。千万不能轻视知识的力量，也不要对学习有任何懈怠，内在的积累越薄弱，外界环境的影响越巨大，就越没办法用坚定的内心去面对多变的环境，人才会越来越不快乐，越来越不自由。日复一日，一件琐事都可能是压倒你的最后一根稻草。

当生活变作负担而不是乐趣，这就是对生命亵渎。而只有积极地活着，才是对生命最大的尊重。

郑念在安逸时从不受宠若惊，也不曾傲慢骄纵；困顿时从不大呼小叫，依然保有自

尊。当岁月的伤痕与生命的苦难不期而至，也许人生最大的勇敢之一，就是经历伤痛之后，还能保持自信与能力。

所谓精神贵族，也许说的就是这样一份从容。

里希特有一句名言："苦难犹如乌云，远望去但见墨黑一片，然而身临其下时不过是灰色而已。"也就是说，苦难也好，逆境也罢，都并非我们想象中那么难以跨越。当生命中的遗憾我们无法绕过，也无法逃避时，不如想办法突破生活和命运的樊篱。

就将生命当作一场随遇而安的旅行，不管是顺境逆境都当作是风景。用积极向上的心态去面对人生，自然可以打破一切烦恼、忧虑的屏障。只要心存美好，坦然面对，总会看到想看的风景。

也许每个人随时都要承受命运突如其来的考验，命运的变幻让人措手不及。或许就是在这一瞬间，心灵的卑微与高贵便呈现出不同的姿态，愚钝者，改变自我去迁就一份貌合神离的情感；睿智者，参透了生命的真谛，去焕发生命不竭的光彩。

潘玉良：在流言蜚语中成就传奇

她曾是芜湖迎春坊的一名雏妓，出身贫寒，地位卑贱；

她也是芜湖新任海关监督潘赞化的小妾，得以赎身，跳出火坑；

她幸运地接触到绘画，人生从此别有洞天；

她曾两次远渡重洋，在巴黎从事艺术活动达50多个春秋；

她是一代画魂，享誉中外；

她曾因为出身遭到轻视，只能与丈夫长久分离；

她倾尽毕生心血和精力，在艺术的世界成就不朽；

她用她坚韧的灵魂演绎了一个极富传奇色彩的逆袭人生。

很多影视作品总是会把潘玉良演绎成绝色佳人，于是，她之后的一切成绩也就理所当然，理所当然会有人英雄救美，理所当然美人就有大智慧，而美人的故事总是更能拨动看客的心弦。

可是当你看到潘玉良的照片，你会发现，她相貌平平，苛刻一点儿来说，她的五官甚至有些丑陋。而她的人生本来就不是以相貌取胜的。

她在生命历程中，能取得如此成就，是因为有坚不可摧的灵魂，她幸运地找到了自己最了不起的特长，并为此付出极大的辛苦和努力。她从最黑暗的社会底层去仰望生命的曙光，她挣扎，渴望蜕变，她用高超的笔触去探寻生命的美丽，并最终找到灵魂的寄托。

同民国时代众多名媛相比，潘玉良有着太多的与众不同。她出身卑微，曾在妓院生活的经历让她饱受争议。

1895年，潘玉良出生于江苏扬州，这个山清水秀的风景胜地并未给这个女孩太多的安逸。在潘玉良出生不久，父亲病故，8岁时母亲也撒手人寰。父母的双双离世让还未成年的女孩从此无依无靠。无奈，投奔于舅父家寄人篱下，舅父却沉溺于赌博根本不想承担这个额外的负担，并常常在赌输之后对她拳打脚踢，将所有的烦闷发泄在这个无辜女孩身上。潘玉良在这样的环境中生活了5年。13岁时，嗜赌成性的舅父从她身上看到了“财源”，于是将她骗到安徽芜湖，卖给那里的妓院。

在这样一段童年生活的经历中，没有丝毫的温暖、幸福和快乐可言，有的只是悲惨和不堪。在那么多关于潘玉良的童年资料中，很少有她对于那段生活的回忆，那些“孤独”“难过”之类的主观词汇很少出现，资料中记述她很小就这样生活，仿佛她有与生俱来的能力可以承受这些苦难，因为，她之后要承受的比这些还多。

虽出身贫寒，但潘玉良性格倔强，绝不愿卑微。在妓院的生活，如果她肯顺从，说不定会比在舅父家好得多，但她不想过这样的生活。虽然年纪不大，但她却有超越年龄的成熟，她看到妓院的女人虽然衣食无忧，可是出卖灵肉、被迫顺从的生活更是悲惨，女人在这里要谄媚讨好，同不喜欢的人甚至是十分厌恶的男人逢场作戏，也许别人可以为了温饱而妥协，但是潘玉良却拼命反抗。

于是，她开始看准一切机会想要逃出妓院，可是妓院已经有太多处理逃跑妓女的经验，尝试几次不但没有成功，还得遭受一次次的毒打。她还曾经上吊，自毁容貌，种种极端行为也没能改变现状，对于妓院来讲，从她来的第一天起，就没有了普通人的自由，她的任务就是成为一个赚钱的工具。潘玉良不得不听从安排，学一些吹拉弹唱的技艺，以取悦客人。长相平庸的她，却显示出不一般的艺术天赋，她不爱唱吴侬软语，却爱唱京戏，尤爱唱黑头、花脸，这在当时的花街柳巷中无疑是一种豪举。

就是这样一段她想尽办法摆脱却无能为力的妓女生涯成为了无数人讽刺她的依据，在她进入高校学习美术时，有人退学，声称“誓不与妓女同校”。她的《人力壮士》作品展出时，被写上“妓女对嫖客的颂歌”。相比人生的众多苦难，世俗的偏见恐怕最让人难以承受。

能从妓女的身份变作一代画魂，潘玉良最感谢的，就是丈夫潘赞化。如果没有潘赞化，她怎么能有机会将脂粉化为油彩，重新涂抹自己的生命？

两人的相遇，仿佛命中注定。

“不是爱风尘，似被前缘误。花落花开自有时，总赖东君主。去也终须去，住也如何住？若得山花插满头，莫问奴归处。”17岁的潘玉良轻拨琵琶，将早已烂熟于心的曲调珠圆玉润地唱出，这曲《卜算子》古调格外能唱出她的心声，词中倾诉的被迫堕入风尘的无奈，不正是自己的心声吗？这份哀怨在厅内婉转回荡，也拨动了一个男人的心弦。

这天的客人是海关监督潘赞化，因为来芜湖上任，当地乡绅富豪为他接风宴客，特地找来潘玉良弦歌助兴。潘赞化早年有过留学日本的经历，也曾追随孙中山参加过辛亥革命，追随蔡锷参加护国运动，后来告别军旅生涯，开始从政。听到如此辛酸悲凉的唱腔，他便在席间同她有了几句交谈，只是寥寥数语，彼此相见很晚。因为这样一位懂得民主、自由的人听得出这位歌女演绎的是渴望幸福和自由的旋律。

乡绅富豪看出端倪，便赶紧顺水推舟，将潘玉良作为他们孝敬监督的礼物送进了潘家宅邸。

对于身处这样环境的很多妓女来讲，每一个客人都恨不得是自己可以抓住的救命稻草，如果能替自己赎身，就可以离开这个人间地狱。没有人喜爱这样的日子。可是潘玉良却很少将改变命运的希望寄托在这些客人身上。

在潘赞化的府邸，对于身世，对于生活，两人必定是做了很深的交谈，以至于潘赞化越发欣赏这个与众不同的女人。一个男人为了一个妓女赎身并不稀奇，因为，通常这样的女人都有美艳的外表。可是，潘玉良不过相貌平平。能吸引潘赞化的，应该是那个曾经历无数苦难却依旧倔强的灵魂。当他说出要救她于水火之中时，让他惊讶的是，潘玉良没有感激涕零的狂喜，只是说："乡绅富豪把我送来，您虽是好意救我，却欠了他们一个人情，日后必将有不得已却不得不回报他们人情的时候。"她不愿因为自己令别人为难。

潘赞化听后，也更加欣赏这个与众不同的女人。

不久，潘赞化替她赎身，并在陈独秀的证婚下，与她正式结成伉俪。

潘赞化在乡下是有一位原配夫人的，作为受过"五四思潮"影响的年轻人，他从不曾打算纳妾，遇到潘玉良也是因为感情特别投缘才希望能一起生活。而乡下的夫人非常不愿意自己的丈夫娶一个风尘出身的小妾，生活中，对潘玉良也就诸多刁难。

三个人的生活也时常波涛暗涌，并不十分愉快，于是，后来有机会，潘赞化带着潘玉良从芜湖来到上海。

在上海，潘赞化经常在外面奔波，潘玉良待在家里无意间看到邻居

作画觉得很有兴趣。这位邻居是上海美术专科学校的教授洪野先生，绘画水平很高。当时潘玉良并不懂得绘画艺术，就是偶尔跟着临摹涂鸦，画起来也有模有样，这样的天赋被陈独秀发现，他就劝说潘赞化，让潘玉良去跟着洪野先生学画，潘赞化也开通明理，自然赞同。于是，潘玉良就这样成了一位绘画教授的学生。

也就是从这时开始，她有机会用油彩重新涂抹自己的人生。

在接触到绘画后，潘玉良的潜质迅速被激发，绘画水平也飞速提高，她希望能到正规的院校学习，于是在丈夫潘赞化的鼓励下，潘玉良报考上海美专。

对潘玉良来讲，考试并不难，入学却遭遇了最大的困难。

入学考试时，她的成绩最好，可在发榜时，却并没有她的名字。当时美专的教务主任考虑到美术学校的特殊性——时常有人体绘画，在当时已经很不被众人理解，经常受到社会各界的攻击，若再接受一个妓女出身的女子，会引起更大的风波，就没有录取她。爱才心切的校长刘海粟却顶着社会压力，提笔在榜上添上她的名字——就这样，潘玉良成为上海美专的第一个女学生。

在上海美专，她学习刻苦，因为这样的学习

机会来之不易，而绘画也成了她最痴迷的爱好，她将全部的精力都投入到绘画当中。

在3年的学习中，她接受的是基础的绘画练习，进行了大量的素描、速写和写生。她最感兴趣的，对她来讲也是最有挑战的，应该是人体。由于当时世俗的观念还不能接受裸体绘画，模特很少，她为了更好地创作，有时就去浴池观察，这也常常遭到非议，不得已，她就常常在家里，插好门窗，拉上布帘，坐到穿衣镜前，给自己当模特。在这样的练习中，她逐渐地提升了创作水平，在她所画的裸体中，仿佛能触摸到肌肉的弹性，能感觉到血液在皮肤下流淌，当她的习作在学校中展出时，因为超越常人的水平曾引起一时轰动。

随之而来的，自然有一些非议和诽谤。有人开始用她的身世做文章，又因为她所从事行业的特殊性，更是招惹得污言秽语漫天飞扬。她又一次感觉到前从未有的压力，这样的压力，不是靠一己之力就可以摆脱的，随着她名气的变大，压力也随之增大，她预感到，这会影响她的创作。

幸运的是，她的丈夫一如既往地支持她。这样的支持是发自内心的信任，更重要的是，他愿意创造一切有利条件帮助她成长。

刘海粟曾对潘玉良说过：“西画在国内的发展受到很多限制，毕业后还是争取到欧洲去吧！”潘赞化也认为要使潘玉良真正有所成就，就得帮助她摆脱这个令人窒息的被封建思想所包围的恶劣环境。当时恰逢留法勤工俭学之风兴起，潘赞化千方百计地通过安徽省教育厅为她取得了官费留学的名额。于是，潘玉良远渡重洋，开始了第一次欧洲之行。

这一走，竟去了7年。这7年里，她在艺术上有了更大的长进。

她先后师从达仰、布佛莱教授和西蒙教授学画，同徐悲鸿一道在艺术的道路上砥砺前行。很快，她的作品得到了国外艺术家的认可。1927年，她的油画《裸女》入选罗马国际艺术展，获得金质奖章。

她的同学徐悲鸿曾这样评价她："夫穷奇履险，以探询造物之至美，乃三百年来作画之士大夫所决不能者也……士大夫无得，而得于巾帼英雄潘玉良夫人。"

于是，曾经历经磨难的孤女在一点点地创造属于自己的辉煌。而对她付出最多的，还是那个无论是精神上还是物质上都默默给予她最大帮助的，也是她唯一的亲人——潘赞化。

学习和生活的费用都是一笔不小的支出，潘赞化的经济收入已远不如从前丰厚，但是他从未表现出半点儿为难。

于是，终于等到那日，她学成归来，衣锦还乡。

可以想见，久别重逢是如何欣喜。7年的分离足以考验一对夫妻。没有疏离，没有隔阂，潘赞化开心，因为她归来，更因为看到她的成长，他对她的感情早已超越爱情，他从不求福德一致的回报，他更像是她至高无上灵魂的伴侣，竭尽所能地为一个追寻自由与美丽的灵魂提供无限的空间和可能。

而对于潘玉良来说，除了乐于在绘画艺术上寻求美与自由之外，回到中国，她希望能同丈夫团聚，享受家庭的温暖，并能学有所用，将欧洲吸收到的精髓授予祖国的学子。于是，她接受导师刘海粟的邀请，回到上海美专任教，之后还被南京中央大学艺术系聘为教授。

但是，纵使她百般努力，世俗始终不愿放过她的难堪。

1936年，潘玉良举办个人画展，她的作品仍是以人物为主题，尤其是那幅《人力壮士》，是结合当时日本侵华的背景悲愤而作：一个裸体的中国大力士，双手扳掉一块压着小花小草的巨石，岩石下脆弱的小花才得以绽露笑脸。

她不能凭一己之力改变祖国的命运，但是，她希望用自己心中的激情和画笔下迸发的千钧之力来激荡起国人奋起的决心。

奈何，少数国人沟渠般狭窄阴暗的心灵丝毫映衬不出她如明月般殷切的希望之光。

在即将开展之时，有人蓄意破坏画作，还留下一张字条：妓女对嫖客的颂歌。

这污蔑带来的伤痛远比曾经受过的任何责骂毒打都来得惨痛。

她千辛万苦，只身一人远赴他乡，全身投入艺术创作，只为找到生存的尊严。在异乡她获得了认同和尊重，满心欢喜回到祖国，却被伤害得体无完肤，尊严被无情践踏。

对于潘玉良来说，自始至终，不管身份为何，自尊为大。

所以，她只能逃到一个允诺她获得尊严的地方，一个可以埋葬过去的地方，一个不再有歧视和诽谤的地方。

潘玉良选择了巴黎，在那里，她决定做一个“三不女人”：不谈恋爱，不加入外国籍，不依附画廊拍卖作品。能做到这三点的女人很多，可她一做，就是40年。

不依附画廊拍卖作品，是因为她希望自己有更多的独立创作空间。

她专注于艺术创作，也进行了很多艺术创新。虽然在她的艺术创作中更多的是采用西方技法和文化，但是，她源于内心强烈的难以泯灭的民族意识让她逐渐

尝试把中国画中的线引入油画创作中，在色彩处理上也更具主观倾向。

于是，她用她与众不同的经历和性格，倾毕生心血和精力，用独特的女性身份追寻一条不同寻常的艺术之路，成为20世纪前期最为突兀，也最具代表性的女性艺术家。

即使你对绘画艺术并不精通，对于艺术鉴赏也并不专业，但是，你却依然可以感受到她画中蓬勃的生命能量。她毫不遮掩对于女性裸体的歌颂，她酣畅泼辣的笔触总能绽放出别样的精彩，有人说，画中人并非现实所有，不过是她用想象构筑起的理想之物。

在她独享艺术世界的自由与美好的同时，现实生活的窘迫也让她举步维艰。

1940年，纳粹的铁蹄践踏了巴黎，潘玉良唯一的画室也没了，生活早已入不敷出，难以为继。

也许是上天眷顾，在她最困难的时候，总是有人愿意无怨无悔地伸出援手。

在她有限的朋友中，就有这样一个默默支持她的朋友。他叫王守义，曾同周恩来、郭隆真、傅钟等一批留法学生共同在巴黎学习，后来准备回国参加抗日，却遭到在法国的国民党地下组织的追杀。王守义一度到瑞士避难，后来重回巴黎，就和同乡开了一家中餐馆。

在结识潘玉良后，他常常照顾这位只知创作不顾生活的画家。

在她饥寒交迫、食不果腹时，他送来面包和咖啡；画室漏雨无法作画时，他就买来材料修葺屋顶；她独自创作没有灵感需要与朋友接触扩大艺术视野时，他就帮忙举办艺术沙龙，竭尽所能地为她提供一切帮助，让这位天才即使在最落魄的岁月里，也没有停止追寻艺术的脚步。

潘玉良的绘画和雕塑作品逐渐在法国引起轰动，曾被法国教育部、美术馆和博物馆收藏，也获得了法国金像奖、比利时皇家艺术学院艺术圣徒奖等多项奖项。

1954年，法国曾拍过一部纪录片《蒙巴拿斯人》，作为片中唯一的一个东方人，潘玉良成了这个地区著名的文化名人。

这时，距离她第二次离开中国已有十多个年头。在整日忙于创作之余，她怎能不思念家乡的亲人？她走时中国一片腥风血雨，到了巴黎后，也与潘赞化失去了联系，直到1952年才收到潘赞化的来信，信中丈夫告知自己的近况，他已在安庆居住，并任安徽省文史馆馆员之职。丈夫在信中自然希望她早日回国团聚，多年漂泊在外的她也是归心似箭，可是当时原定要举行画展，她打算完成后回国，而等到1957年一切就绪时，事情又出现变故。潘赞化在后来的信中和她说起国内政治形势变化，潘玉良不适宜此时回国。潘玉良只得再等时机。直到1964年中法正式建交。王守义给中国驻法国大使馆写信，辗转打听到潘赞化的消息，结果让潘玉良悲痛不已。早在1959年，潘赞化就已撒手人寰。潘玉良期待已久的与潘赞化团圆的美梦彻底破灭。

她一生中从来没有像此刻这样感到孤独和寂寞，潘赞化在她的心中的分量不言而喻。

65岁的她，忧郁成病。

这就是她的爱情，不同于俗世的模范夫妻那样举案齐眉、白首相依。几十年的分离，他们将热情悄悄地埋藏心底，她为尊严，他为成全。

他在她心中永远精神奕奕，一如当初救她于水火之中般英勇潇洒。聚少离多也不曾冲淡百般深情，阴阳两隔也必定不会使这感情有半分消减。

虽然他已离去，她依旧想重回故里，以解乡愁。她写信给儿子，希望可以办理好探亲手续，带着作品荣归故里，却只可惜，夙愿终究未了。再等到合适时机时，她已百病缠身，无法远行。

1977年7月22日，潘玉良在巴黎逝世。

临终前，她向最好的朋友王守义交代了三个遗言：第一，死后为她换上一套旗袍；第二，将她一直戴着的镶有她跟潘赞化结婚照的项链和潘赞化送给她的临别礼物怀表交给潘家后代；第三，一定要把她的作品带回祖国。

项链和怀表她贴身珍藏了40年，银壳怀表是蔡锷将军送给潘赞化的珍贵礼品，潘赞化在分别前送给潘玉良当作临别纪念。而项链中系有新娘、新郎照片同心结，是两个人爱情的信物。

王守义不负重托，认真帮她完成遗愿，只是，他虽尽所能，却还是没能将她的作品带回中国。

2014年，潘玉良1946年的作品《窗边裸女》在保利香港春季拍卖会中举槌。画作以2000万港币起拍，后又经五轮竞价，最终以3453万港元的成交价卖出。

高昂的价格应该是世人对潘玉良艺术成就最大的认可。不再耿耿于怀她身世的不堪，没有了当时偏见和嘲讽的有色眼光。世间并不全是狰狞的人性与污秽的眼睛，多年后，人们从她的画作中感受到一种蓬勃的生命状态并为之而感动，那一笔笔勾勒出的精湛铿锵的线条，所描绘出的体态如女神一样的健壮的女体，从容而优雅，冲淡了人性的无知和丑恶。

在世间纷扰的嘈杂中，总有人在别人的人生中指指点点，他们喜欢躲在阴暗角落窥视，然后抓住一切机会去诋毁别人的成绩。千万不要迷失在别人的评价里，而是要对自己保持最基本的信任，相信自己的价值，相信自己的梦想，更要懂得抓住梦想绽放的瞬间，成就一个更精彩的自己。

静思小语

即使对流言和诽谤伤心不已，她也从未因此放弃人生，即使容貌不娇媚，她身上所散发的魅力依旧，这是因为她用一种更为超脱的视角去审视自己的人生。她知道只有梦想的实现才可以让人生绽放不一样的光彩，生命才能有不一样的活力，而她才可以跳出并超越别人为她设置的人生陷阱。

郭婉莹：有忍有仁，精致有fun

她是上海的金枝玉叶，家族掌管上海永安百货公司，她从小锦衣玉食；

她不骄纵，有理想，她的理想是过“有fun”的生活，读书、择偶都以此为准则；

她尊重的是一个人在生活中的权利，她享受的是生活带来的每个乐趣；

她在动荡的岁月中经历了可怕的事、危险的事、伤心的事，可是她并未大呼小叫；

她流淌的是真正贵族的血，具备嵌入骨髓的优雅；

她身上有着任何困苦际遇也颠扑不破的精致；

她是真正的贵族。

郭婉莹大多数时候都会被叫作Daisy（戴西）。

戴西是她的英文名字，她从小在澳大利亚生活，6岁时，全家搬到了上海，她的父亲是上海永安百货公司创始人。在旧上海，永安、先施、新新、大新四大百货公司代表着最新的商业业态，其中，上海永安百货公司最负盛名。

作为郭家四小姐，自然从小锦衣玉食，一切应有尽有。她们家住在一栋有花园和鲜花会客厅的西式大房子里，这里还经常举办晚宴舞会，她就像是生活在城堡中的公主。

郭家的财富经常被人觊觎，所以，家里都避免让儿女在公共场所出现，她们只有很少的机会公开社交，她们的朋友差不多就是宋家

的儿女。宋子文每天都在这里进进出出，宋美龄和郭家二姐姐波丽形影不离。戴西的朋友不多，有时她也渴望去学校结识更多的朋友。

11岁时，戴西进入中西女塾读书。在这里，她接受了当时最好的教育。

中西女塾是一所美国基督教女子中学，宋庆龄和宋美龄都曾在这里就读。戴西读书时，她们都已从这里毕业。贵族化的学习风格始终不变，这里面对上海上层阶级的女儿，注重培养的是学生的综合素质，成就一个年代名媛的淑女名誉。这里英语授课，教材也是选用全套美国教材，课程设置有音乐、体育、科学等科目，除了这些理论知识的学习，学校更注重的是培养学生严格的教养。这教养就包括，不以金钱为基础的道德和素质，即使是一夜之间千金散尽，教养也深植其中。

戴西11岁入学，19岁时从中西女塾毕业，八年的学习经历加上她极其优越的家庭背景，让她的身上有着不可磨灭的独特气质。

她很多时候都是淡定自若，在毕业之后，她渐渐穿起中式服装，当有人采访她时问她：“你为什么要坚持穿中式衣服呢？”她说：“没什么理由，因为喜欢，所以做了。”她就是这样，说不出什么辉煌的字眼，很多事情都是因为喜欢，因为“有fun”所以去做。

毕业后，家里为她选定了一门亲事，富家子弟艾尔伯德成了她的未婚夫。要不要与这个人共度一生，戴西有自己的判断。经过一段时间的交往，她发现艾尔伯德的人生观价值观和自己不太一致，这要从一次关于丝袜的谈话说起。艾尔伯德送给她美国玻璃丝袜的时候说：“这袜子真结实，穿一年都不坏。”听起来这是一个务实的男孩，也许做个丈夫正合适，可是戴西却觉得，一个男孩关注的是丝袜结不结实，无趣，no fun，所以不是首选。她拒绝了这门亲事，自己前往北京求学。在当时的社会背景下，有很多这样的富家女孩，为了宏大的革命理想有奋不顾身的热情。可是戴西又与她们不同，她没有革命情结，却是优秀的理想主义者，她向往美好的人生，这样的美好人生大概主要一个主题：有fun。

这就是她的个人理想，她要尊重自己在生活中的权利。

于是，当她对儿童心理学产生了兴趣，她就成了燕京大学心理学系的学生，并在毕业时获得燕京大学毕业证书和理学学士学位证书。

而当她在遇到极其有趣且风流倜傥的吴毓骧时，她觉得这个人才应该是自己的人生伴侣。

吴毓骧母亲的奶奶是林则徐的女儿，因为出自书香门第，他在气质上独有一种清雅，加上人又聪明，19岁就考上庚子赔款的公费留学生，到清华大学的留美预备部读书。在麻省理工学院，他主修电机工程，辅修工商管理。他很快适应了美国新式自由的生活，对一些新鲜流行花样甚至无师自通，满脑子都是新式主张。毕业回国后，吴毓骧先在清华大学教书，可是已经习惯了美国自由散漫生活的他不喜欢这份清苦刻板的工作，他辞职回到上海虹口，成了一家外国牛奶厂的行政人员。外企的工作习惯让他很适应，一年四季穿笔挺西装，工作洋派又自由。到了订婚的年龄，家人给他找了一门亲事。

他这样的人自然不会随随便便就同一个陌生女人共同生活。他拿出三百块钱给来相亲的女子，让她随便上街买自己喜欢的东西。这个女孩买回来一堆花布和胭脂粉盒，他很不喜欢这样俗气又平庸的女孩，便断然回绝了这门亲事。

在择偶这一点上，他倒是和戴西有着惊人的相似。

戴西选男朋友，自然不看重金钱，她的生活已经不需要别人的金钱给她带来安逸，也不太在意所谓的前途，她反倒不喜欢那些踌躇满志的男人，因为她也不需要一个前程似锦的男人给她所谓的风光，这就是一个富家女孩的优势。她只需要一个有共同语言、共同爱好的男人，这样两个人就可以追求以快乐为本的生活。

吴毓骧的性格显然满足了戴西对幸福婚姻生活的要求。

25岁时，戴西嫁给了吴毓骧。郭家嫁女，场面自然十分隆重。

在婚纱照中，戴西就像西方的公主，典雅高贵，长长的眼睫毛优雅地扬着，眼中流露出喜悦，有种安静的美。

关于对婚姻生活的憧憬和期待，戴西有一段回忆：

婚礼的前夜，我突然意识到明天我们得在一起吃早餐了。我一点也不知道我丈夫的饮食习惯，我们在一起吃过午餐和晚餐，在一起喝过茶，但从没在一起吃过早餐，而且我发现我们也从来没在一起商量过这件事。“那么，”我想，“我得准备一下。我不能让他发现我是一个无能的家庭主妇。”

我脑子开始飞快地转起来。是不是应该准备中国式的早餐呢？稀饭加上肉松，腌黄瓜，花生和松花蛋，还有豆类小菜。或者他会更喜欢西式的？于是我回忆从前我在马尼拉或者香港的酒店里住的时候，吃过的典型英国早餐，我不想出错。

第二天早上，我起了大早，指挥我家厨子准备我们新家的第一顿早餐。我亲自摆了桌子，然后去叫我丈夫，告诉他可以下来吃早餐了。

我们坐在桌子前，我着手做新鲜橘汁，然后在麦片粥里加了牛奶和糖，可我什么也吃不下，只是忙着照顾他。好不容易等早饭吃完了，我紧张地看着他问：“你喜欢吗？告诉我你平时吃什么式样的早餐？”

“哦，很好吃，”他说，“但是通常我早上只在牛奶里打一个鸡蛋，当作早餐。你平时习惯早上吃什么？

“哦，”我回答说，“我只喝一杯咖啡。”

显然，戴西已经做好了做一个贤惠太太的准备，而吴毓骧并未对丈夫的角色有太大热忱，否则，他会对妻子的表现给予更多的赞美。

戴西却十分满意自己的婚姻，她把家里整理得温馨舒适，对丈夫体贴入微，晚辈们回忆起她的家，就说："那时候他们这一家人，都那样好看，那样体面，那样幸福，家里那么温馨，家狗那么漂亮，客厅里的圣诞树那么大，福州厨子的菜烧得那么地道，真的像是好莱坞电影里才有的十全十美。"

婚后的戴西还同朋友海伦张创设了一个"锦霓新装社"，她们设计一些中西合璧的时装，希望带动新流行，戴西自然不是以盈利为目的，她只是想寻找婚姻之外的生活乐趣。

这时的戴西非常幸福，幸福感一是来自于家庭，一是来自于自己的事业。

可是，这样的幸福却不长久。

吴毓骧是一个乐于享受生活却不愿对家庭负责的男人，他不满足于过居家生活，也不肯改掉玩世不恭的生活方式，常常玩儿牌到深夜回家，偶尔也会给戴西一些浪漫，大多数时候都是不见踪影，总之，这个雅致却不实用的男人适合恋爱却并不适合结婚。不过戴西也不抱怨，她虽受西式教育，却有旧时女子的宽容，她乐于接受丈夫给自己带来的快乐，也宽容了他的个性。

可是，吴毓骧却不体谅戴西的辛苦，虽然家里衣食无忧，不需要他为一家人的生计奔波，但还是有一些事需要丈夫来承担自己的责任。比如，儿子中正出生时，戴西难产，他作为丈夫应该守在身边，戴西在医院两天生不下孩子来，女儿静姝正在家里静养肺炎，他却在俱乐部玩儿牌到深夜回家，几乎不把家人放在心上。

这个生性风流的丈夫开始逐渐厌倦平淡的家庭生活，他同一个年轻的寡妇纠缠不清。这个年轻的寡妇是戴西一家的旧识，是她和丈夫共同的朋友，之前戴西还曾对她提供帮助，但如今两个人却共同背叛了戴西。丈夫不肯回家，她敲开了那个寡妇的家门，领回了她曾千挑万选的男人。

她同破坏他们家庭的"凶手"没有太大的争执，对自己的丈夫也没歇

斯底里地指责，也没有跟别人叫苦连天地抱怨。

那些关于吴毓骧高攀戴西的言论再一次升级，可是戴西始终沉默不语。

她所受的教育和她的成长经历教会了她什么叫作自尊心。

对这样一个自己曾经深爱并共同拥有两个孩子的丈夫，她能抱怨什么？是将丈夫诋毁得体无完肤让自己站在道德的制高点以求得舆论的支持和同情，还是无休止地控诉他的花心和背叛求得丈夫的浪子回头？

这都不是她的选择，她不可能不恼怒、不伤心，可是，却始终没有人知道她如何表达自己的愤怒。她静静地把丈夫领回家，继续生活。

也许，在她看来，丈夫早已成为自己荣辱的共同体，诋毁他、控诉他、埋怨他，最后因为爱他，还会和他一起生活，那控诉、诋毁不但使丈夫没了颜面，自己也不会光彩。

家丑不可外扬，这也是她保护自尊心的一部分。

吴毓骧对日常生活抱着游戏的态度，让幸福的戴西受到了伤害。这样一个一直生活在童话世界的公主不得不面对现实的无奈，于是，那时，在她的笑容中，会有那么一抹淡淡的辛酸。

因为戴西的宽容，吴毓骧不再无动于衷，他默默地回归家庭。

当时，她的家庭除了要面对感情危机，经济情况也曾面临巨大的考验。

因为抗日战争爆发，日本人轰炸了吴毓骧的牛奶厂，他失业在家，没有了经济来源。幸亏戴西之前同朋友办起了时尚沙龙，现在就成了家里的重要经济来源，为了贴补家用，戴西还找到一份帮中医学会的杂志拉广告的工作。戴西并未因为要出去工作感觉不幸，工作也许比无聊的主妇生活更有吸引力。

好多过着悠闲的少奶奶生活的朋友特意来同情一下现在的戴西，这样一个富家的女儿要抛头露面来养家，还不是因为选错了丈夫。面对这样的同情戴西却没什么遗憾，吴毓骧带给她的快乐她们不懂，况且去工作总比整天打牌逛街要有意义得多。

这样略为紧张的经济状况大概有几年的光景，等到战争结束后，他们的生活终于有了转机。

由于同当时国民党的财政部长是亲戚，吴毓骧被安排了一份工作，负责管理德国人在沪的资产，一直事业不顺的吴毓骧终于时来运转。1947年，吴敏骧成立兴华科学仪器行，借由同德国人的关系，做起医疗器械进口到上海的生意。迈入中年的吴毓骧渐渐务实起来，经过几年的努力，生意也渐入佳境。对戴西来讲，不用再担心一家人的生活，丈夫不再花心，日子继续过得体面而轻松。

20世纪50年代初，戴西经常陪着丈夫去香港，当时香港的商业发展远不如上海，他们自然也没有搬家或移民的准备。

1954年，政府开始控制外贸生意，1955年，兴华科学仪器行实行公私合营。在这过程中，戴西还获得了工作的机会。因为国家不允许用英文以外的语种与外国通信，所以丈夫的德国生意要用英文，因为戴西的英文特别好，后来她就正式作为公司的英文秘书参加工作。

这时的戴西已经46岁，她的脸上仍是美和宁静，他们一家人都是美丽、健康、体面的。只是，当时的环境让戴西的穿着有了改变，优雅华丽的旗袍只能在家里穿。

吴毓骧继续开着他的黑色福特车去上班，即使在被通知不再担任业务科长的工作，改做清洁工，他也是开着他的福特车去打扫卫生。他回到

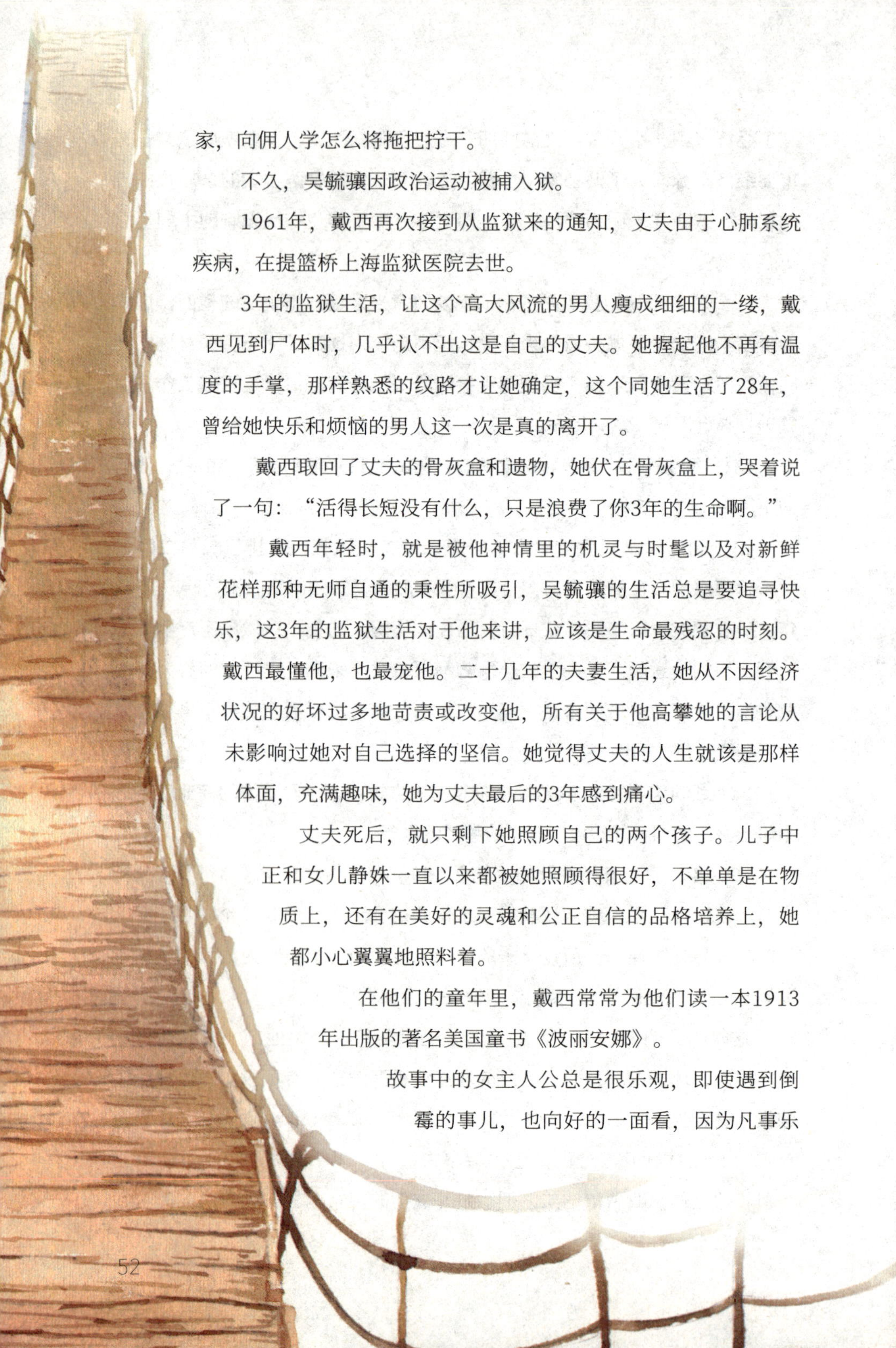

家，向佣人学怎么将拖把拧干。

不久，吴毓骧因政治运动被捕入狱。

1961年，戴西再次接到从监狱来的通知，丈夫由于心肺系统疾病，在提篮桥上海监狱医院去世。

3年的监狱生活，让这个高大风流的男人瘦成细细的一缕，戴西见到尸体时，几乎认不出这是自己的丈夫。她握起他不再有温度的手掌，那样熟悉的纹路才让她确定，这个同她生活了28年，曾给她快乐和烦恼的男人这一次是真的离开了。

戴西取回了丈夫的骨灰盒和遗物，她伏在骨灰盒上，哭着说了一句："活得长短没有什么，只是浪费了你3年的生命啊。"

戴西年轻时，就是被他神情里的机灵与时髦以及对新鲜花样那种无师自通的秉性所吸引，吴毓骧的生活总是要追寻快乐，这3年的监狱生活对于他来讲，应该是生命最残忍的时刻。戴西最懂他，也最宠他。二十几年的夫妻生活，她从不因经济状况的好坏过多地苛责或改变他，所有关于他高攀她的言论从未影响过她对自己选择的坚信。她觉得丈夫的人生就该是那样体面，充满趣味，她为丈夫最后的3年感到痛心。

丈夫死后，就只剩下她照顾自己的两个孩子。儿子中正和女儿静姝一直以来都被她照顾得很好，不单单是在物质上，还有在美好的灵魂和公正自信的品格培养上，她都小心翼翼地照料着。

在他们的童年里，戴西常常为他们读一本1913年出版的著名美国童书《波丽安娜》。

故事中的女主人公总是很乐观，即使遇到倒霉的事儿，也向好的一面看，因为凡事乐观，所以她总是开开心心地接受那些美好或不美好的事儿。波丽安娜总是说："我永不相信我们就应该拒绝痛苦、罪恶和不适，我只不过是想，先愉快地迎接不知道的将来，要好得多。"

戴西喜欢波丽安娜这样的人，她也希望自己的儿女变成这样的人，不管是在顺境还是逆境。

在吴毓骧被抓进监狱的时候，戴西被派到上海东北部远离市区的江湾正奔路外贸农场劳动。她每天5点从家出去，晚上工作完还要进行教育学习，很晚才能回家。这些劳动对于她来讲，自然极其辛苦，但是她的孩子从未听过母亲抱怨和发牢骚。

儿子中正因为父亲的缘故在学校受到很多委屈。戴西想办法让儿子开心，她找来一个毛茸茸的小鸡，放在一个旧的纸盒里，晚上回来的时候中正已经睡熟了，戴西轻轻地把儿子叫醒，把这份礼物送给他。中正特别喜欢，特地为它照了相。

静姝因为家里出了事，所以特地跑回上海看望母亲和弟弟。戴西并未让静姝看到一个憔悴无助的母亲，还抽空带她去了锦江饭店楼下的裁缝店做大衣和裙子。她还为静姝设计了新的发型，戴西眼里，这个年纪的女孩应该是漂亮的、无忧无虑的，不应该让她为家里的事情烦恼。静姝看到母亲依旧平静美丽，心里也没有那么难过了。

吴毓骧在监狱中去世，她只是把这份痛苦留在心中，不想让儿子女儿有太多的阴影和痛苦。吴毓骧去世后的第23天，她去参加平安夜的家族聚会，平安夜和圣诞节是戴西一直以来都要过的节日，即使现在她要承担很多痛苦——丈夫去世，儿子和女儿的前途堪忧，而自己对一家人的命运却完全无能为力，可是她还是参加了聚会。聚会中，她还是那样安静优雅。日子总要继续，戴西除了坚持别无选择，只让孩子看到美好温暖的事儿，是她保护自己孩子的方式。

高强度的劳动让她的双手粗糙不堪，冬天时，她要剥大白菜被冻坏的菜皮，冰冷的温度让她的关节不再灵活。这些事情，她从不对孩子说，有时说起自己的近况，她也是当作趣事来说："我总是对没见过的事抱着很大的好奇心，当时我已经60岁，没有力气下去挖河泥了，于是被安排去照看大灶，为工人们烧开水。炉火总是不好，于是我老是往里面加东西，想让它烧得好，突然我感到火灭了，我马上把头伸进去，想看看到底怎么了。这时从烟囱里吹下风来，炉里的柴突然燃烧起来。我的脸上立刻遍布黑灰，半边的头发和眼睫毛被烧掉了。"

"她说这些的时候，并不是诉苦，而是带着一种骄傲。好像是说，你看，我还做过这些事。我是能干的……照我看来，那就是波丽安娜的样子。"静姝说。

这是戴西给儿女最好的礼物——不管何种境遇都从不缺席的乐观。

1965年，55岁的戴西被调到外贸职工业余大学去教英文。后来在一些政治运动中戴西成为被批判的对象，但她依旧乐观，尽量保持体面。

时事变迁，戴西家中早已没有佣人，东西也被搬走了，最后，连房子也没有了。

所谓的工资也已不够她和儿子的伙食费。这段时间应该是她最窘迫、最困难的时候，但是，戴西有时还会在一贫如洗的屋子里烘焙蛋糕，她用仅有的一只铝锅，在煤炉上蒸蒸烤烤，在没有温度控制的条件下，巧手烘烤出西式蛋糕。当年康同璧曾特意教了她用铁丝在煤火上怎样烤出金黄的吐司面包来。在没有电烤炉的环境中，她还可以做出甜点，不管外面的境遇如何变迁，喝着下午茶、吃着自制蛋糕的那份悠闲从来没有变。

1976年，67岁的戴西再婚，对象是大学的同事汪孟立。他毕业于英国牛津，曾经给予困境中的戴西很多帮助。两人有共同的话题，晚年也可互相陪伴。

可是汪孟立四年后患了癌症，戴西细心照看了两年，汪孟立去世。

到20世纪70年代末时，高考制度恢复，全民重新兴起学习的热潮，戴西在这一年被请到上海硅酸盐研究所，为所里的专业人员上英文课。在课余时间，家里收了一些学生，这些学生大都为了考大学，或是出国留学，戴西非常喜欢这些学生，在这些求知若渴的孩子身上，她感受到了生命的蓬勃和希望。上海开始慢慢恢复了和国外的贸易联系，戴西熟练准确的英文又派上了用场，翻译处理英文的商务信函她信手拈来，很多和外企有业务往来的企业都要请戴西帮他们处理商务信函。

20世纪80年代，戴西得以去美国看望自己的亲人，也去了自己的出生地澳大利亚。戴西曾八次出国，后来，医生认为她有脑卒中预兆，所以她决定不再出去，就留在上海。她说："我没有钱在澳大利亚生活下去，也已经没有足够的时间重新建立自己的生活。"她其实是不想给儿子和女儿带来负担。

晚年她留在上海，时常陪她的是她家里曾经的茶房松林。松林刚在戴西家做工时还很年轻，所以常常不小心把碗打碎，一个叫金花的女佣人就向戴西告状，可是戴西却当着松林的面说："要是碗都是不会碎的，还要碗铺子干什么呢？"几十年之后，松林依然清晰地记得这件小事，始终感激能有遇到这样善良的主人。

1998年9月24日黄昏，戴西在上海去世。直到去世前，她依然独立生活，每天干净、体面。

这就是戴西的一生，曾锦衣玉食，曾食不果腹，曾贫富悬殊，她却宠辱不惊，境遇不同，她始终淡然自若。

很多人说，是因为从小富裕而明亮的生活和公正乐观的教育，赋予了她纯净淡然的品质。

因为在物质以及精神层面的富足，所以她不以从他人身上获取利益为人生目标，他人也包括她的丈夫以及她的子女。在选择丈夫时，她仅仅从“有fun”的角度出发，即使选中的丈夫雅致却不实用，一度不能给她带来安逸的生活，她不抱怨，也不勉强，她愿意去包容这个“有fun”的人。对于她的儿女，工作、婚姻她都愿意尊重他们的意见，自己年老时，也不肯给他们带来半点儿负担。

这就是一个真正贵族的品质：重尊严和品行，优越却不骄纵。

她不把生活的意义和希望寄予他人，也因此有了超越他人的从容。在面对世间的种种无奈，她依旧愿意尊重生命，不去追问，不去强求。

她在婚姻中的态度也是一个精神贵族独有的品质。她宽容丈夫的出轨，愿意把他领回家，他也从此没有别的花边新闻。这也不过是源于对丈夫的了解，这个以玩儿乐为人生目标的男人是不是有挽留的价值，只有她自己最了解。愿意挽留，就要真正宽容，这一点，她也做到了。

别人常常议论她的婚姻，同情她的遭遇，她并不为所动。她只相信自己的判断，安安心心地过自己的日子。

其实，有时这样的同情不过是一个舆论陷阱。

很多时候周围的人会谈论别人婚姻的成败，所谓成败不过是常人眼中的物质生活水平或是她们眼中的感情是否牢固，一旦发现某一方面不足就爱感叹同情：某人所托非人。被谈论的对象如果不能用理智的心态去面对这样的感叹同情，就会掉入这样的舆论陷阱，逐渐产生失衡心态，将所有不幸福的根源统统抛给婚姻中的另一方，因为，连旁人都认为，自己“所托非人”，也就更觉委屈，换句话说，不知不觉就活在了别人的眼光当中。

其实，旁观者怎能体会一段婚姻中双方的感受？吵架也好，出轨也罢，其中的原因错综复杂，别人看到的不过是表面，婚姻或爱情，本来就如人饮水，冷暖自知。有时，要是像戴西这样，能将“自己的感受”和“别人认为她应该有的感受”区分开，才是处理好婚姻问题的前提。

婚姻中的戴西还做到了相守不忘初心。初心除了指相爱的誓言，最重要的还包括，最初选择这个人的心情和期许。尤其是建立在彼此了解基础之上的婚姻，能不忘最初最吸引双方的特质，在漫长的婚姻中失望和抱怨也许就会少一些。

当时风流倜傥、花样颇多的吴毓骧用了很多浪漫的方法去打动戴西。对戴西来讲，这些东西确实很受用，她喜欢吴毓骧这样的性格，而这一性格导致的花心，她也默默包容。

你不能一边喜欢他的踏实，婚后又觉得他不浪漫；也不能想着物质基础，婚后又对精神交流特别看重。她也从不妄想，婚后如何改造对方。

“改造”这个词有时是不道德的，尤其是在婚姻中。

改造就意味着要对方改变之前的行为习惯或思维习惯，强迫对方按照自己的想法去改变之前已经形成的思维方式或生活方式，即使是以爱情的名义，也是强人所难。最重要的是，大多改造都无疾而终。

所以，开始一段婚姻时，最好是衡量好对方的性格特质，不但接受好的一面，对所带来的负面问题也要有所考虑，不要盲目乐观寄希望于后天改造，磨合和改造是两码事，磨合更多的是彼此迁就，而不是彼此改造。

戴西在这些问题上都处理得很好，所以，她的婚姻虽小有波澜，最后也都归于平静，幸福多于烦恼，她自己也觉快乐，这应该就是好婚姻。

除了婚姻，戴西在困境中表现出的自尊从容也让人钦佩。

一次次境遇的改变，一次次苦难的经历，都没能打败这个曾养尊处优的郭家四小姐。众多苦难困顿只在她的额头和手指间留下痕迹，却未在这个诗意的灵魂上留下烙印。在艰苦的岁月自制糕点，偶尔自己享受下午茶的悠闲心境，对她来讲，哪怕幸福只露出了一根线头，她也有本事将它拽出来，织成一件暖身的毛衣。

于是，连命运都不得不同她和解，最终还给她一段安稳平静的生活。于是，她依然微笑得体，文雅地享受属于她的下午茶时光，即使头发已经雪白，可是灵魂却飘散着香气。

这个真正的贵族承载了太多的美德，她用生命未知的体验蔑视苦难，那些艰苦的工作对她来讲不过是自己从未体验的事物，体验就是乐趣。她有享受贫穷的勇敢，她说多年的劳动让她保持了体型，她有原谅一切的宽容和公正，所以，她从不愿抱怨那个特殊的年代，她还愿用所有的知识去培养她的孩子，让孩子对世界有更全面和公正的眼光。她给了子女最宝贵的财富。

“有忍有仁，大家闺秀犹在。花开花落，金枝玉叶不败。”这句悼词完美地概括了她的一生。

纵使浮华俗世里有再多纠缠，疏离的岁月中有再多繁乱，只要保留几分率真和对生活的热忱，总能够跨越过生命残冬的严寒，没有这样的情怀，怎么去承载扑面而来的浓浓情意？

优雅是日子一点点小火煨出来的，是一个个经历磨炼出来的，它也是一种淡定从容的心态。不要在挫折失意时就妄自菲薄，也不要把自己紧紧包裹在内心里。好或坏，福或祸，都能以这样恬静安宁的心态去对待。优雅的人生活会有艰辛、坎坷，但你可以从容地接受，有能力让自己在不幸福中找到快乐。

即便艰难又如何？我们用诗一样的情怀去浇灌，就能让尘埃中开出花朵。

心似莲开，清风自来！面对周而复始的生活的洗礼，不管是我们的容颜还是灵魂都难免刻上岁月的痕迹，既然我们每个人都逃不过老去的命运，不如用优雅拂去岁月的轻尘，保持一颗随意平和的心，让心中的花开，随幸福存在。将种种苦涩化为唇边云淡风轻的一抹微笑，然后，用爱抹去时代的艰辛、岁月的风尘。

江冬秀：一世夫妻千载情

她是一个裹着小脚的女人，依靠媒妁之言有了一桩最为传统的包办婚姻；

她的丈夫是一个新时代的自由主义者，学识、思想同她如此不同；

于是，她同一个新式人物有过一场旧式婚礼；

他们的婚姻被称为民国史上的“七大奇事之一”；

她的能力让丈夫久而敬之，她成功地获得丈夫的认可，一次次取得婚姻保卫战的胜利；

她将大家不看好的包办婚姻过得风生水起；

她的婚姻让世人了解，所谓沟通代沟，都是可以逾越的；所谓婚姻危机，都是可以化解的，一位强势能干的主妇，也可以成为幸福舒适生活的保证。

江冬秀同胡适结婚伊始，曾引起很多文化名人的好奇。一位温文儒雅的高级知识分子同一个从未接受过文化教育且裹着小脚的女人的婚姻，说白了，并不被大家看好。

传统女人善于操持家务，这个众所周知，可是，单凭持家能力显然不能抓牢一个学识丰富、思想活跃的知识分子的灵魂，江冬秀有自己的御夫办法，事实证明，很有成效。

首先，江冬秀落落大方，不低眉顺眼也不妄自菲薄。早早定下的婚事，胡适自然有过反抗。胡适曾写信给母亲，拒绝回

家完婚。理由可想而知，他不喜欢这个没有知识文化的乡下女人。也许，从那一刻起，胡适就已不再掩饰他对她的轻视。最后，胡适虽未违背长辈之意接受了母亲的安排，自然也是心不甘、情不愿。

婚后两人生活在北京，平日交往的也都是文化名人。江冬秀对着一群高级知识分子以及一个内心并不情愿的丈夫，并没有唯唯诺诺，也没有低眉顺眼看人脸色。她虽是一个旧式女子，但既不死板也不自卑。她以一个家里女主人的身份迎来送往，并将一切安排得妥妥当当。她同人交往不卑不亢，甚至周围的很多女性在丈夫背叛时都要求助她来解决。北大教授梁宗岱成名之后，要同他的妻子离婚，梁妻忠厚懦弱，求助于江冬秀，江冬秀将梁妻接到自己家中，给她助威壮胆，最后闹到法院打官司，江冬秀还亲自到法庭为她辩护，结果使梁宗岱败诉。一时间，江冬秀的名声不小于胡适这个北大教授。

事实证明，她非常胜任胡夫人的角色。于是渐渐地，胡适也就放弃了对江冬秀的文化要求。他说："女子能读书识字，固是好事。即不能，亦未必即是大缺陷。书中之学问，纸上之学问，不过人品百行之一，吾见有能读书作文而不能为良妻贤母者多矣。吾安敢妄为责备求全之念乎？"换句话说，熟读百书、知识渊博的女人未必是过日子的好手。居家过日子也是门学问，在这门学问中要勤劳能干还得识大体有远见，最好别有太多个人主义，凡事以男主人的利益为中心，所以那些有知识、懂文化的女性大多会有自己的生活方式和人生目标，哪会以服侍别人为人生目的？胡适在这一方面倒是想得通透。这也成为两个人婚姻和睦的基础，起码胡适懂得欣赏一个旧式女子的好处。所以，江冬秀也用自己不错的表现证明着自己的不可取代。

其次，江冬秀性格泼辣，善于抓住丈夫的“软肋”。胡适虽是新时代的文化人，难免也有反抗旧式传统的思想，但他终究是温文尔雅、谦和孝顺的。于是，在他远赴美国学习时，江冬秀以未婚妻的身份恭恭敬敬地照顾胡适母亲多年，所以，即使胡适有过反抗，也是不了了之，因为在他骨子里也有对中国传统婚制的认同，孝顺的他认定父母拥有更多的人生经验，于是也就接受了这个婚姻。也就是说，江冬秀很聪明，先搞定了一个孝子的母亲，也就搞定了一场姻缘。另外，胡适还有一个特点，就是爱惜名誉而且很要面子，尤其看重他那作为国人导师的声誉。所以，在处理感情上一些棘手问题时，江冬秀动之以情说服不了的，索性就动之以粗来处理。胡适才华横溢，在文学界、思想界名声很大，常常有女学生来请教问题，时间一长，江冬秀觉得不是滋味。有一次，一位女学生让胡适修改诗歌，两人面对面坐得很近，敏感的江冬秀感觉到其中的暧昧，泼辣的她竟高声训斥那女生不懂男女规矩，缺少教养。胡适虽然尴尬，却也不敢声张，真要争吵起来，最终还是自己名誉受损，后来同女学生交往也就有所顾忌。可是后来，胡适同心仪已久的表妹曹诚英重逢，竟无所顾忌地同她坠入爱河。胡适结婚的时候，曹诚英给江冬秀做伴娘，当时她对胡适便颇有好感。曹诚英曾在女子师范读过书，在同胡适沟通交流上自然有更多默契。两人重逢时，曹诚英正值离婚单身状态，胡适对枯燥的婚姻已经厌倦，于是两人一拍即合相伴游西湖，吟诗赋词相谈甚欢，后来情不自禁地发展到短期同居，胡适有意同她重组家庭。这时，整日全力相夫教子，使胡适在学问上、事业上无后顾之忧的胡夫人愤怒了。胡适下定决心要和江冬秀提出离婚，他回到家中刚刚提及此事，江冬秀就将一把剪刀扔向了胡适。“你在外风流我在家辛苦，你不知羞耻还敢提出离婚！”江冬秀彻底爆发，说到激动处，她抄起家伙告诉胡适，他要想离开得彻底，她就敢将自己和孩子都作了断。江冬秀拿起剪刀，把胡适吓得半死。他知道，即使江冬秀不闹出人命也会弄得满城皆知，把自己搞得身败名裂，爱面子的他哪经得住丑事外扬，赶紧求饶。不久，他与曹诚英的这段情事也就不了了之。经过这场风波，江冬秀胡夫人的地位也就越来越稳固。

再次，江冬秀还是一个虽无文化但自有眼光不图富贵的贤内助。胡适学识渊博，一生书生本色，江冬秀非常了解丈夫的性格，所以一生劝他不要走仕途之路，因为他单纯的个性并不适合官场。为此，胡适曾不得已为官几年，在给夫人的信中说："现在我出来做事，心里常常感觉惭愧，对不住你。你总劝我不要走到政治路上去，这是你在帮助我。若是不明大体的女人，一定巴望男人做大官。你跟我20年，从不作这样想……我感到愧对老妻，这是真心话。"真正从政，感觉到为官不易，胡适更加感激妻子的苦心。江冬秀不求富贵显赫，只求丈夫事事顺意。这样的情意，怎能不让胡适事事顺从？于是，胡适有很多关于惧内的言论，也很乐意扮演惧内的角色。

最后，能让江冬秀在家里有至高无上的地位，还是源于她对胡适无微不至的照顾，在非常时期持家有道，保证了经济来源。

江冬秀厨艺过人，安徽菜做得特别地道，胡适爱吃，还经常叫朋友到家品尝江冬秀做的美食。胡适爱读书，也爱藏书，而江冬秀对这些并不感兴趣。胡适曾跟朋友说："我家里的那些书，我太太是不会去看的，我那些哲学和思想，我太太也是不懂的。"可是，虽然自己不喜欢，江冬秀却知道这是胡适的命根子，抗战时期，在战火纷飞中，江冬秀即便逃难也不惮烦地始终带着胡适的几十箱书，所以，胡适的藏书才得以保全。

1949年，胡适来到纽约，由于谋生乏术，生活窘迫，日常生活无人照顾，第二年，江冬秀也来到纽约，胡适有妻子照顾生活才有了改善。刚到纽约时，江冬秀不懂英文，却也不得不尽快适应国外生活，他们住的地方简陋，连安全设施都不完善，有一天，江冬秀独自在家做饭，有贼从窗户里爬了进来，江冬秀看到这位不速之客，惊慌之余又临危不惧，她义正词严地对贼说了一个英文单词："GO！"如果她要是同一般女人一样大声尖叫，也许歹徒反倒肆无忌惮，可是，看到这东方女人这样冷静，他反倒害怕了，然后就真的按着江冬秀的指示出去了。

有一次，胡适在和友人闲聊时，说出一个小秘密：在胡适的领带下端有一个小拉链，内藏一张5元美钞。胡适说，这是太太非常仔细的地方，即使真被人抢了，还有这5元美钞可以搭一辆计程车平安回到东城公寓。

1955年，张爱玲在纽约初见胡适和江冬秀。“他太太带点安徽口音……端丽的圆脸上看得出当年的模样，两手交握着站在当地，态度有点生涩，我想她也许有些地方永远是适之先生的学生。使我立刻想起读到的关于他们是旧式婚姻罕有的幸福的例子。”

在那个时代，江冬秀成了旧式婚姻中为数不多最后能功德圆满的女人。

晚年胡适对江冬秀十分体贴，经历太多风雨，他越来越知道这个传统女人的可贵。江冬秀爱打麻将，而且大多数时候都是只赢不输，在家里经济状况不好时，江冬秀经常去搓麻将来贴补家用。后来他们在台北定居，物质条件已大大改善，胡适就让秘书物色合适的房子供妻子搓麻专用。

胡适曾经说：“西方婚姻里的爱是自造的，而中国旧式夫妻间的爱是名分造就的，它产生于婚后，产生在彼此各让五十步、相互妥协磨合的过程中。”显然，他和江冬秀的婚姻就印证着这个道理。

曾经，那个安徽乡下的传统小脚女人与胡适理想的爱人相差甚远，他甚至把爱情的期望降至最低，对婚姻也不抱太多幻想，这反倒给了他们婚姻更大的和谐空间，没有那么多期望自然也就没有太多失望。反倒是江冬秀处处为他着想的赤诚和生活最实用的种种方法让他有些惊喜，兜兜转转的文人即使没能抵挡住尘世纷扰，最后还是决定回归家庭，也并非全归功

于江冬秀的泼辣和胡适的胆小。

江冬秀最简单的人生哲学处处影响着这个学识渊博的留学博士。远离官场的险恶，是一个妻子不慕权贵的质朴和对丈夫最真切的关怀。

于是，生活上，胡适离不开妻子的照料，情感上，也在一次次的感动中日久生情。

有时，以狂热爱情为基础的婚姻反倒不欢而散，就像徐志摩和陆小曼暴风骤雨似的感情最终不得善终，而像胡适和江冬秀靠着在婚姻中产生的感情反倒相伴白头。

所以，有时把爱情和婚姻看得太重、想得太好不一定是好事，期望越大失望越大。恋爱时千依百顺、婚后原形毕露也是很多矛盾的症结。两个人搭伴过日子，感情当然重要，交流也很重要，而真正接纳生活所赋予婚姻的现实意义更为重要。尤其对于一个妻子来讲，营造一个给丈夫安歇和休整、给孩子幸福和温馨的环境是婚姻美满的必备条件。

而作为妻子，江冬秀在婚姻中也确实承担了更多的责任，她始终充满蓬勃的精神和旺盛的生命力，让自己的家庭始终充满幸福和温馨。

张爱玲说过一句话，“没有用的女人，是最厉害的女人。”

所谓没有用的女人不过是事业上没什么建树的，这样反倒全心全意以家庭为中心，家庭即自己事业，投入所有精力经营，自然容易成功。

即使胡适曾有过情感背叛，但最终再不敢越雷池一步，江冬秀能同胡适相伴一生，曾一时间成为民国时期正妻的典范。

那时，郁达夫为了迎娶王映霞，休发妻小脚女人孙荃，孙荃只能暗自垂泪；徐志摩为了林徽因，狠心抛弃张幼仪，张幼仪远走异乡不得不依靠自己；郭沫若弃了发妻张琼华，陆续有了新欢；福芝芳虽然留住了梅兰芳，可是强势中总有些委曲求全。只有这位爱打麻将的胡太太扭转了乾坤，把旧女性在家庭里的地位，提高到了一个前所未有的程度。

胡适还留下了一套新“三从四得”：太太出门要跟从，太太命令要服从，太太说错要盲从；太太化妆要等得，太太生日要记得，太太打骂要忍得，太太花钱要舍得。

江冬秀自有一种霸气，但婚姻能走到最后她也是幸运的。她的所有努力能有回报，在很大程度上更是由于她遇见了胡适。于是，她可以不用在一方天地里暗自神伤。

不像朱安。

朱安和江冬秀在遭遇包办婚姻后的境遇很相似，因为她们都是旧式闺阁女子同一个新派学者结合。

朱安是鲁迅的原配夫人。她身材矮小，习惯于在轻视中低眉顺眼。

在日本潜心学医的鲁迅被母亲病危的家书催促回国，到家后不忍拂逆母亲的意思，默默地听从家中安排，同朱安举办了婚礼。

鲁迅并未像胡适一样，他对这桩没有爱情基础的婚姻不抱一丝幻想，婚后第四天，鲁迅就携二弟周作人去了日本，离开了新婚妻子。

后来，就算朱安倾其一生最终还是没得到“大先生”的眷顾，鲁迅把朱安当作“无奈的礼物”，于是，朱安的经历，留给历史深处一声长长的叹息。

朱安曾说：“我好比是一只蜗牛，从墙底一点一点往上爬，爬得虽慢，总有一天会爬到墙顶的。”

但这不过是她美好的希望，她始终

不二地忠诚于丈夫，却不能得到感情上半点儿回报。她的愚忠和固执，就是她最大的不幸。

而江冬秀虽是不成功便成仁，也是咬准了胡适的脾气，才能在与情敌的对垒中屡屡获胜。

不管是福芝芳的委曲求全、朱安的固执效忠还是江冬秀的堪称完胜的婚姻保卫战，其实都是当时社会给予的女性逼仄的生活空间。她们没有空间施展才华，否则，这样的女人把料理家事的智慧和对丈夫出轨的宽容用在哪一项事业上，都应该是战绩赫赫。

静思小语

有时，以狂热爱情为基础的婚姻反倒不欢而散，就像徐志摩和陆小曼暴风骤雨似的感情最终不得善终，而像胡适和江冬秀靠着在婚姻中产生的感情反倒相伴白头。所以，有时把爱情和婚姻看得太重、想得太好不一定是好事，期望越大失望越大。恋爱时千依百顺、婚后原形毕露也是很多矛盾的症结。两个人搭伴过日子，感情当然重要，交流也很重要，而真正接纳生活所赋予婚姻的现实意义更为重要。尤其对于一个妻子来讲，营造一个给丈夫安歇和休整、给孩子幸福和温馨的环境是婚姻美满的必备条件。

将苦涩的爱情嚼成橄榄的余甘

通常，每个内心强大的女人背后总有一个让她成长的男人，一段伤痕累累的感情，一番了然于心的领悟，一次次被逼绝境却能起死回生。

也许每一段悲伤都是幸福的预演，告别一次不被祝福的爱情，好过无辜人痛苦的成全。于是，那一季花开得灿烂，仓皇美好不过一瞬间。

就把那些遗憾留在昨天，把一切的执念都交付给时间。

爱过，就是成长。

王映霞：浓烈的爱太难终老

她曾是“江南第一美人”，在当时有“天下女子数苏杭，苏杭女子数映霞”的美誉；

她与文学才子一见钟情，同郁达夫的传奇恋情被誉为“现代文学史中最著名的情事”；

她在婚后度过了一段甜蜜美好的时光，却也因思想上的距离、年龄上的悬殊、性格上的差异，最终与爱人不欢而散；

她再披嫁衣，轰动全城；

她开始新的生活，去寻找下一个幸福的可能；

她最终从一段安稳的婚姻中同丈夫平安相守。

王映霞曾在晚年回忆：“如果没有前一个他（郁达夫），也许没有人知道我的名字，没有人会对我的生活感兴趣；如果没有后一个他（钟贤道），我的后半生也许仍漂泊不定。”

这样的两句话，大致勾勒出王映霞的一生的感情线索。

她同郁达夫相遇，开始了现代文坛一段轰轰烈烈的恋爱传奇。

1927年1月，因写作成名的郁达夫拜访留日的老同学，在同学家偶遇这位来自书香门第的千金王映霞。王映霞皮肤白皙，从小就有“荸荠白”的雅号，曾被称为“江南第一美人”，再加上自幼受到良好的传统文化的熏陶，也算是内外兼修、才华出众。

也因此，浪漫诗人郁达夫对她一见钟情。

当日回到家中，郁达夫就在日记里写道：“我的心被映霞搅乱了，南风大，天气却温和，月明风暖，我真想煞了映霞，不知她是否也在想我，此事当竭力进行，求得和她做一个永久的朋友。”

郁达夫随即展开热烈追求。

对19岁的王映霞来说，这样的追求还是有些受宠若惊，因为当时郁达夫已享誉文坛，自己不久前还只在书本上看到这个名字，对他本来就有仰慕，现在看他如此殷勤，又得到如此热烈的追求，她在恍然若梦之间也有一丝兴奋。

但是，她也听闻郁达夫已有妻子，自己同他的年龄相差12岁，如果建立恋爱关系则要背负很多道德指责，想到这些，王映霞有些犹豫。再加之，王映霞已有订婚对象，父母自然也不同意她选择郁达夫这样的有妇之夫，所以，她几次拒绝他的求爱。

可是，再多的理智也难以招架一位浪漫诗人的热烈攻势，在郁达夫致王映霞信中可见其攻势之猛烈。

"……两月以来，我把什么都忘掉。为了你我情愿把家庭、名誉、地位，甚而至于生命，也可以丢弃，我对你的爱，总算上切而且是挚了。我几次对你说，我从没有这样的爱过人，我的爱是无条件的，是可以牺牲一切的，是如猛火电光，非烧尽社会、烧尽己身不可的……"

19岁的王映霞被这样炙热的感情感染，之前的那一点儿理智，顷刻间土崩瓦解，毅然投入了郁达夫的怀抱。

随后两人的感情逐渐升温，好感也更加汹涌。在热恋三个月后，郁达夫与前妻离婚，1928年春天，郁达夫与王映霞在西子湖畔大旅社举行婚礼，才子佳人，轰动全城。

当时柳亚子赠诗郁达夫，其中"富春江上神仙侣"一句传诵一时。

婚后，郁达夫、王映霞从上海移居杭州，筑下爱巢"风雨茅庐"，希望能在此尽享人生的绮丽与安宁。

婚后，两人也有过一段浪漫的婚姻生活。

王映霞后来在《半生杂忆》中写道："既无亲友的来扰，我们又很少出外去看亲友。在屋子里坐得气闷时，也就踱到附近的几条人行道上闲步，谈着过去，谈到未来，再谈及这尚未出生的小生命。饱尝了欢乐的两颗心，觉得已经再也说不出什么别的愿望了。在散步散得有点疲倦的时候，我们便又很自然地回到了小楼上。太阳成了我们的时钟，气候算作我们的寒暑表。在这十里洋场的一角，是很少能够有人体会得出我们当时的满足的。”

然而，在美丽的西子湖畔，他们终究未能一直在此享受宁静的生活。由于年龄、性格等诸多方面的原因，郁达夫和王映霞之间渐生嫌隙。

作为诗人的郁达夫虽然在文学上成就斐然，在生活中也延续了典型的旧式文人习惯。他追求的是一种文人雅士的诗酒风流，也因此总是不修边幅，经常喝酒到烂醉如泥，醉卧朋友家里，甚至不省人事于马路上。

对于一个出身名门，渴望一种温馨、圆满婚姻生活的女子来说，一个嗜酒如命、头发不梳，甚至十天半月不洗澡，还有一些悲喜无常的文人习气，显然不是理想的婚姻伴侣。

她努力地改造诗人，侍候、督促他改变随意的生活习惯，常常劝他少饮酒。郁达夫却不肯改变，依旧喝得酩酊大醉，还躺在黄浦江边码头上，身上的钱包及手腕上的手表都被小偷摸走。

这样的生活习惯虽然令王映霞有些抓狂，但还不至于导致感情破裂。

不久，郁达夫受邀请去福建教书，两人分隔两地。

诗人的爱情无法永远保持炙热，尤其是几年的婚姻生活的磨砺，使他对王映霞的爱恋已渐趋冷淡。

王映霞曾在写给郁达夫的信中抱怨道：“别人都会在文章中称赞自己的妻子、爱人，只有你，一结婚后便无声无息，就像这世界上已经没有了这个人一样。做你的妻子，倒不如做个被你朋友遗弃了的爱人来得值得……”

他们之间感情的破口终于被一点点撕开。

真正导致两人婚姻彻底破裂的，应该是郁达夫的敏感脆弱，缺乏理智到无所顾忌。

在郁达夫受邀在福建教书时，王映霞曾被传与浙江省的教育厅长许绍棣之间发生了暧昧。也许是好事者捕风捉影，也许是王映霞确有动摇，这样的谣言一出，让郁达夫异常愤怒。

再加之一次在不经意之中，郁达夫看到了许绍棣写给王映霞的三封肉麻兮兮的情书，他竟然不听王映霞的解释，把三封情书照相制版，发给他们共同的朋友，还拿笔饱浸浓墨在王映霞晾晒的纱衫上写下“下堂妾王氏改嫁前之遗留品”几个大字。

其实，这是很多婚姻要面临的难题，一方对于感情有背叛的倾向其实并不可怕，可怕的是鲁莽地就此判定对方“死罪”。

郁达夫这样的举动，令王映霞十分难堪，这本是夫妻二人之间的问题，被郁达夫搞得众人皆知，王映霞不得不考虑，自己为了这样一个任性的中年男人耗上最好的青春，究竟值得不值得。王映霞想用离家出走来让自己冷静地思考二人的关系，可是没想到，这一举动又一次触痛了郁达夫脆弱敏感的神经，他以为王映霞离家出走是转投许绍棣的怀抱，于是在武汉的《大公报》上登了一则“寻人启事”：“王映霞女士鉴：乱世男女离合，本属常事。汝与某君之关系，及携去之细软衣饰现款契据等，都不成问题，唯汝母及小孩等想念甚殷，乞告以住址。郁达夫谨启。”

言辞间，不但再一次将王映霞置于舆论是非中，还指责王映霞离家出走之前卷走家中的全部细软。

其实，王映霞只是去一个熟人家中暂时躲避，没想到竟引来郁达夫的歇斯底里。

1939年3月间，郁达夫把以往两年所写的诗词加注编成《毁家诗纪》，在《大风旬刊》30期周年纪念特大号上发表。

在这些诗作中郁达夫毫不保留地暴露了自己的隐私与“家丑”，大肆讲述王映霞所谓“背夫偷情”的种种事态，言辞间已毫无夫妻情分，赤裸裸地说出对王映霞“红杏出墙”的怀恨之意。

也许郁达夫可以通过这样超过了限度的曝光来发泄愤怒，可是本是隐私却被他加上文学想象发表在刊物上，搞得万人争诵，让王映霞无地自容，她实在无法承受这样的难堪，于是她也要为自己辩解，她以书信体裁写给郁达夫一封长信，在《大风旬刊》第34期发表，其中有云：“为了孩子，为了12年前的诺言，为了不愿使你声名狼藉，才勉强维持这个家的残局，把你的一切丑行都淹没下去，然而你却是一个欺善怕恶、得寸进尺的人，在忍无可忍的状况下，只好把你那颗蒙了人皮的兽心揭穿了。”

曾经海誓山盟的才子佳人就这样反目成仇。

在报纸的推波助澜下，当年的“神仙侣”最终以“协议离婚”而分道扬镳。

曾经的她被爱情冲昏头脑，盲目地认为伟大的爱情可以包容一切的不完美，事实上，生活的琐碎磨灭了所有的激情，最后剩下两个棱角分明的灵魂去碰撞。

虽然每个女人都希望此生能够轰轰烈烈爱一回，可是太过浓烈痴缠的爱，大多不可终老。

爱情易得，白头难得。

生于激情者，往往都慢慢死于平淡。因为能爱得过于浓烈的人大多都是追求完美的人，可是没有人能够在日复一日的生活中不漏破绽，毫无瑕疵。

选择类似郁达夫这样自卑、自大、纠结的诗人作为婚姻伴侣，更是冒险至极。

所以，王映霞在传记里才会无奈地说：诗人如果住在历史上，他是个仙子；诗人如果住在你家的楼上，他就是个疯子。

诗人的神经敏感又脆弱，感情执着又狂热，之于年轻的恋人，可以极大满足年轻女孩的虚荣心，这在王映霞接受追求时十分受用，可是在婚姻中也就暴露出种种矛盾。不但欠缺生活能力，当婚姻生活中出现一些问题时，他竟还妄图通过这样狂热和无所顾忌来处理矛盾。

王映霞在《郁达夫与我的婚变经过》中写道："我想要的是一个安安定定的家，而郁达夫是只能跟他做朋友不能做夫妻。所以同郁达夫最大的分别就是我同他性格不同……对于婚姻，那中间的辛酸，我尝够了。我的一生，是决不会再发生那第二次痛苦了。"

时间在一直向前，谁也无法回头。虽没有悔棋的权利，却要吸取这样的教训，去找下一个幸福的可能。

离开郁达夫的王映霞重整旗鼓，再披嫁衣，终于找到俗世最安稳的爱情。

钟贤道是经人介绍与王映霞相识的，他毕业于北京中国大学，当时任职于重庆华中航业局，拥有一定的地位与权力，最重要的是，这个人忠厚本分、踏实可靠，对王映霞也是百依百顺，在向王映霞求婚的时候，钟贤道郑重承诺，"我懂得如何把你逝去的青春找回来"。

他们在重庆结婚，婚礼盛况空前，极为隆重，宾客如云，上海、杭州各报登载了大幅的结婚广告，可见这个结婚的规格之高。

王映霞在《阔别星洲四十年》一文中回忆说："我始终觉得，结婚仪式的隆重与否，关系到婚后的精神面貌至巨。"

由此可见，王映霞本人对这次婚礼也是极为满意，这代表着钟贤道对这次婚姻的诚意。

婚后生活正如王映霞所期待的，简单幸福、务实富足。随后一双儿女也相继出生，王映霞全心照顾一家人，她操持家务井井有条，钟贤道更是对她体贴至极，女儿钟嘉利回忆说，"他对我妈可真是好得不得了。"

在条件富足时，钟贤道自然毫不费力地满足王映霞的一切要求，提供给她舒适的生活，可是后来经济困窘时，钟贤道工资收入也越来越低，他的人生轨迹从最高点慢慢跌落，慢慢成为上海城里的一个普通职员，一家人的生活也大不如从前。在这期间，钟贤道从未将工作中失落的痛苦转嫁给妻子，王映霞也从未因经济问题有所抱怨，一家人依旧和和美美地过日子。

女儿说，妈妈厨艺很好，做什么都好吃，也会想很多办法来为家人改善，家中困难时，“不知道她从什么地方弄来两只鸡，一只黑的叫澳洲黑，一只白的叫莱克亨，意大利种的。这两只鸡很会生蛋，我们把它们养在厨房里，每天用父亲的中药渣什么的喂喂它们，难得有几粒米给它们吃，就是这样，它们还每天一个蛋，两个鸡每天就两个蛋。所以后来我们能够渡过困难时期，这两只鸡还起了很大作用呢”。

王映霞持家能手的风采在这样的岁月中依旧展现。

钟贤道自始至终都将她视如珍宝，不但事事都让着王映霞，就是家中有好吃的，也都留给王映霞，自己从来都舍不得吃，有时甚至劝孩子们也少吃点儿让妈妈多吃点儿。儿女们都说，钟家的真正宝贝，其实是妈妈。

在1952年，王映霞因为曾在重庆外交部工作时参加过国民党突然被拘留。幸亏当时是口头参加，向组织说清楚这段历史后，即被解禁，只是虚惊一场。

在王映霞被关押期间，钟贤道心急如焚，竭尽全力找关系，日日探视，关怀备至。

解禁后，钟贤道为了给王映霞“压惊”，常带她到各地旅游散心，年过半百，还像是一次次蜜月旅行。王映霞评价钟贤道说：“他是个厚道人，正派人。我们共同生活了38年，他给了我许多温暖安慰和幸福。对家庭来说，他实在是一位好丈夫、好父亲、好祖父、好外公。”

他们就这样淡然笃定地度过了很多岁月，直到1980年，钟贤道去世，王映霞独自生活。

她不愿拖累儿女，自己将生活安排得井然有序。1986年，王映霞被聘为上海市文史馆馆员。

她认真整理了郁达夫的书，出版了《达夫书简——致王映霞》。后来，回忆起自己的人生经历，又写了《半生自述》《王映霞自传》。另编就她与郁达夫的散文合集《岁月留痕》等。

一个家庭破裂的范本，以及另一个家庭风雨相伴的样例，一生中的两段婚姻，在《王映霞自传》中都有所提及，只是，用于郁达夫的笔墨多一些，涉及平凡男人钟贤道所给她的安稳生活故事不多。

王映霞是美丽并长寿的，93岁时在西子湖畔乘鹤归去。

王映霞也算是人生赢家，年轻时，收获轰轰烈烈的爱情；中年，又幸运地遇到愿意付出一切努力把家庭生活过好的男人，凭着对妻子儿女很强的责任感，让她体会到尘世最安稳的幸福。

王映霞曾在晚年回忆：“如果没有前一个他（郁达夫），也许没有人知道我的名字，没有人会对我的生活感兴趣；如果没有后一个他（钟贤道），我的后半生也许仍漂泊不定。”

这也许就是所谓的，愿有岁月可回首，且以深情共白头。

走进婚姻，爱就要渗透在平凡的日子里，浸润在平仄流年里，要找到那个无论贫穷、富贵、健康、疾病都会紧握你的手，心甘情愿和你风雨同舟的人，有时注定要费几番周折。

婚姻是美好的，它象征着人生另一个阶段的开始。婚姻，也应该是经过慎重考虑后做出的决定和选择。不要在彼此双方激发出爱的火花就立刻步入婚姻殿堂，婚后的现实生活往往和理想中的有很大差别，一场失败的婚姻会带给女人很多痛苦，如果能在婚前做出理性的了解和分析，女人或许就会避免很多伤害。

王映霞毕竟是幸运的，即使将前半生的大好年华错付给浪子文人郁达夫，种种龃龉为她留下褒贬不一的后世艳名，她还能有机会选择体面和安稳的生活。这是生命对她的宽容，又给了她生活的另一种可能性。更多的人，都很难走出一场失败的婚姻形成的人生阴影，所以，面对婚姻，更不能草率。

婚姻不能全凭激情，一段稳定的婚姻，不能只靠激情，还有更多实质的生活内容，包括柴米油盐的琐碎、相互间的包容、修正双方的差距等，这些虽然淡化了爱情的美感，却能沉淀更多真挚的情愫。

在生活中，当激情退后，岁月洗尽铅华重归于平淡，想让妩媚的爱情

之花摇曳在烟雨红尘中常开不败，不光要有不让岁月的风将爱情风干的誓言，更重要的还是那份信任和包容。

信任是维系夫妻间感情的纽带，只有把对方的命运真正与你的命运相结合，才能获得完全的信任。这也是信任的最高等级，即在无任何证明的前提下，仍然对对方坚信不疑，如同幼童坚信自己的父母。从最初的依赖到最后的坚信，这是夫妻双方共同努力的成果。只有这样家庭才能稳定，幸福才会随之而来。

我们都不是圣人，或许一不经意，思想就开了一个小差，想要化解危机依靠的不是指责猜疑，而是需要沟通和信任去走过婚姻的一个个十字路口，也许要经历风雨兼程，但一定会到达幸福的彼岸。

有首歌唱道："相爱没有那么容易，每个人有他的脾气，过了爱做梦的年纪，轰轰烈烈不如平静。"最长久的情，是平淡中的不离不弃；最贴心的暖，是风雨中的相依相伴。

激情回归于平淡，爱情转为亲情，这是婚姻的必经阶段和过程，这才是最牢固的婚姻。多年的相濡以沫，是生活中最平实的语言，最琐碎的关心和最贴切的照顾，就像两棵连心树，缠绕在了一起，彼此依附，互相挡风遮雨，因为那是属于你生命中不可缺少的一部分，就像给了王映霞平凡幸福生活的钟贤道，和她共同经历生活风雨，和她相互扶持，和她平淡度日，把她当作宝贝宠着爱着，两人已是爱人加亲人。

静思小语

太过于浓烈的爱太难终老，过了爱做梦的年纪，轰轰烈烈不如平静。在生活中，当激情退后，岁月洗尽铅华重归于平淡，想让妩媚的爱情之花摇曳在烟雨红尘中常开不败，不光要有不让岁月的风将爱情风干的誓言，更重要的还是那份信任和包容。

蒋碧薇：爱之愈深，恨之愈切

她曾是深深庭院中的大家闺秀，却不曾被封建礼教束缚捆绑；

她曾毅然决然抛弃豪门联姻，与所爱之人异国流浪甘愿过贫寒的生活；

她慧眼选出的如意夫君终于功成名就，却逐渐与她貌合神离；

她开始以斗士的姿态公然捍卫婚姻，用一切方法让丈夫回心转意；

她却终究没能得偿所愿，于是向丈夫索要重金弥补这刻骨的怨和恨；

她将前尘往事拾掇得干净利落，开始了另一段感情生活；

她的感情依旧坎坷，漫长的情妇生活却让她始终没有怨毒。

提到蒋碧薇的名字，总是要和徐悲鸿和张道藩联系到一起，一个是前夫，一个是情夫。

在同徐悲鸿离婚时，她曾开出天价的分手费，100万赡养费和100幅画。这给大画家徐悲鸿造成了很大的负担，徐悲鸿后来的妻子廖静文曾说：“为了还清她（蒋碧薇）索要的画债，悲鸿当时日夜作画，他习惯站着作画，不久就高血压与肾炎并发，病危住院了，我睡在地板上照顾了他四个月才出院。”言下之意，是蒋碧薇的过分要求导致才华横溢的画家过早衰老。

可是，如果一个女人背弃豪门之约，背弃父母，为了丈夫十多年打拼、受苦，遭遇背叛却不能争取可以让自己生活无忧的条件，那才是对自己的不负责任。

而且这些，本来就是她应得的。

蒋碧薇遇到徐悲鸿时，正是青春年华。优越的家庭环境让她有着大家闺秀的风范，容貌虽然不算艳丽，却在举手投足间散发着优雅隽秀的动人魅力。那时她名叫蒋棠珍，生长在贞节牌坊林立的宜兴城，如果没有遇到徐悲鸿，她应该与门当户对的查家公子结为夫妻。

这位富家少爷并未让她产生可以依靠终身的踏实感觉，反倒是一位落魄的青年画家让她芳心暗许，他就是徐悲鸿。

徐悲鸿家境没有蒋家好，他9岁开始学画。后来父母安排了一门亲事，他依父母之意成亲，还同妻子育有一子，可是后来妻子病故，儿子也在7岁时夭折，徐悲鸿失去了两个亲人，自己又变作单身。

第一次在上海家中见徐悲鸿，她才18岁，那时徐悲鸿在教绘画课，多年后那个享誉中外画坛的大手笔想必在当时也是气质出众、玉树临风。

再加之徐悲鸿也对这位亭亭玉立、少言寡语却心思敏锐的妙龄少女颇有好感，于是大献殷勤。蒋父对徐悲鸿的才华大加赞赏，蒋碧薇自然也受父亲的影响。

那时蒋碧薇的爱情也许更多是来自于崇拜和爱慕吧。

徐悲鸿要去法国留学，他请朋友做媒向蒋碧薇的父母提亲，蒋家并不同意这门亲事，于是，徐悲鸿的好朋友索性劝说蒋碧薇瞒着父母同徐悲鸿私奔。

于是，这位文静贤淑的女子受爱情驱使做出了大胆的决定，放弃未来少奶奶富裕安稳的生活，毅然与一位艺术青年出走追求新的生活。

也许，这才是真正的蒋碧薇，看起来温和谦恭、少言寡语，骨子里却不肯接受既定的人生轨迹，她希望生活有更多的可能性，所以她乐于接受人生天翻地覆的变化，并在这变化中甘之如饴。

私奔的两个人由于多种原因没有到达法国，辗转来到日本，蜗居在一家旅馆里。

两人的积蓄不多，生活自然困窘。蒋碧薇开始了新的生活，徐悲鸿给她起了“碧薇”这个新名字。虽没有物质生活的富足，但是徐悲鸿的浪漫依然可以让蒋碧薇感觉到生活的甜蜜。比如，徐悲鸿以两人之名，分别做了两个水晶戒指，他天天戴着“碧薇”那个戒指，别人问起，他便回答说：“这是我未来太太的名字。”

徐悲鸿总是能用他艺术家的浪漫情怀一次次轻松地俘获少女之心。

在日本的日子过得很清贫，但有爱情的滋润，两人也乐在其中。举目无亲，作为艺术家的徐悲鸿虽有几分才气，可是美术造诣和名气都还远远不够，也并无太多谋生本领，反倒在喜欢的画作上花销很大。当时他如醉如痴地喜欢上了日本的仿制原画，见到喜欢的，就毫不犹豫地买下来。很快，他们身上的钱财就所剩无几。

年轻的蒋碧薇每天只能保证三餐，每每看到橱窗里漂亮的衣服和鞋子也只能隔窗欣赏。她心甘情愿同丈夫受苦。可是就算省吃俭用，他们带的钱也只够支撑半年，没有了经济来源，两个人不得不回国求助于父母。

即使当初并未得到父母的认可和支持，但蒋碧薇的父母最终还是接受了女儿的选择。蒋家富裕的生活让他们衣食无忧，徐悲鸿专心发展事业，终于凭借一身本领得到当时一些文化名人的赏识。他还应蔡元培之邀当上了北京大学画法研究会导师，1919年3月，在康有为的帮助下，徐悲鸿争取到了公费留学的名额，他们重新远航，途经伦敦，参观大英博物馆、皇家画院、皇家画会研究会，后转抵巴黎，到法国继续深造。

在法国期间，徐悲鸿全身心地投入艺术世界，艺术造诣突飞猛进，而蒋碧薇也在异域他乡开阔着眼界。

徐悲鸿进入法国最高国立艺术学校，蒋碧薇就在法语学校学习法语。在经过一段时间由于语言不通带来的交流苦恼后，两个人还是很快融入当地的生活当中。

与艺术家在异国他乡天涯流浪，过着小布尔乔亚浪漫生活的同时，还得承担生活的艰辛。学习的费用、生活的费用都是一笔不小的开销，他们再一次为生存想尽一切办法。这一次，徐悲鸿不再肆意沉浸于艺术世界，他为百货公司画广告获得一些收入。蒋碧薇为了让他有更多的时间学习，就帮人家缝补衣物来补贴家用。

这原本是她家佣人做的事，现在她不得不天天操劳，生活虽然清苦艰难，两人感情却甚为融洽，因此，蒋碧薇倒也乐在其中。有时，徐悲鸿请不起模特儿，就以妻子为模特作画，画作中自然透露着一个艺术家对爱与美的最直观感受，于是，那个样貌平常的清丽女子在画作中却展现着无限的魅力和不可名状的性感。

21岁的蒋碧薇自然爱美，偶然在街里商场的橱窗里看到一件漂亮的风衣，像每个爱美女性一样，她渴望拥有自己喜欢的衣服，可是她又不得不因为现实条件压抑这样的心情，于是，她默默地路过那家商场无数次，看了风衣无数次，可最终还是舍不得买。其实，也并非连一件衣服都买不起，她把钱省下来，给徐悲鸿买了一块怀表。

蒋碧薇曾说：“我是女人，现实环境训练了我安排生活的能力，我愿和他截长补短，同舟共济。我唯一的希望是像他那样的一块儿璞玉浑金，经过琢磨淬砺，将来能成为璀璨的大旗。”

带着对丈夫以及未来生活的无限期待和憧憬，蒋碧薇陪伴徐悲鸿在巴黎度过了9年艰苦的生活，生命的严冬从未击退蒋碧薇生活的信心，反倒是面对生命的春天，她突然不知所措。

从巴黎学成归来，徐悲鸿功成名就，在美术界建立起了赫赫声名。

回国后，他们的物质生活得到很大改善，1927年12月，儿子出世，一家人其乐融融。徐悲鸿每天去大学授课，蒋碧薇就专心在家抚养孩子，待孩子渐渐长大，她就安排起自己喜欢的生活方式，她仿照法国的沙龙，举办了一些舞会，宴请一些宾朋，并从这觥筹交错中获得很多快乐。

而徐悲鸿并不喜欢这种娱乐形式，往往一回来就奔向画室，不愿参与其中。所以很多人推测，是生活方式的不同让两人渐行渐远形同陌路，更准确地说，很多人认为，蒋碧薇奢靡的生活方式导致他们婚姻失败。蒋碧薇不是陆小曼，她并未让徐悲鸿为自己的生活辛苦奔波，她只是在经历了很多年的生活艰辛后，终于找到了一种轻松的生活方式。所谓的疏远，其实更多的是主观感受，是两个人中一方或双方不再对彼此有更多关注，也可以说，一方已有情感寄托，自然对配偶有所疏远。

这在艺术家的情感世界不算新鲜。艺术家总是需要更美、更新鲜的事物激起自己的创作欲望，徐悲鸿自然不例外。

徐悲鸿在南京中央大学美术系任主任，时常亲自授课。在众多学生中，有一位旁听生逐渐引起他的注意，她就是孙多慈，聪明温婉、清新纯真。曾有人这样形容孙多慈的气质：“与之相对，如沐春阳，如饮醇醪，无人不觉她可爱。”

日复一日的接触，让两人的感情逐渐升温，二人之间由于接触频繁关系被传得沸沸扬扬。

作为妻子的蒋碧薇自然有所耳闻，她也曾半信半疑，直到看到徐悲鸿的《台城月夜》，她才确定了丈夫的背叛。多情的画家喜欢情以画寄，于是，在这幅《台城月夜》中，他将对孙多慈的一往情深，淋漓尽致地表达在画中。

蒋碧薇在掀开画布那一刻彻底愤怒了。

她极力地克制自己的情绪没当场发作，蒋碧薇让人把这幅定情之作搬回家中，放在了客厅最显眼处。

《台城月夜》上的徐悲鸿和孙多慈的暧昧情愫以及强烈的色彩在和谐宁静的客厅环境中极为刺眼，徐悲鸿每天进进出出尤为尴尬，后来索性将画刮去，在上面为刘大悲先生的老太爷画像，此事才不了了之。

蒋碧薇虽没大哭大闹，但是这样的处理方式也在一定程度上让徐悲鸿反感，明嘲暗讽的羞辱有时比面对面的指责更伤人。所以，她不但没有挽回丈夫的心，反倒与丈夫的心更加疏远。

1931年7月上旬，国立中央大学艺术专修科招考新生，徐悲鸿主考的素描，孙多慈以95分的高分排在第一位。

也许是因为孙多慈实至名归，也许是徐悲鸿心中无愧才没有避讳，但是，这样的成绩难免让人浮想联翩。这一次，蒋碧薇再也无法按捺下愤怒，她就此同徐悲鸿发生激烈争吵。蒋碧微还明确提出两条要求：第一，不要录取孙多慈，你可以把她推荐到其他大学去；第二，如果非要录取孙多慈，那就辞了中央大学的工作。

其实，这对于一个致力于维护和谐稳定的婚姻关系的妻子来说并不过分。没人愿意让自己的丈夫同他的暧昧对象朝夕相处，她只能用拉开空间距离的方式冷却两个人的热情。

徐悲鸿对于这样的要求，竟然义无反顾地选择了后者。

对于这样公然的挑衅，蒋碧薇丝毫看不到徐悲鸿回心转意的决心，而她依旧不愿放弃家庭，但是矛盾又没能有效化解，几次争吵之后，徐悲鸿给蒋碧薇写下这样一封信：“我观察你，近来唯以使我忧烦苦恼为乐，所以我不能再忍受。吾人之结合，全凭于爱，今爱已无存，相处亦已不可能。此后我按月寄你两百金，直到万金为止。”

艺术家爱情的保质期不长，蒋碧薇在徐悲鸿心中显然已属过期即弃的范畴，只是她不愿相信苦尽甘来的幸福生活就要就此结束。

1932年12月的傅厚岗4号徐悲鸿公馆，孙多慈以学生身份送来百棵枫苗，这份祝贺乔迁之礼并未作为点缀新居庭院之用，由于孙多慈此时对于蒋碧薇来讲身份极为特殊，早已成为蒋碧薇眼中的不速之客，这百棵枫树植在房前庭后，令蒋碧薇倍感屈辱，因此，她令佣人折苗为薪，以表愤怒。

徐悲鸿面对这种事，自然是痛心不已，遂将公馆称为“无枫堂”，称画室为“无枫堂画室”，并刻下“无枫堂”印章一枚作为纪念。

徐悲鸿曾为孙多慈和自己订制一对儿金戒指，两枚珍贵红豆分别镶嵌于其中。红豆之上，一镌“悲”字，一镌“慈”字。前者送给孙多慈，后者留给自己。

又是以戒定情，只是已换了对象。

在孙多慈毕业前夕，徐悲鸿为了孙多慈的前途煞费苦心，发动多年人脉替孙多慈印画册，还亲自出马为孙多慈争取公费留学名额。

蒋碧薇再一次进行有力的还击。她写信给负责留学事宜的中方代表褚民谊，丈夫公然为情人争取机会，作为原配夫人自然得到更多同情，孙多慈的留学计划化为泡影，徐悲鸿恼羞成怒，他写信给友人，云“为内子暗中破坏，愤恨无极”。

这“愤恨无极”中，夫妻情分早已荡然无存。

出国无望的孙多慈毕业后回到安庆老家，多年后徐悲鸿曾把孙多慈全家接到广西，帮助孙家父女在广西政府找到了差事。

孙家安定后，徐悲鸿认为时机已成熟，于是在《广西日报》登出启事，声明与蒋碧微女士已脱离同居关系。

这么迫不及待划地清界限，不过是想求得另一个人的芳心，却全然不顾及多年情分。

蒋碧微后来在《我与悲鸿》的回忆录这样写道：“如此我从18岁跟他浪迹天涯海角，二十多年的时间里，不但不曾得到他一点儿照顾，反而受到无穷的痛苦和厄难……”

即使如此这样直白地表达心意，孙家依旧没有同意徐悲鸿的求亲。

1942年，在孙家碰壁的徐悲鸿从客居的新加坡等地回到国内，他本人及众友人都希望他和蒋碧微能谱写夫妻破镜重圆的佳话。

但当徐悲鸿来到蒋碧微居处，却见堂上镜框上赫然挂着他断绝同居关系的申明！蒋碧薇说：“如今我已对他全部绝望，又怎能勉强我自己忘却那触目惊心的往事，强颜欢笑，和他重归于好？”

这一年，徐悲鸿在广西遇到了前来考试的19岁的廖静文，徐悲鸿再一次找寻到爱情的春天，人生也就此多了一段艰辛、传奇的经历。

1943年春到1943年秋天，徐悲鸿和廖静文的感情逐步升温，只是蒋碧薇同徐悲鸿这样“不和”也“不散”的关系让廖静文感觉不舒服，毕竟无名无分，名不正言不顺。于是，徐悲鸿再一次登报申明：“悲鸿与蒋碧微女士因志趣不合，断绝同居关系已历八年，其间经亲友调解，蒋女士坚持己见，破镜已难重圆，此后悲鸿一切与蒋女士毫不相涉，兹恐社会未尽深知，特此声明。徐悲鸿谨启。”

徐悲鸿需要新的爱情，就要对公众不厌其烦地说明，他同蒋碧薇只是同居关系，这对于追随徐多年并生儿育女的蒋碧薇来说，是如此不公平！

“同居”这两个字眼是多么讽刺，她18岁受他蛊惑同他私奔，不惜放弃衣食无忧的生活同他经历衣食无着的贫寒岁月，她和他共同生养儿女，也曾一同享受过青春的欢愉和成功的荣耀，怎么在移情别恋后就将这一次鼓足勇气的私奔说得如此轻浮？凤冠霞帔、八抬大轿，一场盛大的仪式，一纸郑重的婚书，当时他无力承担，她的体恤无私反倒日后授人以柄成为无法抹杀的难堪。

徐悲鸿这样的举动让他的女儿也十分生气，她写信给徐悲鸿说：“爸爸，我要问您，为什么您每次追求一个女人，就要登报跟妈妈脱离一次关系？假如您还要追求十个女人，您岂不是还要登十次报吗？”

一场自由的私奔和新婚快乐、多年的奔波困窘换来两次背叛以及两次公开登报片面声称与她断绝夫妻关系，丈夫既已薄情，她也曾全力捍卫婚姻，不过换来一次次人格侮辱，这男人，也从来没有珍惜过自己，与其纠缠，还不如分道扬镳。

既然徐悲鸿迫不及待想划清界限，蒋碧微索性满足他的要求，不过，她分手的条件是：100万赡养费和100幅画。

这对别人来讲物质至极的分手条件其实不过是因为她不容自己的爱情受到颠覆。

从爱上徐悲鸿那时起，蒋碧薇已经付出了一个女人在当时时代背景下能做的所有。作为一个女人，索要巨额的赔偿，也并不是因为她贪婪，她不过是想出一口气，想刁难一下抛弃自己的男人罢了。就因为她是一个爱情至上者，才会想起用重金休夫这样的方式来苛求对方。

爱之深，恨才切。因为不顾一切地投入自己的感情，所以在被背叛时她才嫉妒、讽刺、控诉，她无法妥协于任何形式的不专一，她用一切方法保卫爱情和婚姻，却最终以感情的决裂为终止。

离开徐悲鸿的蒋碧薇并未作“怨妇吟”，她拿着丰厚的金钱补偿经营起自己的生活。

她转投曾追求自己多年的张道藩的怀抱。

1922年，蒋碧薇、张道藩初见于柏林。日后几次相见，张道藩对蒋碧薇就已心生爱慕，甚至于寄信给蒋碧薇，含蓄、纠结地表达过爱意，只是当时蒋碧薇和徐悲鸿感情稳定，心无旁骛，未热烈响应。张道藩不久跟法国姑娘素珊结婚。

后来，蒋碧薇对婚姻心灰意冷，张道藩重新追求，对蒋碧薇多番照顾，两人互写情书几十万字，后来，蒋碧薇随张道藩到台湾生活，张道藩始终没能给她妻子的名分。他也想跟蒋碧薇朝夕相守，却又不忍、不便抛弃妻女，此前众人眼中无比强悍的蒋碧薇却不强求，她知进退，有分寸，默默相守。

张道藩曾经答应在蒋碧薇60岁的时候娶她，可是，当蒋碧薇等到了那一天，张道藩提也没提，蒋碧薇波澜不惊，不急不恼。1958年底，张道藩向她流露出想去澳大利亚新克利多利亚探望妻女的想法，此时蒋碧薇对张道藩的想法了然于心，却不动声色，她不想有被抛弃的尴尬和分手的伤怀，于是推说要去马来西亚探望外甥，两人各自上路，就此分离。

张道藩重返家庭，她孤身一人固然寂寥，但好在还不困窘，反倒洒脱。

在与蒋碧薇分别7年后，张道藩虽享受天伦之乐，却始终在心中有所挂念。一次致电蒋碧薇，电话中蒋碧薇声音爽朗、甜脆，而他听到这声音犹心跳不已。蒋碧薇比张爱玲强悍，张爱玲离开胡兰成，便“萎谢”了，蒋碧薇却依然将自己的一切安排得妥妥当当。

晚年的蒋碧微全心写作，完成五十余万字的回忆录，分为上下篇《我与悲鸿》《我与道藩》。

前一部纯粹叙事，对徐悲鸿多是痛彻心扉的指责；后一部情深意长，对张道藩无一微词。

纵观始末，张道藩并未比徐悲鸿高尚许多，可是在蒋碧薇这里，却一个不可原谅，一个云淡风轻。强悍刻薄，温柔大度，到底哪个才是真正的蒋碧薇?

也许，这正是一位女作家所说:“对亲密的人苛责，对陌生的人宽松。”

作为烟火夫妻，她始终将徐悲鸿视为最亲密的人，经历过柴米油盐的琐碎，即使有唇枪舌剑的摩擦，她也从未有半途分手的想法。她以妻子之心，求全责备，却换不来同等情感，所以在回忆中才有诸多怨恨。而对于张道藩，她始终以恋人心理，宽恕一切。

也许，人的情感有多面，欢愉容易随风飘散，伤痛却铭记至深，所以人总是不肯释怀。

徐悲鸿曾为她画了一幅《琴课》。这幅《琴课》，至死都摆在蒋碧薇的卧室里，而张道藩给她的画，一直在大厅里。

由此看来，她对徐悲鸿的爱无可取代。

因为，他是她人生十字路口最重要的人，这个人曾是她的人生信仰，以及人生道路上的杠杆，她本打算追随一生，怎奈因为他易变的性情，扭转了方向，也一度使她迷失，她偏执、愤怒、疯狂，她成为捍卫婚姻的斗士，身披铠甲，手握长矛，驱逐了敌人，也赶走了爱人。她不懂得退一步海阔天空，也就在苦海中艰苦跋涉。

终于有一天，她不再挣扎，她知道除落寞外人生还有精彩，辛酸后她反倒宁静淡然。后来的爱情，她不再追逐，而是开始享受。

没有物质顾虑，她可以跑起爱情马拉松，跨越半个世纪的相守，她一直端着姿势来爱。2000余封情书，31年的互敬互爱，她将爱情之浪漫演绎到极致。在这场爱情航班中，她可以从容地做爱情的舵手，进退自如。

从昨天的惨败变作今日爱情的凯旋，秘诀不过是少爱一点点。爱太浓烈，那炙热的温度正如曼陀罗，盛开之时亦是凄美之始。

不要再用倾其所有的爱去融化一颗不再靠拢的心，太炽热的爱只会让人想逃避。不如，让你的爱，淡如绿茶，清香隽永，幸福才永恒。

这世间有多少个被刻骨疼痛的爱情辜负过的伤心人，就有多少个幡然醒悟懂得经营自己的幸福人。

从一个风范凌厉的角色变作一个笑容温婉的女人，这就足以说明，事物的重要性是时间赋予的，而它本身并没有什么。

一些伤痛就让时间来冲淡，一些回忆就让时间去磨平。

本该结束，就不该将结局一拖再拖，其实，在正确的时机谢幕，才是一切精彩演出的高潮。

将曾经的美好留于心底，将曾经的悲伤置于脑后，掩藏在最深的角落，让岁月的青苔覆盖，不见阳光，不经雨露，也许有一天伤口会随着时光淡去。别总抱怨“忘记一个人”好难，别总执着于你曾经为爱放弃那么多，你越觉得自己手中的这张牌重要，也就越放不下它。

当我们渐渐忘记昨天生活给我们带来的阴影，坦然地面对今天的太阳，才能微笑地迎接明天的生活。

静思小语

伟大的爱情可以包容一切的不完美，可是生活的琐碎磨灭了所有的激情，最后剩下两个棱角分明的灵魂去碰撞。要尝试捍卫爱情，却也要知道这世上很多东西不是任凭我们努力就能把握的，比如一颗已经不再为你悸动的心。当爱情慢慢地抽离了你的生活，与其坐等枯萎，不如转身离去，在下一段爱情中，微微一笑，云淡风轻。

阮玲玉：蝴蝶飞不过沧海，谁忍心责怪

她是大荧幕的巨星，曾在短暂的25年生命中拍过29部电影；

她的表演才华横溢，光芒四射，赢得广大观众由衷的倾慕；

她情路艰辛，在她事业最巅峰时香消玉殒，留下一纸“人言可畏”的遗书；

她用决绝的方式证明了自己一丝一毫无愧于心；

她被爱她的影迷叫作“阿阮”；

当阿阮的影像一次次重现荧屏，她甜甜的笑，是永恒的美。

“在这个叫作人世的地方，我活了25年，检点我的所作所为，我应该是原告，原告。好心的影迷们，你们爱的那个阿阮，去了。在今后无穷的岁月里，我将睡在黑暗的胶片上，躺在冰冷的盒子里。若有机缘，我的容貌能够在银幕上重现的时候，那眯眯的眼，总是对你们的祝福。”

这是话剧《阮玲玉》中的一段台词，说尽了阮玲玉的委屈。

当年，她绝望地离去，草草结束掉25岁的年轻生命，让无数人扼腕叹息。百年之后，有那么多人懂得她的委屈。

在现存的影像中，阮玲玉的眉眼细长飞挑，不笑时流露出自然天成的淡淡忧伤。她总是身着旗袍，袅娜多姿，她作为中国默片时期最优秀的女演员，在当时几乎没人可以同她媲美。

可是，她仍不幸福。

她总是遭遇不完美的爱情。

她出身卑微。那是个社会矛盾尖锐的地方，等级制度严重，到处都是歧视穷人的时代。

她的父亲早逝，母亲是女佣。阮玲玉从小跟随母亲，早已习惯有钱人的轻视。

15岁时，阮玲玉和有钱人家的少爷走到了一起。

张达民是阮玲玉母亲做工家的少爷，也许是两人早有接触，也许是长大的阮玲玉已经楚楚动人，总之18岁的张达民带着15岁的阮玲玉私奔了。因为张家根本不能接纳阮玲玉的出身，自然不会接受他们的婚事，所以，两个人索性离家出走，享受毫无拘束的二人世界。

他们每天跳舞，看电影，逛商场，打麻将，吃吃喝喝，生活也算快乐。

时间一长，没有父母的接济，两人也常常捉襟见肘。

张少爷自然不懂营生，反倒是阮玲玉有了一次重要的人生际遇。

张达民的哥哥张慧冲当时已经进入电影界，由他引荐，16岁的阮玲玉进入电影公司，演戏很有天赋的她还不到2年时间里就开始大红大紫。

她的戏越演越娴熟，在20岁时就已奠定她在影坛无可取代的地位。

那时演员赚钱容易，尤其像这样的著名演员更是收入丰厚，阮玲玉成为家里的经济支柱。而张达民依旧无所事事，花钱如流水。他根本不关心阮玲玉的感受，他只想自己活得快活。

一个事业蒸蒸日上，一个常年只知吃喝玩乐，阮玲玉越来越不能忍受张达民对自己的冷漠。

于是，当她遇到事业有成、成熟稳重，善解女人心意的唐季珊，更加坚定了要摆脱张达民的决心。

当阮玲玉离开张达民和唐季珊在一起后，她遭遇了张达民一次次的金钱讨要，以及一次次的威胁。

如果唐季珊真是一个重情重义值得依靠的男人，他会去想办法帮助阮玲玉摆脱困境。事实证明，唐季珊是一个比张达民还阴险卑鄙的人，阮玲玉不过是从一个火坑跳到另一个火坑。

当张达民在一次次的金钱索要渐渐不被满足后，他索性到法院状告阮玲玉，他指责阮玲玉偷走了他们家的很多东西，然后把这些偷来的东西全部送给了唐季珊。

显然，这是诬告。

可是，当法院受理了案件，阮玲玉就要面对她最不愿面对的状况，要洗清偷窃罪名，就要承认这些错综复杂的关系。

对于张达民的所作所为，阮玲玉其实早已习惯，而这时，最让她伤心的是唐季珊的冷酷。

唐季珊不愿因为阮玲玉牺牲自己的名誉，阮玲玉在他心中不过是一个让他有面子的情人。于是，唐季珊不再是当初对她百依百顺的追求者，他当即翻脸，不惜将阮玲玉推上风口浪尖。阮玲玉孤立无援。

在这场官司沸沸扬扬时，唐季珊还找到另一个情人，完全不理会阮玲玉的处境。

阮玲玉这时已经被舆论传得十分不堪，每一天她都要面对无数的指责和羞辱。

终于，张达民的无义、唐季珊的无情让她必须站在被告席上聆听判决。

阮玲玉最怕的是上法庭，在她之前，皇帝溥仪在和妻子离婚时，竟被迫在法庭上回答律师提出的难堪问题，阮玲玉不知道自己是否能承受住即将到来的羞辱。

心力交瘁、疲于应付的阮玲玉最终选择以自己的方式结束世间纷扰。

张达民和唐季珊就这样联手将阮玲玉逼上绝路。

名誉固然重要，最致命的还是对曾经深爱之人的绝望。

自己倾其所有去追寻的爱情竟如此脆弱，自己托付终身的爱人竟如此残酷，自己还有什么活下去的意义？

与张达民跨越阶层的爱恋可以归咎于她那时年少轻狂，可是选择了唐季珊时，她已有一些人生阅历，却还看不透唐季珊的虚伪，这中间有她对自己的草率。

张达民曾经拥有的优越生活方式是那时的阮玲玉想拥有的，后来却成为她最不屑的；唐季珊的成熟也是她最迷恋的，最后却成为伤害她最深的。阮玲玉就是太习惯于在情感上依赖男人。她爱的两个男人，一个把她当作摇钱树，一个把她当作专属品，而她总是想处处息事宁人却遭遇百般纠缠，想寻求庇护却又遇人不淑，从而将自己推进深渊。

她从未在内心构造起强硬的堡垒，和一片不允许别人肆意践踏的领地。否则，她就可以在利益的旋涡中，在各种错综复杂的关系中，权衡利弊，迅速而准确地做出判断。

保护好自己是每个女人不能外推给别人的责任。心内过于柔软，就变得脆弱。而一个内心强大的人永远懂得自己需要什么、不需要什么，她从不会为了所谓的流言蜚语等外界的干扰委屈自己，更不会向命运低头。她面对质疑的从容是她内心强大的表现，也是她之后所取得成就的心理基础。外界有太多的诱惑、太多的挫折，如果不能心无旁骛，不能固守着内心那份坚定，女人注定要遍体鳞伤。

有时，女人只有内心刚毅，才能真正懂得，男人可以用来依靠，但是绝对不能依附。不管是在热恋中还是在婚姻中，要懂得看到自己、实现自己。男人可以为你遮风挡雨，可是他不能为你解决所有问题。你的挫折、你的不顺利，还得用智慧，用个性魅力，用积累的人生经验去化解。

现在很流行一句话“你若不勇敢，没人替你坚强”，他可以照顾你的衣食住行，他可以关注你的每一个心理需要，但是，你用自己的能力获得成功的满足感他给不了。你可以只要他一个人的赞美，可是你又不能保证他会一直持续欣赏。你知道，有一种无力叫审美疲劳。

而阮玲玉烦恼的来源是她又太在意别人的评论。

其实，只要是优秀的人都会遭到善妒者的指指点点。让每一种评论都成为内心的困扰，那真是世界上最残酷的刑罚。当把生命赖以稳定的基础放在别人身上，把自己表现好坏的评价标准放在别人身上，却不从内在建立起对自己的肯定，当有别人的关注、肯定、赞美时欢喜雀跃，别人非议诽谤诋毁就痛苦无比，这实际上是一件非常幼稚又危险的事儿。

所以有那么多女人在失爱失婚后歇斯底里，痛不欲生。不再有别人的肯定，又找不到自己，还要顾虑到别人的评价，想要撑出一副镇定的、完美的、若无其事的样子给别人看。女人，你是有多辛苦。如果不挣脱他人的价值观加在身上的这层枷锁，很难活得漂亮洒脱。

要学会淡化别人的评价，赞美也好，诋毁也罢。赞美全当是礼貌性的恭维，因为妒忌而来的诋毁则是更直接的肯定。

在内心，要有一个坚强的力量，不受周围的人所影响。我们的人生不是为了要活给别人看的，拥有一个独立自主的人生，才能更好地面对外在残酷。人的一生其实很短暂，如果总是活在别人的眼光中，谁去实现自己的快乐?

所以有很多单身的女人并不受旁人盲目的热心所影响。她们认为：不能因为别人的关注我就随便找个人嫁了，和一个不喜欢的人别说过一生，就是过一天都觉得太长。虽然暂时没有婚姻，但是她们把自己的生活安排得丰富多彩，每一天过得充实而有意义，这比起那些为了结婚而将就嫁了的女人要快乐得多。

想要在生活中即使遇到困境都能处之泰然、宠辱不惊，那就得接受最真实的自己。

除了自己，没人可以诋毁、伤害自己。人不自伤，谁人伤之？

接受最真实的自己，懂得自我欣赏。自我欣赏绝不是盲目自恋，它是由理智、客观地对自己的认识引发出来的自信。

学会了解自己，只有了解自己的优势和不足，才能扬长避短，明确自己的人生目标，才不会整天抱着自己的小毛病郁郁寡欢。如果你发现自己是如此脆弱，那就花些时间去让自己更坚强。多读书，多积累，渐渐地你会发现，只有内心坚定的人才能活出精彩。

只有真实地面对自己，以冷静的态度不断地调整自己，才算是真正善待自己。如果不去关注自己，自然也不会取悦自己。而女人如果不懂取悦自己，很难绽放独有的魅力。

你喜欢在每一个风起的日子，淡看花飞花谢，可是世事纷争的喧嚣让你脚步匆匆，遗失掉心灵最初想要找寻的美好；你希望在生命苍凉后有一分厚重的沉淀，可是一分稳定却枯燥的工作，却让你不断怀疑自己存在的意义。你在别人的眼中活得很好，在自己的心里却不曾快乐。生命没有再来一次的机会，为自己而活永远是最有价值的追寻。人生最大的勇敢之一，就是经历伤痛之后，还能保持自信与能力。这就是内心真正强大独立的女性，她目光始终朝向高远唯美的外在世界，根本不被小女人内心的弯弯绕绕所羁绊，她的追求也远超出那些心胸狭隘、庸俗之人的理解范畴。

我们每个人都不可能完美，既然有一些事实无法改变，那就学会去适应。当你充满自信，又保持幽默感，不矫揉造作，不为别人的眼光左右自己，不仅仅为一个男人而活，由丰富的生活、坚定的意志支撑自己，那时，你会发现一个更幸福的自己。

孟小冬：其实他没那么喜欢你

她是中国京剧史上当之无愧的首席女老生，人称“冬皇”；

她艳若桃李、冷若冰霜；

她天资不凡，一生傲骨；

她与梅兰芳逢场作戏竟成了“真情出演”，数年相爱却又不得善终；

她决然放手，另寻幸福；

她有自己绚丽的舞台，也有属于自己的粉墨人生；

她浅吟低唱，成为她唯一的生命姿态。

孟小冬的照片，大都是不苟言笑的，寒星似的一双眼睛有一种清冷和硬气，她有自己的骄傲。

她8岁学艺，12岁在无锡新世界剧院登台，以女人身份饰演老生。众所周知，学戏辛苦，孟小冬虽然四声皆备，膛音宽厚，但是学戏要慢于常人，她就暗下苦功，用别人3倍的时间去学戏，练就了更为扎实的基本功。于是，有了演出时的满堂喝彩。

当孟小冬频繁演出于京、津两地时，同最红的旦角，有“伶王”之称的梅兰芳相识。

梅兰芳以男性扮女人，是最红的旦角，孟小冬是以女性扮男人，是最红的生角。

既然都是技艺精湛，票友都希望看到他们的合作。于是《四郎探母》《游龙戏凤》中他们联袂出演，精彩绝伦。

乾旦坤生，颠倒阴阳却又旗鼓相当，天衣无缝。

孟小冬虽然台上阳刚而霸气，现实中却正值妙龄，又明慧照人，遇到谦谦有礼的伶界大王梅兰芳，真的就因戏生情了。

两人假戏真做，就要考虑一下共同的未来。而梅兰芳已有两个妻子，孟小冬只能委身做妾。

虽然王明华没有意见，福芝芳却激烈反对，死活不肯让孟小冬进门。梅兰芳无奈之下，只好在东城无量大人胡同找了一处四合院与孟小冬同住，起名为缀玉轩。

不能明媒正娶只能被金屋藏娇，那么骄傲的孟小冬因为早已情根深种而默默妥协。对她来说，爱情重于名分，只要能相伴。

于是，在缀玉轩的日子成为她人生中最美好的回忆。他们曾留下一帧照片：梅兰芳侧身摆出手势，墙上留下投影。墙边便是二人的亲昵对话，感情之好，不言而喻。

在缀玉轩，梅兰芳的许多朋友常聚集在这里，说古道今，谈文论艺。孟小冬的新婚生活愉快，偶尔有无聊乏味的时候，也想重登戏台，可是因为要遵循"男主外，女主内"的规矩，只能在大宅中打发无聊的时光。

孟小冬嫁给梅兰芳后不再登台，急坏了一个忠实票友。他理所当然把罪过都推到了梅兰芳身上，他拿着手枪就要和梅兰芳拼命。混乱之中，击毙了调解人张汉举。

梅兰芳在这次事件中受到了惊吓，而福芝芳终于找到理由再次给梅兰芳压力让他离开孟小冬。于是，梅兰芳竟真的一度消失在孟小冬的视线里。曾经的山盟海誓竟然如此不堪一击，孟小冬愤怒后，惘然若失。

也许，真的是人命血案太过震撼，也许，他们的爱情还需更多磨砺，孟小冬不甘心就此同梅兰芳分道扬镳，她还在耐心等待梅兰芳的表态。

梅兰芳的母亲去世，孟小冬自认早有资格披麻戴孝，可是走到梅府门口，却被阻拦在外。福芝芳声称：“这个门儿，她就是不能进，我有两个孩子，肚子里还有一个，我拿这三个孩子跟她拼了！”

福芝芳再容不下孟小冬，也应该知道孟小冬吊孝的资格还是有的。她拿准了梅兰芳舍不得孩子，因此铤而走险。两人僵持在门口，福芝芳不肯让步，孟小冬也不肯示弱。不能堂堂正正走进梅府，自己同梅兰芳枉做夫妻。

左右为难的梅兰芳，竟对孟小冬说，先回去吧。一向高傲的“冬皇”何曾受过如此侮辱！

她孤立无援，他却束手无策。

孟小冬哭着走出梅宅大门。她认为这个人不值得自己如此委曲求全交付真心。

事过半年，孟小冬已经和梅兰芳貌合神离。

而福芝芳看到自己已有胜算，就乘胜追击，不断地给梅兰芳压力。重压之下，纠纷不断，梅党终于按捺不住，要集会商讨，怎样才能给梅兰芳一个稳定的家庭环境让其安心唱戏。福芝芳和孟小冬互不相容，只能在两人之间作一决断。梅党中魁首冯耿光最终决定舍孟而留福，他说：“孟小冬为人心高气傲，她需要‘人服侍’，而福芝芳则随和大方，她可以‘服侍人’，以‘人服侍’与‘服侍

人’相比，为梅郎一生幸福计，就不妨舍孟而留福。”

于是，梅、孟分手。

不知听此理由，孟小冬会有何感想，是不是会有劫后余生的庆幸？她的使命是在舞台上华丽转身而不是在府中终日侍奉。她不是福芝芳，会侍奉梅兰芳的人可以有无数个，而能成为舞台独一无二的冬皇的，只有她孟小冬。她有更华丽的人生需要演绎。

孟小冬离开前很坚定地留下一句话：“我今后要么不唱戏，再唱戏不会比你差；今后要么不嫁人，再嫁人也绝不会比你差！”

1933年，孟小冬在报纸上刊登一篇名为《孟小冬紧要启事》的文章：“经人介绍，与梅兰芳结婚。冬当时年岁幼稚，世故不熟，一切皆听介绍人主持。名定兼祧，尽人皆知。乃兰芳含糊其事，于祧母去世之日，不能实践前言，致名分顿失保障。虽经友人劝导，本人辩论，兰芳概置不理，足见毫无情义可言。冬自叹身世苦恼，复遭打击，遂毅然与兰芳脱离家庭关系。是我负人，抑人负我，世间自有公论，不待冬之赘言。”

这样的声明是给公众也是给自己的一个交代。

痛定思痛，孟小冬还得继续前行。

孟瑶在《中国戏曲史》中这样评价孟小冬：“自拜叔岩，则每日必至余家用功，寒暑无间。前后5年，学了数十出戏，是余派唯一得到衣钵真传的人。”

“拜叔岩”，是指余叔岩将孟小冬收为关门弟子。在当时众多门派中，孟小冬经过认真对比和甄选，她认为余派艺术的唱、念、做、表细腻

深刻，在唱腔方面也更胜一筹，于是她拜于余叔岩门下。余叔岩本来很少收徒，可是孟小冬诚意十足，不但殷勤奉侍体弱多病的余叔岩，在请问艺事时，敬业执着，余叔岩感动之余自然倾囊相授，不但把“掏心窝子的玩艺儿”——《洪羊洞》《搜孤救孤》中的手、眼、身、法都毫不保留地拿出来，还因材施教，为孟小冬在表演剧目时一招一式耐心指导，务求完美。

孟小冬也不辜负师傅的教导，每一次练习都用尽全力，她唱一出戏，要用别人唱三出戏的精力，唱完一场，就累不可支。

孟小冬演出的新新戏院，座无虚席。

已故剧评人丁秉鐩曾回忆：“观众都先到新新，直到满座牌挂出，买不到票，才有少数人遛到长安。孟小冬那边买不到票，只好去听谭富英吧！连这些临时意外观众在内，长安卖了七成座。”

1947年，她在上海出演《搜孤救孤》时，晚上的上海滩真可谓万人空巷。此时，孟小冬的事业也算达到巅峰。

而感情上，孟小冬也有收获。

杜月笙，上海最大的黑帮帮主，当时活跃的政治风云人物，早已对孟小冬倾心已久。看见孟小冬遭遇感情变故，平日对其诸多照顾，也终于打动芳心。

1949年，上海解放前夕，孟小冬要随杜月笙一家迁居香港，临走之前，她淡淡地说：“我跟着去，算丫头呢还是算女朋友呀？”为了她这句话，也为了孟小冬以后的生活有保障，赴港后杜月笙与孟小冬补行了一次婚礼。

我要的，你能给。孟小冬要的就是这份利落。

当时的杜月笙已经63岁，孟小冬也已是42岁。婚后第二年，杜月笙去世。

孟小冬的第二段感情，看来像是第一段感情的补偿。梅兰芳给不了的，杜月笙可以慷慨兑现。不仅仅是名分，孟小冬更看重的是态度。她终于知道，一个男人若是真的喜欢你，就不会暧昧不清，就会昭告天下对你的所有权。也许，她高看了他的爱情。

也许，他并没有那么喜欢自己。

她要的不多，她也甘心做妾，她最气不过的，是梅兰芳的柔绵和寡断。说到底，孟小冬觉得这是对一个全心付出感情的女人的亵渎。

只要你一个眼神肯定，我的爱就有意义。对于骄傲的冬皇来说，想要的就仅仅是爱情的对等和肯定。

不过，感情的挫折倒是没有就此让一个名角糟蹋自己的天分和勤恳。

据说，在人生最后的10年里，孟小冬生活非常低调，每天闭门静养，过着类似隐居的生活。有时背对来访者，面对琴师，浅吟低唱。

她笃信佛教，连练唱也是追求纯粹的声音，她不灌唱片，也不许录音，始终坚持最传统、最纯粹、最直接的技艺传承。

在孟小冬所生活的年代，大多数女性还未摆脱性别的束缚，就算能外出工作也常常局限于一些特定行业，如教师、医生等。孟小冬是幸运的，她可以在万众瞩目的舞台受尽追捧、听尽掌声，创造出可以站在时代最高峰的成就。

静思小语

她像在岁寒时盛放的梅花，坚强而高雅。有时内心强大的女人最容易被“收买”，一句诺言、一个眼神，她只要他的决心。而这样的女人一旦伤心，也会走得义无反顾。

而自强自立者总是会被给予最厚重的敬佩。坚韧中有温情，柔弱中见刚强，女人，应该坚定做自己，淡定看别人。

让婚姻经得起平淡的流年

我们总以为自己的婚姻经不起推敲，别人的婚姻更幸福。爱情，不是相忘于江湖，就是平平淡淡一直到老，谁的婚姻没有遗憾？

走进婚姻，爱就要渗透在平凡的日子里，浸润在平仄流年里。你找到的那个人，不论贫穷、富贵、健康、疾病都会紧握你的手，心甘情愿和你风雨同舟。

当从爱情的云端落到婚姻的现实，你要懂得，绚烂之极归于平淡，荡气回肠是为了最美的平凡。

陆小曼：当爱情在婚姻中渐渐地退去光环

她有绝美的风姿、充沛的热情，以至于可以挑起所有男性潜藏的热情与欲望，并于自己的翩翩裙裾下，甘愿沉浮；

她是如此炫目，在旧时那座聚集了无数名媛的古城，她的一举一动都成了流行与时尚的代名词；

她冠绝群芳，又张扬着自我的独特品格，于是，不经意间，她的才华被忽略；

她有着艺术家特有的天赋与敏锐——琴棋书画无所不精，行文吟诗无所不能；

她通晓多国语言，举止言谈优雅非凡；

她，在一个时代兴风作浪，表达着一个女人完整的渴求和本真。

世人常常诟病她骄奢任性，但对陆小曼而言，这样性格的养成不过源于自己优越的家庭环境。陆家几代为官，家境殷实，祖父陆荣昌为晚清朝议大夫，父亲陆定中举后被清政府派往日本留学，曾是伊藤博文首相的得意门生。回国后，他曾担任财政部司长和赋税司长多年，后创办了中华储蓄银行，经济实力非常雄厚，所以对陆小曼来讲那些再平常不过的饮食起居，在普通人眼里都已是极其奢侈。

在这样优越的成长环境中，陆小曼并没有虚度光阴。母亲吴曼华曾是旧时名媛，文笔极好，擅长工笔画，在陆小曼幼年时期常常带着她诵读诗书、描画丹青。到了陆小曼上学的年龄，家里自然找的都是最好的学校，15岁，陆小曼就读于圣心学堂。这所由法国人开办的学校，由于教育资源丰富、教育理念先进，得到很多名流的追捧，当时北京军政界部长一类的小姐有许多都在圣心学堂读书。陆小曼天资聪慧，幼年时有母亲的精心培育，相貌也越发出落得清秀端庄，梁实秋曾形容她是“在北平的大家闺秀里，是数一数二的名姝”。

所以，才貌双全的她在读书时就拥有仰慕者无数，所到之处常有追随者，这位骄傲的公主十几岁就已拥有太多的赞美。她从来不需要任何人的声誉来抬高自己，她自己本来就是一个传奇，在岁月的历练中，这一分风韵越发让人心悦诚服。

十六七岁的陆小曼精通绘画，会朗诵演戏，弹得一手好钢琴，舞蹈也跳得曼妙，同时精通法文、英文，于是，在北洋政府的外交部选拔接待外国使节做一些翻译工作时，陆小曼自然成了最适合的人选。

这位年轻俏丽的女翻译开始在北平社交圈声名鹊起，连胡适都称赞她“是一道不可不看的风景”。

陆小曼就这样骄傲地度过了少女时期，到了适嫁年龄，父母开始为她挑选能与其相配的，有前途、有权势的男人。

王赓大陆小曼8岁，是中国陆军中将，清华留美学堂毕业后公派赴美留学，就读于普林斯顿，20岁从普林斯顿历史和政治系毕业后在美国西点军校接受美国陆军高等教育。虽然家世不如陆小曼，但他本人才华横溢，谈吐不凡，陆小曼的父母很看好王赓，觉得他会给陆小曼一个幸福的婚姻。而王赓看到貌美如花的陆小曼也自然喜欢，他其实并不了解真正的陆小曼，他认为的幸福就是能够给她提供丰厚的物质生活。而这位誉满京城的名媛，只懂得享受如潮的盛赞追捧，还未曾拥有刻骨铭心的爱情，对于婚姻中所必需的体谅、包容一无所知。

这段貌似合理实际却缺乏了解的婚姻注定要以悲剧收尾。

结婚第三年，王赓就被任命为哈尔滨警察局局长，收入颇丰。陆小曼的物质生活就这样延续着婚前的奢侈。她整天出入舞场，王赓不太限制陆小曼将大把的时间花在交际应酬上，只是不能常伴左右。他是一个工作十分认真的人，而且自身又不爱交际，他和太太性格南辕北辙。相比跳舞，他更乐于整天忙着工作。

如果陆小曼可以一直在喧嚣的交际场中获得精神的慰藉，说不定他们的婚姻真的可以一直延续，毕竟事实证明，王赓真的是最能包容她的那个人。只是，这样一位聪慧的女子，怎么能不需要有一个人，在嘈杂的人世间同自己有着灵魂的共鸣？随着年龄的增长和平淡婚姻的继续，她的寂寞悄悄蔓延。她仍是交际舞台的宠儿，却用这喧嚣掩盖着自己的孤独。

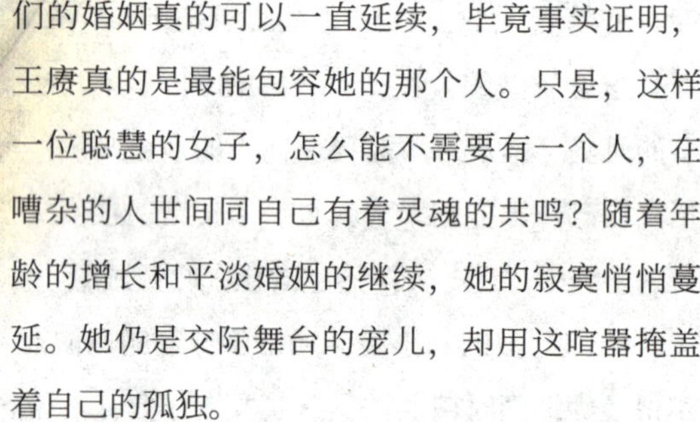

作为王赓的朋友，徐志摩常常受好友的托付去照顾小曼。

徐志摩的性格和王赓不同，这位崇尚自由和快乐的诗人同陆小曼兴趣相投。他可以陪她跳舞，陪她唱戏，给她介绍名画，写浪漫的诗。徐志摩曾这样形容陆小曼：“一双眼睛也在说话，睛光里漾起，心泉的秘密。”这样充满诗意的描绘泄漏了诗人眼底的爱意。

陆小曼在这样的交往中获得了极大的精神满足，那样一种琴瑟和鸣的快乐是无法名状的。很快，两个人竟冲动地决意共赴此生，却不曾细想，这需要克服多大的阻力。

王赓不愿意离婚，他想做最后的挽留，但种种努力都是徒劳。最后，他在一次聚餐上举杯祝福徐志摩、陆小曼，他说：“愿我们都为自己创造幸福，并且也为别人幸福干杯！”

两个月后，他和陆小曼办完离婚手续，并当面送给了徐志摩一句让人心颤的话，他说：“我们大家是知识分子，我纵和小曼离了婚，内心并没有什么成见；可是你此后对她务必始终如一，如果你三心两意，给我知道，我定会以激烈手段相对的。”

王赓落寞地转身，放弃了这段他很看重的婚姻。而陆小曼，也终于得到了她梦寐以求的爱情。可是人生却是如此残酷，常常在让人得到所求之后，就猝不及防地拿走更重要的东西。

陆小曼离开了王赓后，发现已怀有他的孩子。她没有告诉王赓，悄悄去做了手术，这场失败的手术让陆小曼以后再无怀孕的可能。

离婚后不久，美国好莱坞电影公司风闻名满京城的陆小曼大名，给她汇了一笔巨款，邀请她去美国拍电影。但当时考虑到父母只有她一个亲人，她和徐志摩又正处于柳暗花明之际，因此更不愿意去美国，便将那笔巨款寄了回去。

1926年七夕，中国的情人节，徐志摩与陆小曼终于克服了重重阻力在北京北海公园举行婚礼。这场婚姻尽管没得到家人的祝福，但是陆小曼似乎没有在意，他们定居上海，陆小曼做起了全职太太。可是，婚后的生活并没有她预想中那样幸福。

陆小曼高昂的生活开销已是多年的生活习惯，从娘家到夫家，总是有丰厚的资本让她肆意挥霍，而她的生活乐趣总是和金钱不能分隔。徐志摩的经济条件足可够两人温饱，却难以满足陆小曼生活的高额开销，她无法纡尊降贵吃一点点的苦，所住的一套豪华的公寓，每月100块大洋，14个佣人进进出出。她需要穿漂亮的衣服，吃精致的菜肴，赶夜场的舞会，听戏打麻将，每月至少要花掉五六百块大洋，这样庞大的开支让徐志摩很辛苦。

徐志摩自己舍不得买衣服，成天穿着破了洞的衣服。徐志摩授课、撰稿，倒卖古董字画，奔波在北京与上海两地，可是挣的钱还是不够陆小曼花。

陆小曼离婚后的那次流产给她留下很多疾病，一天有小半天不舒服，甚至有时会晕厥过去。陆小曼的朋友翁瑞午吸食鸦片，看她痛苦，便劝她抽几口，以减轻病痛。从此陆小曼沉醉在鸦片烟的享受中虚度终日，偶尔作作画消遣一下。徐志摩只能多处兼课，去当地产掮客，奔波于京沪两地。也许是因为要去供养挥金如土又要花费巨款吸食鸦片的陆小曼确实有些辛苦，也许是他看到这样的陆小曼着实痛心，生活的坎坷让他们在学会爱的同时也学会了争吵。争吵、复合，复合、争吵，他们还在继续地爱着，直到有一天，他们终于疲惫不堪。

1931年11月17日，徐志摩和陆小曼再一次爆发家庭大战，陆小曼甚至动了手，用烟枪把徐志摩的眼镜砸碎了。徐志摩在向友人倾诉自己的痛苦后，准备搭乘19日上午的邮政班机回北京，就是这一天，飞机失事，徐志摩的这一走留给了陆小曼最深的痛。

她愧悔交加，痛彻心扉，在万国殡仪馆中，哭晕数次。郁达夫这样描述："悲哀的最大表示，是自然的目瞪口呆，僵若木鸡的那一种样子，这我在小曼夫人当初接到志摩凶耗的时候曾亲眼见到过。其次是抚棺一哭，这我在万国殡仪馆中，当日来吊的许多志摩的亲友之间曾经看到过。"

在《哭摩》一文中，陆小曼更是字字血、声声泪地写道："……我深信世界上怕没有可以描写得出我现在心中如何悲痛的一支笔，不要说我自己这支轻易也不能动的一支。可是除此我更无可以泄我满怀伤怨的心的机会了，我希望摩的灵魂也来帮我一帮，苍天给我这一霹雳直打得我满身麻木得连哭都哭不出，浑身只是一阵阵的麻木。几日的昏沉直到今天才醒过来，知道你是真的与我永别了。摩！漫说是你，就怕是苍天也不能知道我现在心中是如何的疼痛，如何的悲伤……

"完了，完了，从此我再也听不到你那叽咕小语了，我心里的悲痛你知道么？我的破碎的心留着你来补呢，你知道么？唉，你的灵魂也有时归来见我么？那天晚上我在朦胧中见着你往我身边跑，只是那一霎眼的就不见了，等我跳着、叫着你，也再不见一些模糊的影子了。咳，你叫我从此怎样度此孤单的日月呢？真是叫天天不应，叫地地不响，苍天如何给我这样惨酷的刑罚呢！……”

在徐志摩的丧礼上，陆小曼被徐家人拒之门外。徐家人始终觉得是陆小曼害了徐志摩。公众的舆论认为，她奢侈的生活让徐志摩承受巨大的生存压力，于是29岁的她，不但要承受丧夫之痛，还要默默地承担起所有的罪名。

人们只埋怨她的奢华无度，却忘了其实这只是她与生俱来的幸运让她养成的生活习惯，以她的出身背景，所谓的奢侈堕落的腐朽生活不过是陆小曼最平常的状态。徐志摩不能给陆小曼提供丰厚的生活，这不是陆小曼的错，如果说她真有什么过错，不过是没有去体谅丈夫的辛苦。

在徐志摩死后，陆小曼默默地改变着自己的生活方式，她一改常态，终生素服，后半生倾心于绘画艺术，遍拜名师，努力地做着本该早些做的事情。因为徐志摩曾对她说：“你不知道我怎样深刻地期望你勇猛的上进，怎样相信你确有能力发展潜在的天赋，怎样私下祷祝有那一天叫这浅薄的恶俗势力的‘一般人’开着眼惊讶，闭着眼惭愧。”赵清阁回忆起后来的陆小曼说：“她毫未修饰，这说明了她的心境，但她依然是美丽的，宛如一朵幽兰，幽静而超然地藏匿在深谷中。”

陆小曼利用余生编撰《徐志摩全集》，她知道也只有这样才能“答君心”。陆小曼将收藏的徐志摩遗稿、日记、书信，连同业已出版的著述，编撰合成全集，遂成了1983年商务印书馆在香港首版面世的《徐志摩全集》原型。晚年的陆小曼潜心研究书画，终以画家身份留名于世。

纵观陆小曼的一生，半世辉煌半世凄凉，她至情至性，敢于冒天下之大不韪追求真爱，她习惯用艺术家特有的天赋与敏锐去体悟生活，却不知道平凡的岁月需要的是一个磨平棱角的灵魂去忍耐生活的乏味和无奈。

她曾无视道德束缚，用这样极其单纯的性格做最出色的自己，但却不能获得俗世中最平凡的那份幸福。

也许，对于一个女人来讲，太过于感性，总是在美梦的氛围里，只看到生活的表面色彩，为了感情看淡一切，付出所有最后却会大失所望。应该保持自己内心的诗意，但却不能忘了理性，缺乏理性的感性是低层次的，因为理性的注入才能让女人高贵气质里折射出极具穿透力的大雅之美，理性的光辉和浪漫的风采才能成就女人一生的魅力。陆小曼正因为缺乏理性，才让婚后的现实生活变作爱情最大的敌人。

走进婚姻，爱就要渗透在平凡的日子里，很多人认为爱情走进婚姻就算安全了，其实恰恰相反，它很可能会无声无息地磨灭掉了所有激情，让原本相爱的两个人成为最熟悉的陌生人。所以，即使走进婚姻，还要努力经营这份感情，多一点儿理解和包容，从平凡的生活中找到乐趣，才能从生活的烦琐中体味到婚姻的幸福。

恋爱是走在婚姻的路上，婚姻应该是恋爱的最好归宿。好的婚姻不是围困你的围城，而是保护你的城堡。所以，信任、理解、宽容是婚姻的基础，更是维系婚姻的精神纽带和链条。繁华落尽，平淡为真，漫长岁月里，所有的婚姻都一样，都有着无法言说的沧桑和磨难，当从爱情的云端落到婚姻的现实，你要懂得，绚烂之极归于平淡，荡气回肠是为了最美的平凡。

潘素：美好的姻缘是两人同视一个方向

她本来出身名门，后来家道中落只能沦落风尘；

她能挥毫作画，弹得一手好琵琶，是美女也是才女；

她嫁给张伯驹，二人是志同道合的神仙眷侣，一生相偕；

她侠肝义胆、忠贞不贰，在乱世之中始终守在丈夫左右，患难与共；

她也曾倾家荡产抢救国宝，为中华传统艺术的保留和发扬做出卓越贡献。

潘素优雅沉静的气质从照片中便可略窥一二。而在朋友的笔下，40岁的潘素依然风华绝代。

“一位四十来岁年纪，身着藏青色华达呢制服的女士从北房快步走出。她体态丰盈，面孔白皙，双眸乌黑，腮边的笑靥，生出许多妩媚。唯有开阔而优雅的额头上，刻着光阴碾过的印痕。”

当张伯驹遇到潘素时，立刻一见钟情，惊为“天人”。于是提笔一副对联：“潘步掌中轻，十步香尘生罗袜。妃弹塞上曲，千秋胡语入琵琶。”

20岁的潘素因为美丽被称作“潘妃”，此处，张伯驹不但将名字藏于诗中，也借用古代美女大大赞美了潘素一番。

当时张伯驹刚刚过了而立之年，风流倜傥又才

华横溢，与溥侗、袁克文、张学良并称为“民国四公子”。

遇到这样一位气质文雅的“高富帅”的极度迷恋和追求，潘素受宠若惊，经过一段时间的交往，两人双双坠入爱河。

38岁的张伯驹此时已有三位太太，这次在上海与潘素的邂逅，才让他恍然懂得真爱的含义。

潘素的身份和张伯驹的家世自然让两个人的结合阻力重重，但是，此时的张伯驹已被相思之情撩拨得心绪难宁。他不惜挥洒金银，才被获准与潘素往来。婚后，潘素随夫北上回到北平的大家。

婚后，这对才子佳人把生活中的柴米油盐过成了诗歌，当娴静从容的女子遇上温润如玉的男子，岁月这般静好。

略微尴尬的是潘素在张伯驹家中的身份。嫁到张家后，潘素一直与张伯驹住在一起，而其他三位夫人各自独居一楼。在潘素与张伯驹婚后的第三年，原配夫人病故。中华人民共和国成立后，国家颁布了新《婚姻法》，实行一夫一妻制。于是，张伯驹分别将两笔巨款付给邓氏和王氏，并与其离婚，正式和潘素结为伉俪。

此后的几十年里，潘素与他朝夕相伴，他们是志同道合的神仙眷侣，更是患难与共的夫妻。

他们在艺术上琴瑟和鸣。认识张伯驹前，潘素也略懂诗画，张伯驹却看出潘素有不凡的艺术天赋，他为潘素延请名师，教她画花卉和古文。因为潘素自己努力不息，也有书香门第的遗传基因，她的才艺在名师的指点下大有长进。张伯驹非常高兴，这位红颜因为在艺术上的进步，可以成为自己的知音。

于是，张伯驹又请苏州名家汪孟舒教她绘山水画，从此潘素专攻青绿山水。在张伯驹的悉心栽培下，潘素内秀被充分开发。

在众多文人雅士的帮助下，潘素不断吸取艺术养分，也不再仅以美貌著称，更多的人开始关注这位帝京著名画家。潘素常常创作山水画，张伯驹便以词附和，可谓是珠联璧合。他们夫妇生活的主旋律也以诗画为主。

1963年，潘素的艺术功底已经非常深厚，在曹雪芹逝世二百周年，特意挥毫泼墨，创作完成《黄叶村著书图》。张伯驹为这幅画题词："斜阳衰草暮云昏，黄叶旧时村。东风一晌繁华事，忍回头，紫陌红尘。砚水滴残心血，胭脂研尽酸辛。落花如霰总留痕，知己几钗颦。是真是幻都疑梦，借后身，来说前身，剩有未干眼泪，痴迷多少情人。"字与画相得益彰，而他们的感情也是日久弥坚。

因为有艺术上的琴瑟和鸣，潘素更加义无反顾地追随张伯驹的脚步。

1937年开始，张伯驹开始收藏字画。为了这些珍贵古字画，他时常一掷千金，虽然张家也算财力丰厚，但是久而久之，也承受不住这样的花销。有时，一栋大宅仅仅换回来一幅轻飘飘的字画，连张伯驹的母亲都无法理解，这时，只有潘素默默支持，潘素不仅仅是张伯驹的爱侣，更是知己。她知道这些字画对于张伯驹的意义。

潘素就这样一直默默地与丈夫在收藏上同进退，为了收购展子虔的《游春图》，他们不惜把房子变卖，在购买西晋陆机的《平复帖》时，潘素变卖了自己的首饰珠宝，用4万银圆的价钱买下了这件传世书法。

抗战时，张伯驹与潘素一度逃难，为保《平复帖》，他将之缝入棉袄中，每晚和衣而眠，终护得国宝平安。1941年，张伯驹被汪伪的一个师长绑架。张家名声在外，虽然战后已经只剩空壳，但好事者都知道，张伯驹家中的字画每一幅都价值连城，于是，绑匪开出300万（伪币）的赎人价格。

当时潘素确实拿不出这些赎金，她也不可能看着丈夫身处险境无动于衷。她变卖自己的首饰，四处托人打听消息，终于在同绑匪多次沟通后，得到了看望丈夫的机会。可是，见面后张伯驹悄悄告诉潘素，家里那些字画千万不能动，尤其是那幅《平复帖》，他说："那是我的命。我死了不要紧，那字画要留下来。如果卖掉字画换钱来赎我，这样的话我不出去。"

不能卖掉字画，家里又筹不出这么多钱。潘素只能继续和绑匪周旋，终于最后在张伯驹被绑架8个月后，在友人们的鼎力相助下，潘素变卖了所有首饰，以40根金条"赎回"了张伯驹。

潘素用自己执着坚韧、忠贞不贰的品质赢得了世人的称赞。她在危难面前，有超越平凡女子的勇气，她对丈夫是坚决地遵从，既要营救深爱的丈夫又要保全丈夫深爱的国宝，她有太多的困难需要跨越。

后来，张伯驹在动荡的岁月中也曾遭遇很多磨难，潘素始终都不离不弃。

在两人结合40年后，年近八旬的张伯驹到西安女儿家小住，与老妻暂别，仍然写下深情款款的《鹊桥仙》送给潘素："不求蛛巧，长安鸠拙，何羡神仙同度。百年夫妇百年恩，纵沧海，石填难数。白头共咏，黛眉重画，柳暗花明有路。两情一命永相怜，从未解，秦朝楚暮。"

就同当初相识一样，张伯驹依然习惯将感情倾注于诗词当中。张伯驹对潘素的宠爱四十年如一日。于是很多人羡慕潘素的好命，可是，很多时候，也许你只看到她的风光无限，却没看到一个女人为了丈夫的理想独自承担家庭重担的艰辛。最终，丈夫在她的支持和帮助下获得成功，她的付出得到了最好的回报。

而只有这样的女人在家中才当之无愧地可以被称为女主人。

张伯驹后来将字画都捐给了国家，所以，他早已被世人铭记。

而在这个男人背后，却有一个无私的女人的付出。当爱情除了有相互的深情凝视，还能同视一个方向，坚定地守护彼此的理想，就算生活中有再多磨难，走过后都是回忆中的甘甜。

这一份心有灵犀的默契与坚守，在岁月轮回中静水流深，生生不息。

而潘素除了尽职尽责完成妻子的使命，她自己也有非凡的成绩。她曾

三次与张大千联袂作画，也曾与何香凝一起创作了几十幅山水画，为抗美援朝战争作画义卖。她所作的《漓江春暖》得到周恩来总理的称赞；她的山水画《临吴历雪山图》被赠送给了英国首相……在美术界，她蜚声海外。

张伯驹造就了潘素，同时，也因为潘素，张伯驹才成为了真正的张伯驹。

这就是一对完美夫妻的典范。

对于张伯驹而言，潘素不单是自己风雨同舟的妻子，更是能一起奋斗的事业伙伴，潘素的这两个不同的身份让她同张伯驹的关系更加紧密。

两个人可以在物质生活方面匮乏，但在共同语言方面必须有契合点。虽然不是所有的夫妻都能从事相同的行业，可是和谐的夫妻至少要有相同的价值观念。

就像钱锺书和杨绛，就因为他们的价值观念相同，杨绛才愿意无条件地去支持对方的理想。尤其是在理想未实现之前，这样的支持尤其珍贵。为了让钱锺书有更多的时间去写作，杨绛担负起养家的责任。如果不是对丈夫理想的认可她可能无法承受这样的辛苦。因为他们价值观念相同，所以两人并没有落入“贫贱夫妻百事哀”的俗套，反倒成就了珠联璧合、举世无双的美名。

当有了相同的价值观念，就顺理成章地克服掉很多生活上的阻碍。少了一些抱怨，多了一份理解，自然能顺利地渡过难关。

别林斯基说，爱情是两个亲密的灵魂在生活及忠实、善良、美丽事物方面的和谐与默契。这里的和谐和默契并非是要两个人的性格一致，互补性格一样也能幸福。性格不一致，价值观也可以一致。只有价值观一致才可能有共同的理想和追求。

婚姻是两个人坐在一起谋划人生，如果找到的是一个和自己价值观完全不同的人，这无异于找一个人和你整天相互鄙夷不停争吵。而这矛盾累积得越深、争吵越激烈，婚姻破裂的可能性就越大。

如果一个家庭里的妻子乐于追求生活品质，她希望拿出家庭收入的一部分去布置家里或者出去旅行，而她的丈夫却希望家里能多攒些钱，而所谓的提高生活品质在他眼中不过是浪费，所以，在每一次的支出上两个人就必然有着不可调和的矛盾。很难说谁是错的，只是两个人价值观念不同。

更可怕的是家里的妻子积极上进、雄心勃勃而丈夫却淡泊名利喜欢安逸。要么丈夫因被妻子逼着去做自己不喜欢的事而郁郁寡欢，要么丈夫坚持己见被妻子嫌东嫌西没了尊严。

所以一定要在结婚之前认真了解对方，可以用一些小事去衡量。尤其是在吵架之后，是变得更理解对方了还是只是一味地迁就。别以为忍气吞声就可以了事，一辈子很长，而忍耐力却有限，一辈子也很短，别让分歧和争吵占满。

找一个能够同视一个方向的人，即使默默地做他翅膀下的风。让他放飞自己的梦想，这样你就会得到一个和你心心相印的亲密爱人。

静思小语

当两个人的相处不是磨合而是折磨时，要慎重考虑是否有在一起的必要。婚姻中的两个人不能同视一个方向，将成为彼此成长最大的阻碍，也会给人带来最大的心灵伤害。找一个和你有共同理想的人，你才可以甘愿做他翅膀下的风，他会带着对你最深切的爱和感激展翅高飞。

凌叔华：浪漫一生又何妨

她是民国才女，擅诗文书画，深得那个时代文人圈子的赞许；

她气质高贵，内心丰富复杂，大方沉稳优雅又不失现实权衡；

她是徐志摩的密友，曾收藏徐志摩的情感日记；

她同丈夫陈西滢同为“新月派”成员，彼此志同道合；

她在中年时难以遏制内心的激情，曾在克制与放纵间矛盾挣扎；

她用独特的女性意识写作，是生活于梦幻的诗人。

最早知道凌叔华，是因为读到“与林徽因争夺八宝箱”事件。

1925年，徐志摩出游欧洲之前，要把他的日记放在一个他信得过的人那里，于是装有两三册康桥日记的箱子就放在了他的女性朋友凌叔华这里。回国后，徐志摩因为同陆小曼日久生情，自然不能让陆小曼看到他为林徽因写的这些日记，就一直放在凌叔华这儿，后来还放进了两本陆小曼的日记以及部分文稿。可是在徐志摩坠机身亡后，凌叔华替徐志摩保存的这个“八宝箱”就成了关注的焦点，凌叔华也因此被推到了风口浪尖。

徐志摩能将一生最机密的文件，包括日记，放在凌叔华这里，足以见得两人关系之密切。徐志摩身边的女人都是像林徽因、陆小曼这样的高智商美女，而凌叔华想必也不是一般女子。

在年轻时的一张照片中，凌叔华戴着眼镜，清秀斯文，样貌没有陆小曼那样妖娆，气质也不似陆小曼那样张扬，同林徽因相比又缺少一些洋气和迷人。可是，越到中年，凌叔华反而气质越典雅，越是散发出风华绝代的韵味，甚至有“洛伽山美人”的称号。

比起家世和出身，凌叔华也一点儿不比陆小曼和林徽因差。

凌叔华出身北京官宦之家，父亲凌福彭与康有为同榜进士，曾在清朝历任要职。凌福彭精于辞章，酷爱绘画，因此家中常有齐白石、姚茫父、王云、陈寅恪等巨匠泰斗出出进进，也因此，凌叔华自小便受到艺术熏陶。她的第一位绘画老师是慈禧太后最宠爱的画师缪素筠，而古典诗词和英文的启蒙教师是东方华学中国第一人辜鸿铭，后来她还陆续师从山水画大师王竹林和女画家郝漱玉。这些如雷贯耳的名人巨匠怎会不带出一位才华出众的民国才女？

凌叔华少女时代虽不属于艳丽型美女，但是柳眉樱唇也算清秀，苏雪林形容她说：“叔华眼睛很清澈，但她同人说话时，眼光常带着一点‘迷离’、一点‘恍惚’，总在深思着什么，心不在焉似的，我顶喜欢她这个神气，常戏说她是一个生活于梦幻的诗人。”

在天津直隶第一女子师范学校读书时，凌叔华就因为文采超众而引人注目，一度与林徽因、韩素梅、谢冰心并称为文教界的“四大美女”。

当印度大诗人泰戈尔访问中国时，凌叔华被燕京大学推派为欢迎泰戈尔的代表，除徐志摩担当泰戈尔的贴身翻译外，陈西滢也参加了接待工作，于是，在这里，凌叔华结识了一位挚友，也是未来的丈夫。

泰戈尔走后，徐志摩的心情由激动转为忧伤，因为他再无同林徽因相处的机会，他彻底失恋了。

后来，徐志摩写信给凌叔华，请她做他的

“通信员”，信中说：“我一辈子只是想找一个理想的‘通信员’……最满意最理想的出路是有一个真能体会，真能容忍，而且真能融化的朋友。”也许，凌叔华同徐志摩的友情就是在那时建立的。

也许，多情的徐志摩也是喜欢她的，只是这种喜欢没有像对待陆小曼那般狂热，而凌叔华也适时地把这种喜欢限制在一个安全的距离之内。她尽职尽责地扮演了一个好友的角色，不但耐心开导徐志摩，还认真地帮他保管好私密的日记。

而对待陈西滢，凌叔华应该是有多重感情。陈西滢时任北京大学教授兼英文系主任，创办了《现代评论》，还负责其中的“闲话”专栏，他文笔犀利论事精到，当时还是燕京大学学生的凌叔华非常敬仰陈西滢的才华。

凌叔华当时也已进行了一些文学创作并小有名气，她也常向陈西滢请教。作为老师，陈西滢常对凌叔华进行指导。两人时常书信往来，除了学术探讨也多了很多感情交流，两人交往三年，才公开恋爱关系。这些足可以看出凌叔华对于自己婚姻的理性。她在读书时倘若就向家人公开同教授陈西滢的关系，传统守旧的父亲一定会坚决反对，等到自己毕业，就可以不再避讳师生身份。她请来父亲的世交对两人的婚事进行说和，果然，凌叔华的父亲并未反对，两人的婚事也顺理成章。

胡适做了他们的证婚人，他在婚礼上说道：“中国夫妇只知相敬而不言相爱，外国夫妇只言相爱而不知相敬，陈君与凌女士如能相敬又能相爱，则婚姻目的始得完成。”

日本蜜月旅行回来后，陈西滢受聘去武汉大学当文学院长，凌叔华也去任教。两人一个善于文学创作，一个善于文学评论，据说每次凌叔华写作时都要避开陈西滢，怕被他的一盆冷水浇灭创作热情。

很多人评价婚后的陈西滢为人沉闷，而凌叔华虽外表文静，内心却渴望浪漫激情，也许当年能和徐志摩成为知己就足以想见凌叔华并不是一个甘于寂寞、乏味的人。她只能在文学创作中将满腹激情溢于纸上，而维持了近十年的和谐婚姻，终于显现危机。

一位名叫朱利安·贝尔的27岁英国青年来到武汉大学做老师，他的姨妈是大名鼎鼎的女作家弗吉尼亚·伍尔芙。27岁的英国青年才华出众，追求刺激，当他看到35岁的凌叔华时，被这位优雅成熟的中国女人深深吸引，在贝尔心目中，凌叔华是东方美的化身。

一个对人生充满隐秘激情的女作家遭遇一个年轻浪漫并痴迷于她的青年，一段短暂、浓烈的恋情迅速发酵。

但凌叔华终究未能彻底摆脱传统中国女性的道德观念，而贝尔也在爱情的价值观上与她存在太大的差异，她最终选择放弃。贝尔最终前往了西班牙，那里有着更新鲜的刺激，他也最终死在那里。

凌叔华也选择回归家庭，将自己全面封闭于一个安全领地，这个领地不但让丈夫望而止步，就连女儿，她也甚少与之沟通。

当一堵情感厚墙横隔在她与丈夫之间，凌叔华有着外人不了然的孤寂。

时间毕竟是医治创伤的良药。事隔多年后，凌叔华随同丈夫定居欧洲。她全身心地投入到绘画艺术中，先后在巴黎、伦敦、波士顿等博物馆举办个人画展，也陆续用英文撰写介绍中国风土人情的文化艺术文章，让世界了解东方文化。她的著作《古韵》发表，因为描写了“在世界的另一端已经消失了的生活方式的有趣故事”和值得热爱的“古老文明”的再现，受到了国外读者的认可和好评。

晚年客居异乡的凌叔华始终惦记故乡，1989年时，她终于回到北京。1990年，她以93岁的高龄在北京去世，一代名媛的一生就此画上句号。

在凌叔华一生中，那一段隐秘的情感让当事人讳莫如深。对于一个新女性，急于追求浪漫情感。在世事纷争的喧嚣中，渴望有一颗浪漫的心，将岁月里的苍凉慢慢地融化。

静思小语

岁月随时光流转，人生中，风雨几番相伴，离合几许悲欢，风景不断变幻，在世事纷争的喧嚣中，渴望一颗浪漫的心，将岁月里的苍凉慢慢地融化。浪漫不见得都是惊心动魄、别出心裁的。不是在生日时收到令人尖叫的花束，也不是在每一个纪念日收到一份奢侈品作为礼物，其实，只要你珍惜每一个能够相聚的小小时刻，浪漫也会在一桩桩小事中淋漓尽致地体现。

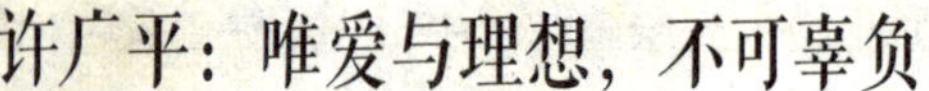

许广平：唯爱与理想，不可辜负

她是同期北京女子高等师范学校女学生中最有才华的一个；

她思想进步，曾积极参加众多青年运动，写下了大量揭露和批判当局的檄文；

她受教于伟大的思想先驱，也愿意携手与之一同生活；

她的爱情让丈夫的生命充满欣喜，焕发光辉；

她为照顾丈夫和儿子，不惜彻底成为一个忙碌的主妇；

她在连年的白色恐怖和兵灾战祸中，坚定地与丈夫站在一起；

她甚至在丈夫与世长辞后，毅然决然地完成他的未竟之业；

她将丈夫作为自己的爱和理想，并用一生坚守了爱的宣言。

爱情日日发生，有的是于千万人中一次眼神的对视就擦出爱情的火花；有的是青梅竹马多年之后蓦然回首才知道真爱就在身边，有的因为两个人共同的理想和信念渐渐升腾为爱情的火焰……

许广平同鲁迅的爱情，应属后者。

许广平在北京女子高等师范学校读书时，学校请北大教师来兼课，许广平有幸目睹了鲁迅先生的风采。她对这位鼎鼎大名的先生印象非常深刻，以至于在若干年后，回想第一次听课时的每个细节还准确无误，从许广平对往事的回忆中，我们仍能听出几分对鲁迅先生的敬仰。

对于鲁迅，此时的许广平更多的则是对他渊博的文化知识、开阔的精神视野、透彻深刻艺术品位的仰慕与敬重。

许广平坐在第一排，好提问题，鲁迅认为她聪明，肯动脑子，有才气，不过这种赞美也不过是出于对一个进步青年的肯定。

真正让两个人的关系有更深入的发展，还是有赖于一封封没有情深意长却有灵魂交汇的书信。

第一次写信，许广平是因为有“愤懑不平的久蓄于中的话，这时许是按抑不住了罢，所以向先生陈诉”。她也不知道能否接到一向严肃的先生的回信。而鲁迅不但回了信，而且还平易近人地同她谈学风，谈女师大校中的事，又着重谈了他的处世方法。

鲁迅的话非常平易近人，打消了她的忐忑不安，她在一个月中，写了6封信给鲁迅，而鲁迅几乎是每接一信当天即复。

许广平曾说过，爱情的滋生，是漠漠混混、不知不觉的，她跟鲁迅之间也是不晓得怎么就彼此爱上了。

一个渴望进步的灵魂在一个深刻而独特的思想光芒烛照下，必将与之慢慢靠拢。

鲁迅身上背负的是国家和民族的理想，他对民族命运的关注，对国民劣根性的批判，对人民深深的爱和自我献身精神，吸引着这个追求光明和真理的女青年。

而对于鲁迅来说，这个年龄小自己近20岁青年所表露的爱慕让他欣喜却又担忧。

鲁迅曾说：“我已经是这个年纪，又有这么多内心的伤痛，还能够容纳这样的爱情，还配得上争取这样的爱情吗？”

人到中年，再加上他在婚姻上的悲剧——因为包办婚姻，他同朱安只有夫妻之名并无夫妻之实，他“侍母至孝”不能摆脱无爱婚姻，怕母亲伤心，又要维持自己的名誉，所以多年来都是自己一人生活。

关于朱安，他曾沉痛地说：“这是母亲给我的‘无奈的礼物’，我只能好好地供养它，爱情是我所不知道的。”

他本决意就此终老，现在遭遇爱情，他顾虑重重。要投入到这场爱情中注定要面对流言蜚语的指责，他也不知道许广平的爱情能持续多久，也不知道爱情究竟到何种程度，最终自己是不是只会得到一场爱的幻想。

于是，他在面对许广平的爱情时久久下不了决断。

他也向许广平表明，他无意和她正式结婚，也不能在北京同她同居。

许广平倒是比他要坚决得多，也远比鲁迅想象得成熟，她对自己的选择非常笃定，也做好要面对没有名分的婚姻的准备。

她在《风子是我的爱》的文章中宣布誓言。她说：“不自量也罢，不相当也罢，合法也罢，不合法也罢，这都与我不相干！”

她肯为爱情与理想奋不顾身，用自己的坚定和热情焕发了鲁迅压抑已久的生命活力，他准备放下心理戒备，去争取爱情的幸福。

碰巧当时新任厦门大学国学系主任的林语堂邀请鲁迅去厦门大学任教，鲁迅便带着许广平远离北京到温暖的南方开始了自己新的生活。

在婚后的生活中，许广平给了他最细致体贴的照顾，衣食住行事无巨细都替他打点好，连所穿的衣物都是她平平整整地放在床边。鲁迅曾感慨：“现在换衣服也不晓得到什么地方拿了。”

鲁迅常常要彻夜写作，许广平则要帮他抄写、校对稿件，她还要将鲁迅重要的谈话记录整理一番，以便编辑成书。其实，许广平有很多机会进入大学教书，但是鲁迅已经非常依赖她在生活上和写作上的照顾，许广平便牺牲自己的事业全力照顾丈夫。

在鲁迅的创作生涯当中，有许广平照顾的十年，也是作品上高产丰收的十年。

鲁迅时常对许广平说："我要好好地替中国做点事，才对得起你。"

其实，对于许广平来说，鲁迅不但是自己的爱人，鲁迅所做之事也是自己的理想，为了爱与理想，她可以付出一切。

鲁迅在赠许广平《芥子园画谱》上题诗曰："十年携手共艰危，以沫相濡亦可哀。聊借画图怡倦眼，此中甘苦两相知。"

在日寇侵略上海的战火中，她不离不弃，无所畏惧；在鲁迅逝世后的32年里，她用她的一生坚守着当年爱的誓言。

鲁迅的全部手稿、藏书她都保存完整，鲁迅的母亲和名义上的妻子她都尽心赡养。许广平的经济状况并不好，战火纷飞时，书店断付鲁迅版税，她唯一的经济来源没有了，她也宁愿借钱供养婆婆和朱安，竭力替鲁迅完成为人子、为人夫的责任。

许广平曾这样总结自己的婚姻："我之于他，与其说是夫妇关系，倒不如说还时刻保持着师生之谊。这说法，我以为是更妥切的。"

婚后，鲁迅曾亲自编写二十七篇课文教她日语，这样教与学的关系一直在两个人之间存在，这也常常被误认为两人的婚姻生活会非常无趣。实际上，除了鲁迅埋首案头写作外，两人也曾有过浪漫的回忆，同游西湖时的由衷快乐，忙碌之余散步的悠闲，一同欣赏画展后投机的谈话，通信时为许广平挑选枇杷花纹花笺的温柔，以及为照顾妻子有些近视的眼睛而挑选电影院前排座位的细心，都是那个个性有些沉郁刚硬的中年男人能给予年轻妻子最多的甜蜜。

而许广平就借由这一点点爱的光亮执着向前，为鲁迅未竟的事业付出毕生精力。

鲁迅去世时，许广平36岁，此后的32年，她带着孩子独自生活，哪一日不是在寂寞中苦熬，哪一日不是靠回忆度日？但这就是自己的选择，她宁愿日日生活在亡夫的精神光环里，也不愿辜负自己的爱和理想。

那颗甘苦与共、始终不渝的真心放在哪个时代不都是最可贵的吗？

静思小语

婚姻不能仅仅拥有承诺，更需要用实际行动来履行那份爱的承诺。不管贫穷与富有都紧握彼此的手，不抛弃、不放弃，并以乐观、开朗和坚强的姿态去战胜挫折。

于三千世界，智当凌驾于事

生命不只是需要在清净中独坐观望，没人能永远于时光深处安静栖息。生命还是一段需要全情投入的旅程，认真生活，不断修炼自我，才能真正感觉到时光的无悔和人生的意义。

看世事繁芜，笑望云卷云舒，把岁月过成减法，用智慧延续着美丽。身处浮华婆娑的世间，却心若莲灯，若非真正懂得智慧，又怎能稳稳抓住幸福？

林徽因：用智慧找到通往幸福的路径

她是建筑师，曾参与中华人民共和国国徽和天安门广场、人民英雄纪念碑的设计；她改造传统景泰蓝，为民族和国家贡献巨大；

她是文人，一生写过几十首诗，诗中暖和爱的回响至今传唱；

她曾用心灵的纯美和庄严去寻找生活中恒长的宁静，于生命哲学之光的照耀下迸发出智慧的火花；

她曾经历徐志摩冲动炽烈的追求，拥有梁思成对她忠厚笃诚的守护，还有金岳霖对她理性无私的柏拉图之爱；

她是林徽因，一个时代完美女性的典范。

林徽因生在杭州。诗意江南总能让人联想到风花雪月的柔情，生在这诗意的栖居地，又是书香门第的后代，年幼的她跟从通晓琴棋书画、诗词歌赋的姑母学习，她的气质中总有古典雅致的韵味。

林徽因的童年经历，让她的性格不只有温婉的这一面。这得从林徽因的母亲何雪媛说起。林长民的原配早早病逝，并未生养过儿女，何雪媛是作为续弦嫁入林家的。但何雪媛和林长民的婚姻并不幸福，她大字不识，最多算作小家碧玉，自然和学识深厚的林长民无共同语言，偏偏她的脾气不大好，又不懂取悦丈夫，最后丈夫又纳妾室，何雪媛算是彻底被打入“冷宫”。

何雪媛对这样的境遇充满怨恨，所以时常对年幼的林徽因发脾气。我们无从知晓当时林徽因的感受，但至少，林徽因是不愿做这样的女人的。因为她在给好友费慰梅的信中说：“我自己的母亲碰巧是个极其无能又爱管闲事的女人，而且她还是天下最没有耐性的人。刚才这又是为了女佣人……我经常和妈妈争吵，但这完全是傻帽和自找苦吃。”

她爱妈妈却又无法忍受妈妈的暴躁。她一定曾想过母亲不幸福的根源，她也看到了一个不独立、没学识又不温柔的女人，注定不会幸福。

所以，在自己的人生中，在处理婚姻关系的时候，她不再重蹈母亲的覆辙。她温柔、善解人意，注重内在的修养又懂得独立。

后来，她离开杭州古城，但是江南水乡的灵秀和小巷栀子花清雅的芳香已经深深融入这个秀美灵慧的女孩身体。

在林徽因12岁时，全家迁往京城，林徽因进入北京培华女子中学上学。她江南女子温婉柔和的气质让诸多校友迷醉。

她的儿子梁从诫在《回忆我的父亲》中这样描述父亲梁思成第一次见到母亲的情景：

在父亲大约17岁时，有一天，祖父要父亲到他的老朋友林长民家里去见见他的女儿林徽因（当时名“林徽音”）。父亲明白祖父的用意，虽然他还很年轻，并不急于谈恋爱，但他仍从南长街的梁家来到景山附近的林家。在“林叔”的书房里，父亲暗自猜想，按照当时的时尚，这位林小姐的打扮大概是：绸缎衫裤，梳一条油光光的大辫子。不知怎的，他感到有些不自在。

门开了，年仅14岁的林徽因走进房来。父亲看到的是一个亭亭玉立却仍带稚气的小姑娘，梳两条小辫，双眸清亮有神采，五官精致有雕琢之美，左颊有笑靥；浅色半袖短衫罩在长仅及膝下的黑色绸裙上；她翩然转身告辞时，飘逸如一个小仙子，给父亲留下了极深刻的印象。

从这样的描述中，我们仿佛看到那个清新可人、如含苞待放的白莲般的娉婷女子。她和梁思成之前的预想不同，从给他留下极深的印象也可以看到，她出水芙蓉般的气质深深地吸引着这个俊朗文雅的少年。

当然，被吸引的人不只梁思成。林徽因在随同父亲林长民在英国游学期间，遇到了诗人徐志摩。徐志摩同样被她的才气和清雅柔媚的气质吸引，在几次的交谈和会面之后，林徽因内在的精神气质更让徐志摩下定决心，对其展开了热烈的追求。

这诗意的康桥，笼罩的细雨若有若无地飘散，让一颗少女悸动的心开始变得清澈而柔软。她经历着从未有过的情感体验——喜悦和羞涩，不安和慌乱。

徐志摩甚至为了得到真正的爱情，甘愿冒天下之大不韪，决然要与有孕在身的张幼仪离婚。他原本就对这桩旧式包办婚姻不屑一顾，现在有了追寻真爱的可能，他急于摆脱这无爱婚姻的枷锁。

他敢于冒绝大的危险，费无数的麻烦，牺牲一切平凡的安逸，去追求一个梦想中有爱的境界。于艺术文学，多了一个创作的天才；于感情世界，就多了一份太过浓烈痴缠的情义。

这份情义中，注定还要有另一个无辜的女人要去承担失去丈夫的痛苦。

林徽因知道，这样下去，自己会成为引爆徐志摩婚姻的导火索，她也会被这爱灼伤。

1921年10月14日，结束了一年多的欧洲游学，林徽因和父亲乘坐“波罗加”号邮轮从伦敦转道法国，踏上归国的旅程。既然选择了这样的方式躲避追求，林徽因并未向徐志摩道别。

林徽因主动放弃这一份危险的爱情，她对徐志摩早已有着深刻的了解，不管自己能否掌控，她都不愿意牺牲自己的一生去实践这未知的爱情。所以，她提早远离这爱情的旋涡，不曾深陷，就不会太过痛苦。

当林徽因同父亲返回北平，她终于找到了最适合自己的那个人。

在清华就读的梁思成再一次见到林徽因不但惊艳于她脱俗的气质，更被她的智慧所折服。

“当我第一次去拜访林徽因时，她刚从英国回来，在交谈中，她谈到以后要学建筑。我当时连建筑是什么还不知道，徽因告诉我，那是包括艺术和工程技术为一体的一门学科。因为我喜爱绘画，所以我也选择了建筑这个专业。”

从此以后，他们就有着共同的事业追求。

1924年的夏天，志同道合的他们一起去了美国，就读于宾夕法尼亚大学。

林徽因的外甥女曾回忆舅妈和舅舅两个人在大学时不同的状态：“徽因舅妈非常美丽、聪明、活泼，善于和周围人搞好关系，但又常常锋芒毕露，表现为以自我为中心。她放得开，使许多男孩子陶醉。思成舅舅相对起来比较刻板稳重，严肃而用功，但也有幽默感。”

同在美国留学的顾毓琇回忆：“思成能赢得她的芳心，连我们这些同学都为之自豪，要知道她的慕求者之多有如过江之鲫，竞争可谓激烈异常。”

在整个青年时期，林徽因的光芒相比梁思成要更加耀眼一些。在当时很多人的眼里，其实林徽因和梁思成并不匹配。

可是林徽因在众多的选择面前没有丝毫旁骛之心，她知道只有这个人可以真正包容自己。在每一次图纸设计中，她总是满脑子都是创意，常常先画出一张草图或建筑图样，然后一边做，一边修正或改进，而一旦有了更好的点子，前面的便一股脑丢开，这样虽然更容易破旧创新，可是却常常无法按时交图，于是，每一次梁思成都静静地将乱七八糟的草图变成一张整洁、漂亮、能够交卷的作品。

在大学时，父亲的离世曾让她每天以泪洗面痛苦不堪，梁思成用无微不至的照顾去化解她心里的孤单和悲痛，才让她渡过了难关。

是梁思成的踏实沉稳让她飞扬灵动的生命有了厚重的根基。她坚定地认为，梁思成才是自己可以一生相伴的亲密爱人。而梁思成也确实用一辈子的耐心、痴心、爱心陪她走过了人生的风风雨雨。

1928年3月，梁思成和林徽因正式成婚。当离开了爱情的臂弯走向婚姻，对林徽因来说，婚姻并未成为围困她的城堡，她从未失去自由，梁思成不但给了她恋爱的浪漫唯美，还努力地不让婚姻的琐碎磨平妻子与生俱来的优雅和自由开阔的理想。

林徽因用知识女性的智慧张扬着自我的独立品格，在她家著名的“太太的客厅”里有文化气息浓郁的“艺术沙龙”茶会，这是精神领域的饕餮盛宴，聚集着包括朱光潜、沈从文、巴金、萧乾在内的一批文坛名流巨子，他们谈文学，说艺术，读诗，辩论，而林徽因总是灵魂人物。她用英语探讨英国古典文学和中国新诗创作，那由天马行空般的灵感而迸发出的精彩评述赋予沙龙强烈的个人魅力，使她成为一颗不夜的明珠，光芒四射，熠熠生辉。

她是建筑师，曾参与中华人民共和国国徽设计和天安门人民英雄纪念碑设计；她改造传统景泰蓝，为民族和国家贡献巨大。她也曾伴随丈夫梁思成考察那些不可计数的荒郊野地里的民宅古

寺。梁思成曾经对学生说，自己著作中的那些点睛之笔，都是林徽因给画上去的；她是文人，一生写过几十首诗，诗中暖和爱的回响至今传唱。她还是一个温柔的妈妈，1932年儿子梁从诫响亮的啼哭给梁家上下带来了喜悦与满足，当林徽因抱着这个小生命的时候，心中涌动起浓浓的爱意，如四月的春风，抚慰着她身心，她把这人间的情爱和暖意用诗写下一首《你是人间四月天》。

在婚姻平淡的流年中，她也曾遭遇情感困惑。

曾有一个人，一辈子默默地站在离林徽因不远的地方，她的喜怒哀愁、她的尘世沧桑，他都紧紧相随于她生命的悲喜。

他终身未娶，并以最高的理智驾驭自己的感情，静静地守护着他爱的女子，这真情，天长地久，静水流深。

他是金岳霖，著名的哲学家、逻辑学家。

1931年，金岳霖结识了在北平因病休养的林徽因。当时梁思成还在东北大学执教，徐志摩经常去探望林徽因，为了避嫌，就叫上国外留学时的好友金岳霖等人。

金岳霖开始被这个谈吐优雅、聪慧睿智的女子深深吸引，后来林徽因活跃在“太太的客厅”中，那里聚集着当时很多文化名人，金岳霖也是其中之一。

在越来越频繁的接触之下，单身汉金岳霖索性搬到梁思成家的附近住下了，与他们住前后院，平时也走动得很勤。

金岳霖是逻辑学奇才，不但学识渊博、见解独特，而且还幽默风趣。曾考入清华学堂，后又在美国哥伦比亚大学学习政治学，仅仅两年，他就获得了博士学位。后来这位政治学博士对逻辑学产生兴趣，而且以此成就了毕生的事业。

有一段时间，梁思成经常外出考察，林徽因正怀着身孕，情绪时常焦虑，金岳霖就耐心地劝解，他的幽默曾带给林徽因很多快乐。

当林徽因感觉出这份感情似乎超越了朋友间的界限时，她坦率地向丈夫倾诉。梁思成听到后自然矛盾，痛苦至极，苦思一夜，告诉妻子：她是自由的，如果她选择金岳霖，祝他们永远幸福。林徽因又原原本本把一切告诉了金岳霖，金岳霖的回答更是率真坦诚得令人惊诧：“看来思成是真正爱你的。我不能去伤害一个真正爱你的人。我应该退出。”

这场爱情的角逐，金岳霖选择退出。他们三个人冷静过后，又重新整理好了情绪。林徽因知道，自己既然没有放弃婚姻，就该始终如一地爱自己的丈夫。她经历了一次感情的小小风波，反而更加坚定了对家庭的守护。

作为一个女人，她曾经历徐志摩炽烈的追求，拥有梁思成对她忠厚笃诚的守护，还有金岳霖对她理性无私的柏拉图之爱。倘若没有智慧，这样的爱都将是负担，甚至会成为不幸福的根源。

幸运的是，她很清楚自己要的是什么，在感情方面收放自如，拿捏得当。

而在现实中，大多女性都是感性的，她们并不清楚自己想要的是什么，尤其是在恋爱的时候，都喜欢凭着感觉，这往往就成为爱情或者婚姻失败的根源。

因为有的时候，感觉是不可靠的。其实，花心的男人通常是浪漫的，如果真的要凭着感觉走，女人很容易被这样的人吸引。

就像诗人徐志摩，将爱情当作一项伟大的事业，在风景如画、宁静的伦敦康桥，也曾吸引过16岁的林徽因。

当时如果她只是跟着感觉走，不但会给徐志摩的发妻带来巨大的伤害，自己也不会因为有了这样的爱情而幸福。理智的林徽因看到了两个人存在的最大

问题，她也以此为由回绝了徐志摩：“徐兄，我不是你的另一半灵魂。我们是太一致了，就不能相互补充。我们只能平行，不可能相交。我们只能有友谊，不能有爱情。”

只有梁思成能给她真正踏实的幸福。她很清楚，“徐志摩当时爱的并不是真正的我，而是他用诗人的浪漫情绪想象出来的林徽因，可我其实并不是他心目中所想的那样一个人”。

林徽因和梁思成是互补的，有人把他们比作“齿轴和齿帽，经过旋转、磨合，很合适地咬啮在一起，相互成全为更有用的一个整体”，这个比喻是如此恰当。林徽因智慧的选择，让她拥有这段幸福的婚姻。

在热恋中，一个16岁的少女可以如此清醒，懂得放手，不为难别人，也成全了自己。放手不代表承认失败，放手只是为自己再找条更美好的路走！

想必她在拒绝了徐志摩后，内心也曾痛苦，就如同每个失恋的女人。可是，她的智慧就在于，她懂得从生活中找到快乐。她的世界还有除了恋爱更多美好的事儿，所以不必为了任何人、任何事折磨自己，如同明早，太阳会依旧如时升起。凭借智慧与优秀的男人并肩前行，林徽因成就了永恒的传奇。

做女人当如林徽因，如她淡定素然，如她聪慧独立，如她率真坦诚，如她执着坚韧，如她一样为自己谱写一个如夏花般绚烂的人生！

静思小语

女人应该努力充实自己，丰富自己，用智慧找到通往幸福的路径。人生的很多时刻，需要自己决定前进的方向，身处浮华婆娑的世间，应该用心灵的纯美和庄严，用最实用的生存智慧，去稳稳抓住幸福，把岁月过成减法，用智慧延续美丽。不迷失在浮华的赞誉，不彷徨于痛苦的经历里，女人，要用智慧找到自己的幸福。

福芝芳：生活追求的是幸福而非完美

她曾少年学艺，成年后嫁给了梨园行里最得意的男人；
她从此相夫教子，与丈夫举案齐眉；
她操持家务，巨细无遗，处处操心；
她把家庭当作自己一生的事业，认真经营；
她可以和丈夫同享富贵，也可以在贫苦中不离不弃；
她的幸福既要仰仗丈夫，有时也需要自己捍卫；
最终，她与丈夫的成就，一同被世人铭记。

福芝芳嫁给梅兰芳时，梅兰芳已有妻子。他的第一个妻子王明华因为身体原因不能再生育，梅家希望能再为梅兰芳娶一房太太。福芝芳不但容貌秀丽，从小又精通曲艺，同梅兰芳见面后两人对对方的印象也不错，所以在双方家人商量后，两人结为伉俪。

梅兰芳因为年幼失怙，自幼由叔父养大，可以娶两房妻室“兼祧两房”。因此进门时，福芝芳与王明华有同等名分。因为福芝芳母亲膝下只有这么一个女儿，所以她也同女儿女婿一起生活。

福芝芳就这样开始了一个全职太太的“职业”生涯。

首先，她结束了自己的演艺事业，真正成为梅兰芳事业的好帮手。福芝芳从小学唱京剧，曾向吴菱仙（梅兰芳的老师）老师学习，演出过很多剧目，也曾受过很多好评。婚后，为了全力照顾梅兰芳一家，她不再参加梨园任何演出，全心全意帮助明星丈夫打理事业。她陪着梅兰芳看书、作画、修改整理剧本，给出一些专业意见，在化妆服装设计方面她有时还根据梅兰芳的实际情况做出调整，甚至演员之间有了矛盾，她也帮助梅兰芳协调解决。

然后，她认真地处理好一家人的关系。作为梅兰芳的太太，福芝芳知道，只有处理好同丈夫的另一个太太——王明华的关系，才能真正实现这个家庭的和谐。她在生活中非常尊重这位姐姐，甚至在生下第一个孩子后，她把孩子抱给了王明华。王明华自己也曾有过孩子，但是不幸夭折，她一蹶不振，悲痛欲绝，看到福芝芳如此大度，她非常感动。孩子满月时，王明华亲手为孩子缝制了一顶帽子，还让奶妈把孩子抱回福芝芳屋中。她解释说，自己身体不好，福芝芳年轻，有精力，还有孩子姥姥在身边帮助照看，所以还是让福芝芳来照料这个孩子。

后来王明华身体每况愈下，福芝芳尽心照料，在王明华生命弥留之际，梅兰芳和福芝芳知道已无力回天，四处奔走给王明华找到一块风景优美的墓地——万花山的山坡地，“万花”与梅兰芳的字“畹华”谐音，这大概也是休恤到王明华对丈夫一生的顺从和帮助，在她百年之后，依旧可以仰仗丈夫的福祉和荣耀。王明华在天津去世后，福芝芳将后事安排得妥妥当当，因为王明华膝下无儿女，福芝芳便让儿子梅葆琪作为王明华的孝子到天津去接灵柩，后来梅葆琪患了白喉，福芝芳便让管家刘德君抱着3岁的梅葆琛打幡。

福芝芳在梅家还完成了一个非常重要的任务——开枝散叶。她在婚后十四年中先后生了九个孩子，五男四女。头生是一个男孩，又添了一个女儿。第三、四、五均是男孩。六、七、八又连生了三个女孩，最后一个是小儿子梅葆玖。

不幸的是，头两个孩子因为麻疹未能存活，第三个儿子9岁时患了不治之症，也半路夭折。因此，梅兰芳对后来的孩子异常宠爱。

而作为孩子的母亲，福芝芳在梅家的地位自然稳固。在一年的名角集体反串的表演中，杨小楼反串张桂兰，梅兰芳反串黄天霸，其他剧中人都不是本人应工的行当。梅兰芳上场道：“俺黄天霸！”可杨小楼报：“我，福芝芳！”杨小楼的台词把大家逗得哈哈大笑，这位当家太太，大家都知道她对梅家的意义。

即使她拥有在梅家独一无二的地位，可是，他们还是遭遇了一场感情危机。

故事的另一个主角是当时的京剧名角——“冬皇”孟小冬。

同是京剧名角，同是技艺精湛，两个自然惺惺相惜。

被广为流传的是两人同演的《游龙戏凤》。孟小冬扮风流倜傥的正德皇帝调戏梅兰芳扮演的村姑李凤姐。也许是两人入戏太深，也许是早已互通情意，两人在台上乾坤颠倒打情骂俏，这样精彩的演出让一班梅党看得如痴如醉。

这里不能不解释一下梅党。梅党是梅兰芳的超级粉丝团兼智囊团，他们从梅兰芳的艺术到生活，都全心全意帮忙打理。他们以有利于梅兰芳艺术表演为原则帮助他作出一些决定，比如当时梅兰芳和福芝芳的婚姻，也是梅党的头号人物冯耿光从中参谋，他形容福芝芳“天然妙目，正大仙容”，能生能养，所以才极力撮合。而看见梅兰芳和孟小冬如此般配，梅党有意将台上的游龙戏凤变成台下的恩爱鸾俦。

一方面是梅兰芳心意已决，一方面是梅党极力撮合，福芝芳的婚姻面临巨大的挑战。虽然之前有王明华和她共侍一夫，她能与之和平共处，但是，这一次，她却强硬地表明态度，孟小冬不能进入梅家。

能阻止孟小冬不进梅家，却没能阻挡梅孟两人结合。1927年春，“冬皇”下嫁“伶王”，成为当时人们所津津乐道的梨园韵事。婚礼在冯耿光的家中举行，婚后他们在城东租了一个院落单过。可是在这一年，有个疯狂的粉丝难以接受孟小冬嫁给梅兰芳，枪杀了梅兰芳的一个朋友。梅兰芳对此事心有余悸，一度停止了表演。

两年后，梅兰芳有一个赴美演出的机会，这次演出得到了世界的关注。也有很多人关注梅兰芳的表演以及他的家人，更确切地说，关注“梅夫人”。很多人猜测，梅兰芳是要带孟小冬去，一是两人艺术共通，二是两人也正是感情浓烈之时。

不管这样的猜测是否应验，福芝芳都不打算任事态发展下去，她不给梅兰芳任何借口把自己留在国内，她甚至不惜以孩子相逼。最后，左右为难的梅兰芳只能谁也不带，只身前往。

这一局，福芝芳同孟小冬打了个平手，只是，她的代价惨痛。但是她宁愿以如此的代价也不愿再同别人分享丈夫，誓要捍卫自己妻子的幸福。在这一事件中，也让梅兰芳更加明确地看到了福芝芳的态度。

心高气傲的孟小冬对梅兰芳的态度很失望，最后干脆一走了之。

在这次婚姻保卫战中，福芝芳也算是取得胜利。这胜利中，有意外事件的助推，梅兰芳的性格特质也起了作用。曾有人撰文写道：“梅兰芳从来不是菊坛徐志摩，决无什么浪漫情怀。要知道，名伶成功的一个重要条

件就是能守身如玉，男女之事自己要把握得住。这个行业，男女接触机会很多，台上表演各种情感，台下也容易生出感情来。由慕而爱，由爱而迷，由迷而胆大妄为，最后身败名裂，有人为此送命。事例太多太多。一堕深渊，便不可自拔。梅兰芳是懂得的，他一生都是慎之又慎，始终坚守自持。”

也因为那次意外事件，梅党决定舍孟而留福，理由很简单，“孟小冬为人心高气傲，她需要‘人服侍’，而福芝芳则随和大方，她可以‘服侍人’，以‘人服侍’与‘服侍人’相比，为梅郎一生幸福计，就不妨舍孟而留福”。

说到底，还是福芝芳的付出得到了大家的认可。她以婚姻为自己最大的事业，她把自己的事业经营得有声有色，让旁人交口称赞。在这一场感情风波平息后，福芝芳一次次用实际行动来证明梅兰芳选择自己没有错。

当日军以重兵包围香港，梅兰芳被围困与外界断绝音讯时，是福芝芳承受着巨大的精神压力照顾一家几十口人的生活；抗战时期，当梅兰芳蓄须明志离开舞台没有经济来源时，是福芝芳义无反顾地支持甚至当掉首饰维持家用；当梅宅面临洗劫一空时，也是福芝芳始终忍辱应变，精心保护了梅兰芳留下来的部分有价值的剧本、曲谱、服饰文稿。

梅兰芳曾百感交集地说：没有福芝芳，哪有梅兰芳?

于是，很多人说，“福芝芳”不就是“扶植芳”嘛!

在福芝芳房中，挂有一幅颜体楷书：“悬冰百丈耐寒梅。”这个女人，从来都知道，操持好这个万众瞩目的家庭，照顾好这个风口浪尖的丈夫，要依靠何种品质。“悬冰百丈”，如履薄冰，福芝芳胜任了这份“工作”。

她曾写给梅兰芳一首“答夫”诗：“水淌大江几多愁，尝胆卧薪不低首。思幽幽矣慢悠悠，明月总是随君走。”

福芝芳愿以明月自比，却终究不是梅兰芳心中的白玫瑰和明月光。她更像张爱玲笔下的红玫瑰，爱得毫无保留。

福芝芳16岁嫁给梅兰芳，从此将自己的命运和梅兰芳的命运紧紧相连，无论何时都站在梅兰芳的身后。即使爱情挡不住时间的消磨，梅兰芳爱上别人，她却为他找理由“没有红颜知己我都替他屈”，但是，当这个红颜知己真正威胁到她的婚姻时，她却誓死捍卫。

她能赢得婚姻保卫战的胜利，其实最终靠的，不过是梅兰芳的“离不开”。

她的悉心照料、她的无微不至甚至她的不肯妥协都让梅兰芳不能忽视她的重要性，梅兰芳敬她，怕她，也离不开她。

20世纪50年代末的一天，梅兰芳和福芝芳同游万花山。不知为什么，他突然说：“我想我死后最好就下葬在这里吧！”

福芝芳以为丈夫随便一说，便接口道：“您老百年后还不是被请进八宝山革命公墓？”

梅兰芳不无担忧地说：“我进了八宝山，你怎么办呢？”

一听此言，福芝芳的眼泪夺眶而出。

多年苦心经营，多年兢兢业业，要的不过是丈夫的一点儿真心。

静思小语

在漫长的婚姻中，很多人都要面临婚姻的种种危机，最难的，不过是对方喜新厌旧、另寻新欢。想放手，就要像孟小冬一样潇潇洒洒地头也不回，想赢得婚姻保卫战的胜利，就要有福芝芳孤注一掷的决绝。当然，还要掂量好自己的分量，没有曾经的付出，何来最后的回头？

孙多慈：因为懂得，所以慈悲

她出身书香门第，柔润清雅、澹远宁静是她的气质；

她的名字曾和徐悲鸿纠结在一起，演绎了一段轰轰烈烈的“慈悲之恋”；

她在这场感情风波中自然一半听从感情，一半也有随遇而安的无奈；

终于，她面对难以突破的藩篱，悄然离去；

她用现世的安稳去寻求人生的别样风景；

她对绘画艺术始终孜孜不倦，最后在艺术世界中享受到超越现实的美好。

孙多慈的名字被世人熟知大抵都是因为徐悲鸿的缘故，一段风风雨雨的“慈悲之恋”将蒋碧薇卷入一桩被炒得沸沸扬扬的绯闻，后来孙多慈黯然中断牵绊数年的师生恋，另嫁他人。

她并不是徐悲鸿唯一的红颜知己，在徐悲鸿所爱的三个女人中，只有她始终缄默。蒋碧薇、廖静文晚年都将自己与徐悲鸿的情感经历写成了传记，孙多慈却只将情感藏于心中，任凭世人猜测、评说。

柔润清雅、澹远宁静是她的气质。也许，正是这样的气质让徐悲鸿沉迷不已。

孙多慈出身书香门第，父亲孙传瑗曾做过孙传芳的秘书，后任大学教授、教务长。孙多慈从小就受到良好的家庭教育，文学绘画都有沐

染。她本人大概是短发、长衣、围巾，温文尔雅，一副五四女学生模样。曾有人这样形容见到她的感受，“与之相对，如沐春阳，如饮醇醪，无人不觉她可爱”。她17岁毕业于安庆女中，在女中她一直成绩优异，才华出众，可是在考取中央大学中文系时却发挥失常，未被录取。这一年，她的父亲因为卷入党派斗争被秘密羁押。大学落榜，家道变故，花季少女难免落寞，所幸有家中世交推荐，可以做南京中央大学美术系旁听生，求学一事总算有了着落。

此时，徐悲鸿正在南京中央大学美术系任教，而孙多慈就是他众多学生之一。

17岁的孙多慈单纯素雅，家中变故让她的眼神忧郁而清澈，因为有不错的艺术天赋，学习期间也很认真，虽不张扬，却十分瞩目。那一种无法剥离的来自中国传统家庭的闺秀气质，以及新思想沐浴下的知性之美逐渐让徐悲鸿难以自拔。

徐悲鸿曾这样写信给离家在外的蒋碧薇：“如果你再不归来，我可能就要爱上别人了。”看似夫妻间的玩笑，其实是徐悲鸿给自己的警醒，可是，感情却还是难以控制。

一次为孙多慈描摹画像的机会，终于让徐悲鸿情难自拔。寥寥数笔，轮廓线简洁肯定，笔触间却透露着款款深情。

喜爱之情已溢于言表。这样一位才华横溢让自己仰慕已久的艺术家对于孙多慈来讲，成熟、成就应该是最大的吸引力。

这样亦师亦友的相处方式，以及徐悲鸿对她充满关切的疼爱，让两人开始彼此相惜，孙多慈也开始从一种单纯的才华景仰转变为两人在艺术交融下的灵魂相知。

一幅巨幅油画《台城月夜》的横空出世，也让两人的爱情浮出水面。

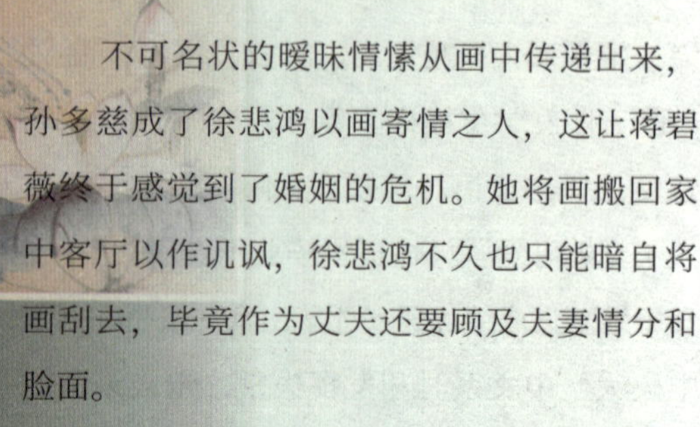

不可名状的暧昧情愫从画中传递出来，孙多慈成了徐悲鸿以画寄情之人，这让蒋碧薇终于感觉到了婚姻的危机。她将画搬回家中客厅以作讥讽，徐悲鸿不久也只能暗自将画刮去，毕竟作为丈夫还要顾及夫妻情分和脸面。

后来孙多慈以第一名的成绩正式考取了中央大学美术系，蒋碧薇不肯让他们有接触的空间，同徐悲鸿几番争吵，而徐悲鸿宁可自己辞去学校职务也不肯牺牲掉孙多慈的学习机会。

在徐悲鸿的南京公馆落成时，蒋碧薇命人砍去孙多慈送来的百棵枫苗。徐悲鸿痛心无奈，将公馆称为“无枫堂”，称画室为“无枫堂画室”，并刻下“无枫堂”印章一枚作为纪念。

孙多慈面对强势的蒋碧薇始终默默无言，同一个已婚男人产生感情，自然有许多难堪。在尴尬和压抑中，他们想逐渐冷却这份炙热的情感。

1933年，徐悲鸿赴欧洲举办画展，蒋碧薇随行。为成功举办中国近代名家绘画展及个人画展，徐悲鸿花费了很多时间和心血，而蒋碧薇也用她出色的交际才能帮助他成功地完成了各项活动。在欧洲一年多的日子，也许是远隔重洋，也许是身心俱疲，他静静地将这段情感深埋于记忆中。

1934年，徐悲鸿回国，一看到昔日的恋人，他感情的天平再一次失控倾斜，极力压抑的情感再不能隐藏。金秋时节，徐悲鸿带学生到天目山写生，孙多慈依旧柔润清雅，不多言语，也无抱怨，让徐悲鸿情难自已，两人以红豆定情。后来徐悲鸿还把红豆镶入一对戒指中，一个刻着“慈”字，一个刻着“悲”字，终日佩戴此戒。

同徐悲鸿恋爱时孙多慈20岁左右，加之本来性情就柔润幽娴，在整场感情风波中，自然一半听从感情，一半也有随遇而安的无奈。徐悲鸿一直在尽心尽力地为她的前途打算。曾有多年旅外学习经历的徐悲鸿知道，对于一个从事绘画艺术的学生来说，国外的学习机会非常必要，但在当时的社会背景下，外出学习的机会并不多。为帮孙多慈争取到外出留学的名额，徐悲鸿先帮助孙多慈出版画集，积累名气。徐悲鸿多次给上海中华书局的舒新城写信催促出版事宜，并亲赴上海督办此事。因为外出学习花费巨大以及孙多慈家庭的处境不好，徐悲鸿不得不卖画以提供物质帮助。看着“慈悲之恋”如火如荼的趋势，蒋碧薇再也按捺不住愤怒，开始寻求舆论的同情，结果，蒋碧薇得到了“领导”的支持，使得孙多慈失去出国留学的机会。此外，蒋碧薇还写信给孙多慈的父母告知因孙多慈的感情介入而造成自己婚姻破裂的处境，孙多慈虽家道中落，但之前也是声名远播的名门望族，父亲孙传瑗自然不能接受女儿的这样行为。因此，父母的反对，成为了慈悲之恋最大的阻力。孙传瑗坚决反对女儿涉足别人的家庭，一为道德，二也为女儿有更好的归宿。他并不认为嫁给徐悲鸿，女儿就会获得幸福。

也许因为孝顺，也许因为无法面对外界的流言蜚语以及蒋碧薇咄咄逼人的浩大声势，孙多慈开始看淡这份感情，她渐渐疏远徐悲鸿，甚至同他约定十年的时间和空间，打算脱离徐悲鸿的庇佑，独自成长。她黯然回到父母身边，在安庆初级中学担任一名美术教员。

在安庆时，孙多慈也并未放弃自己对绘画艺术的热爱，她日日作画，油画《石子工》还得以在南京第二次全国美术展览中展出，并获得了业内人士的一致好评。她也因此受到鼓舞，希望自己能在安庆初中举行一个小规模的个人西洋画展。虽不在同一座城市，但始终默默关注着她的徐悲鸿对此全力支持，特地来到安庆帮忙筹备，希望能够再次拉近与孙多慈的距离。

抗战爆发后，孙多慈一家辗转流徙到长沙。时局动荡，处境艰难，徐悲鸿将孙多慈全家接到桂林，为孙多慈找到工作，也竭力帮助他们一家渡过难关。徐悲鸿认为此时时机已经成熟，就在《广西日报》上刊出了一则与蒋碧薇脱离同居关系的启事以此取得孙多慈家人的支持。

面对徐悲鸿为自己所做的一切，孙多慈怎能不感动。

一个男人不惜承担所有外界的指责只为博取自己的欢心，孙多慈感到这份爱来之不易，她也曾想一同坚守，觉得也许一切能峰回路转，自己能守得云开，一切圆满。可是，当她再一次去征求父亲意见时，依然得到了否定的答复。父亲带着全家离开桂林，转往浙江丽水。伊人远去，只给徐悲鸿留下了一个温婉、简约的背影。

面对难以跨越的藩篱，徐悲鸿应邀远赴印度讲学，借由空间的阻隔来斩断情丝。

这场爱情的拉锯战已经让孙多慈身心俱疲，这时的她早已不再是那个将爱情视为人生全部内容的天真顺从的女学生。她肩上还有更大的责任，一家人的生活需要她来支撑，她需要更坚实的臂膀来帮她撑起这个没落的大家庭。

在好朋友李家应的介绍下，她开始同浙江省教育厅厅长兼国立英士大学的校务委员会主任许绍棣交往。这个男人之前的妻子已经去世，留下三个孩子。

不久，两人正式举行婚礼。婚后，孙多慈的生活因为有许绍棣的照顾不再漂泊动荡，她的绘画和艺术事业也有了更多发展的空间。以她的专业造诣，自然胜任许绍棣安排的大学讲师职位。此后，孙多慈游历庞贝古城、巴黎、伦敦，参观了大量流落异国的中国文物，逐步开阔了视野。

1949年，她随许绍棣迁居中国台湾，对绘画艺术始终孜孜不倦，之后在台北、香港都曾举办个展。

后来，孙多慈又前往美国哥伦比亚大学攻读研究生，后去法国国立美术学院从事研究，之前一直梦寐以求的旅外游学终于实现。回台湾后，她在台湾师范大学任教授，后任该校艺术学院院长。她教过的学生对她印象极佳，说她温润清雅，德艺双馨，言谈间透出生活优渥的澹远宁静以及知性之美。

离开徐悲鸿，她懂得如何把自己照顾得更好。

除了爱情，她更需要稳定的家庭和适合自己艺术创作的环境。虽说与许绍棣没有很深的爱情基础，但是两个人相敬如宾，孙多慈也可以在那样的纷繁乱世中始终保持安稳。

她奋斗一生，对艺术精益求精。她说："艺术之广博浩翰诚无涯际，苟吾心神向往，意志坚定，纵有惊涛骇浪、桅折舟覆之危，亦有和风荡漾、鱼跃鸢飞之乐，果欲决心登彼岸者，终不当视为畏途而自辍其志也。"

也许，在她的生命中，爱情已不再是必需的，能在艺术世界中享受到超越现实的美好，这也许就是她和徐悲鸿之间的灵魂相通吧。

所以，除了同徐悲鸿那一段绚烂热烈的爱情被人熟知，孙多慈还有属于自己的标签——画家。宗白华曾评价她："天资敏悟，好学不倦，是真能以艺术为生命为灵魂者。所以落笔有韵，取象不惑，好像前生与造化有约，一经睹面，即能会心于体态意趣之间，不惟观察精确，更能表现有味。"

徐悲鸿对她的评价是："轻描淡写，着笔不多，自然雅洁。"

历史学家李则纲把参观孙多慈画展誉为"到了艺术之宫"，称其国画"笔法雄俊，气概不凡"，称其油画作品"静态抒写，具肃穆壮丽之长；

动态的描绘，擅深纯温雅之美。于布局敷色之外，尤其有一种奇人情志的天才”。

她的画集中有一幅素描自画像，轮廓简洁，寥寥数笔，形象秀美，气质有内敛的灵光。

历经世事变故，中年的她少了“与之相对，如沐春阳，如饮醇醪，无人不觉她可爱”的稚嫩，却多了一份淡定自信及温厚和婉。熟人评价她“不是一个爱说话的人，许多语言，常以微笑代替”。

她本不多话，在真挚的感情被描述成一桩沸沸扬扬的绯闻时她不作声，在看不到爱情出路时无声告别，在关于徐悲鸿的各种故事脚本中她更是远离世俗人世纷争。她始终坚信，爱如人饮水，冷暖自知，所有内心珍视的情感，都不足为外人道也。她的不言、她的无声为自己和别人都留了余地，她以退为进，成了大师心中永远无法抹去的烙印。

其实，在喧嚣的世界中，这样的沉默比大声吵闹更能表达自己的思想，它是灵魂悸动后的慎重，是情感喧嚣后的缄默，是剔除浮躁后的宁静，是抛弃浅薄后的深刻，更是不再徘徊后的坚定。

她将自己一生的感情用力地保持沉默，可是爱情哪里是这般收放自如？她曾在不经意时，也有情意流露。

1946年，徐悲鸿与廖静文在北平结婚，孙多慈也早已嫁为人妇。她画了一幅红梅图轴，画上题词：“倚翠竹，总是无言；傲流水，空山自甘寂寞。”

后来，徐悲鸿在梅枝上补了一只没有开口的喜鹊。

欲说还休，怅然若失。

1953年9月，徐悲鸿在北京病逝。

蒋碧薇去中山堂看画展，在展厅门口偶遇孙多慈。几十年前的情敌见面还是略微尴尬。蒋碧薇在略微寒暄后，告诉了孙多慈徐悲鸿逝世的消息，孙多慈听后脸色大变，眼泪夺眶而出。

对于这个在海的彼岸十五年音讯杳然的男人，再一次听到他的消息竟是这样的噩耗。

据说，孙多慈为她的恩师和曾经的爱人戴了三年孝，许绍棣则是默默地宽厚和纵容。

可能在孙多慈心里，爱情始终存在，但是却不是唯一的生活主题。

她知道爱情的甜蜜，也知道自己不能拥有。同徐悲鸿的爱情有太多的枷锁和束缚，爱是负担，甚至会成为不幸福的根源。

她曾包容伤害、包容误解、包容委屈、包容痛苦，就像一个贝壳一样，默默接纳水中的沙砾，然后再在心里不断地消化、碾磨，最后成为一颗美丽的珍珠。

她不愿披着爱情的外衣蹉跎自己的青春，爱情本需要相知相守，既然连最平凡的生活都不能拥有，又何必纠葛自己有限的青春？所以，她走出他的影子，重新去寻找一份现世的安稳。

他们不再有感情的牵绊，却有灵魂的相知。

她将一切想得通透，所以能“受尽家中折磨，外间激刺，泰然处之”。

生活和爱都是人生最重要的组成部分。孙多慈没有因为一次爱情的失败就荒废了生命的意义。有画评家这样评论《孙多慈描集》中的自画像：“此画轮廓造型准确，光影处理精当，用色沉着丰富，笔法细腻而有韵味。手拿调色板的画家还非常年轻，短发、长衣、围巾，温文尔雅，一副

五四女学生模样……孙多慈画的是纯粹的自画像，隐去可有可无的背景，突出自我形象。这种处理方式包含她个人主义的诉求。”

“个人主义”应该是她的灵魂精髓。她张扬着自我的独立品格，在艺术领域雕刻出最美的时光。

她有梦想，所以不让婚姻湮没自己，不因爱情远去而痛不欲生，她守护自己内心的梦，给别人自由，也找到自己的自由，这才是爱情的出路，才是自己的出路。岁月流转，她心若莲花，盛放过后还有暗香盈动。当智慧的双眼中看透了生命的美好，她将半生的风雨练就宠辱不惊，仰止当世，光照来人。

静思小语

生活和爱都是人生最重要的组成部分。不要因为一次爱情的失败就荒废了生命的意义。不要让婚姻湮没自己，更不要披着爱情的外衣蹉跎自己的青春。爱情本需要相知相守，既然连最平凡的生活都不能拥有，又何必纠葛自己有限的青春？

阴晴圆缺会有时，美景只是刚刚好

人生之情事，缘来缘去，有所乐必有所怨。太执着于恩恩怨怨就错过了人生其他的美好，学会苦乐随缘，用从容的心去感悟流年，不让沧桑蒙蔽清澈的眼眸，望向窗外，阳光明媚依旧。

张爱玲：笔底倾城，海上花开

她出生在一个没落的旧式大家庭；

她才华横溢少时成名，姿态孤傲却能洞穿人世沧桑；

她也曾于千万人之中找寻爱情，即使低到尘埃里去也最终没能使岁月静好、现世安稳；

她体察世俗人心，不虚美，不隐恶，文章见解生动精辟之处俯拾皆是；

她用一支笔写尽人间凄凉；

即使结局寂寞萧瑟，却不妨碍她成就一个流光溢彩的上海传奇。

读张爱玲的文字，让人感到阴柔却冷硬如铁，从她入木三分的调侃中可以看到人情世相的卑微与污浊。她将那个时代人性中压抑而自私懦弱的一面，用准确尖锐的语言表达出来，她让人不得不直视丑陋的人性。

她说：“生命是一袭华美的袍，爬满了虱子。”

她还说：“时代的车轰轰地往前开。我们坐在车上，经过的也许不过是几条熟悉的街道，可是在漫天的火光中也自惊心动魄。就可惜我们只顾忙着在一瞥即逝的店铺的橱窗里找寻我们自己的影子——我们只看见自己的脸，苍白、渺小；我们的自私与空虚，我们恬不知耻的愚蠢——谁都像我们一样，然而我们每人都是孤独的。”

她并非哗众取宠，用苍凉犀利戳痛人类的痛处，她高傲地俯视这个满目疮痍的世界。你要原谅她的尖刻真实，你需要去认识张煐——从前的那

个她。

张爱玲原名张煐，出生在上海公共租界西区的麦根路313号，一幢建于清末的仿西式豪宅中。她的家世不错，祖父是清末名臣张佩纶，祖母是朝廷重臣李鸿章的长女李菊藕，这样的世家望族到了张爱玲父亲张廷重这一代却日渐衰败，但父亲依靠上一辈人留下的家业仍撑着门面。也许是张廷重时运不济，生活在一个新旧交替的变革时代。从小做了一肚子的八股学问却赶上废除科举，刚刚深谙旧时代传统文化的金科玉律，到了成年时候竟然百无一用。他也学英文，能读会写，读外文译著了解新的思想，但是显然他的人生还是乐于受旧时代延续下来的惯性主导，撑不起庞大的家业索性过起遗少表面优裕、内里糜烂的生活，吸鸦片、狎妓、赌博，醉生梦死。

张爱玲的童年就是在这样的旧式家庭中度过的，读书都是家庭“私塾”学的是古文言，如果没有母亲，她变不成最后的张爱玲。

张爱玲的母亲黄逸梵同张廷重一样都是名门之后，都曾受旧传统、旧文化影响，但是在这新旧杂陈的价值观念中，她的选择却与丈夫完全不同。在受到较彻底的新文化熏陶后，黄逸梵成了一名追慕新潮和自由独立的新女性。与张廷重在新时代的消沉不同，她积极地寻求自身的价值。张廷重醉生梦死地吸烟片，养姨太，逛堂子，黄逸梵在多年的劝诫无果后，再也无法忍受和这位陈腐堕落的遗少继续共同生活，在张爱玲4岁时，终于选择离开这个散发着腐朽味道的旧式家庭。

张爱玲曾说：“我一直是用一种罗曼蒂克的爱来爱着我的母亲的。她是个美丽敏感的女人，而且我很少有机会和她接触，我4岁的时候她就出洋去了，几次来了又走了。在孩子的眼里她是辽远而神秘的。”

黄逸梵在张爱玲七八岁时曾从国外回来，这是因为张廷重几番写信恳求妻子回家，他自己丢了工作，诸多不顺，写信给国外的妻子希望能重新开始。黄逸梵见张廷重言辞恳切，又承诺改掉陋习，考虑到两个孩子的教育问题，决定回归家庭。可是好景不长，因为自己已在国外待了几年，两个人的差异已经越来越大，张廷重也无法洗心革面、真正改变，黄逸梵只能再次离开。

黄逸梵这次回来，将张爱玲送进黄氏小学，“张爱玲”这个名字也是在入学前改的。

面对母亲的再次离去，张爱玲没有流泪，也许是她早已习惯了这样的分离，她知道，母亲的选择是正确的。

政治的变革和家境的衰败并不会阻断文化之脉的传承，一些根深蒂固的优秀基因在繁衍不息，比如气质和性格，张爱玲依然继承着乃祖之风，聪慧到8岁投稿，9岁已经开始写小说了。

张爱玲中学时，父亲再婚，娶的是曾任两届民国总理孙宝琦家的七小姐孙用蕃。

张爱玲曾在文章中说道：“我后母也吸鸦片，结了婚不久我们搬到一所民初式样的老洋房里去……房屋里有我们家太多的记忆，像重重叠叠复印的照片，整个的空气有点模糊。有太阳的地方使人瞌睡，阴暗的地方有古墓的清凉。房屋的青黑的心子里是清醒的，有它自己的一个怪异的世界。而在阴暗交界的边缘，看得见阳光，听得见电车的铃与大减价的布店里一遍又一遍地吹打着《苏三不要哭》，在那阳光里只有昏睡。”

在张爱玲的很多小说中，经常会有类似场景的描写，想来是因为太过熟悉而信手拈来。而叙述背后的苍凉也来源于少年时的记忆，整日目睹烟雾缭绕中父亲模糊的脸和后母特有的那种过气总理女儿的傲气。

张爱玲17岁时，母亲回国。这时的

张爱玲就读于美国人办的圣玛丽亚女子学校，学英文、数、理、西洋史等课程，母亲希望她能够出国留学，张爱玲自然希望有这样的机会，她眼见着母亲的变化，也眼见着父亲的暴戾乖张，她希望能有机会像母亲一样走出这个阴暗的牢笼。但是当她同父亲说起留学时，父亲强烈反对，并表示不会给她出一分钱。后母自然不希望拿出这笔钱，于是添油加醋，她还当着张爱玲的面对她的母亲一番辱骂。这让张爱玲更加讨厌这个家，她迫不及待地想离开。

一次，张爱玲到母亲家住了两周，本来已经跟家里打了招呼，可是后母因为不喜欢她同黄逸梵住在一起，又因为之前的留学费用问题一直耿耿于怀，这次索性对她大打出手，而张廷重竟没有顾及父女之情也将她打得半死，随后将她关进小屋。这一次让张爱玲对这个家彻底绝望，即使身患痢疾奄奄一息，她也拼了命地逃离。

这应该是张爱玲人生中的第一次决绝的反抗，她原以为离开了那个古墓般阴暗荒凉的家庭，就可以找到那个曾幻想过无数次的自由美丽新世界，可是和洋派的母亲生活在一起后，她的理想又一次被颠覆。

母亲因为要多负担一个人的学习和生活，现实的无奈和局促逐渐显现，母爱开始变得脆弱不堪。“那年夏天我弟弟也跟着来了，带了一双报纸包着的篮球鞋，说他不回去了。母亲解释给他听，她的经济力量只能抚养一个人的教养费，因此无法收留他。”

也许在她的想象中，母爱应该是无所不能的，是要克服一切阻碍都要保护自己的儿女的，可是母亲最终还是为了自己欲求的生活而拒绝了给女儿更多的帮助。她之前对母亲寄予了太多厚望，如今现实让她难免失望。

对于张爱玲来讲，所谓的贵族身世并未给她带来一个幸福的童年，父爱的缺失、母爱的疏离让她更加切实地感受到人性普遍的孤独、无助和无奈，这反而不如生长在一个平民小户人家平静的享受天伦之乐来得温馨。支离破碎的离合悲欢，纷乱扭曲的世态人情，世俗文化对抗冲突，对生活的微妙感触，难免让她的作品中有一种荒凉悲怆的感觉。

她最终没能去英国留学，上海沦陷后她就读于香港大学。两年后回到上海报考圣约翰大学，几年后开始文学创作，用凛冽而富有灵性的语言在上海文坛站稳脚跟，博得盛名。

在流传出的关于张爱玲的照片中，最能代表她性格的应该是那张身着一袭华丽旗袍的特写照，她内敛炫目，倨傲放恣地仰着头，眼神中是不能自已的高傲孤绝。

1943年，《沉香屑——第一炉香》《第二炉香》两部作品亮相上海文坛，23岁的张爱玲成为了当时上海最炙手可热的女作家。随后，《茉莉香片》《倾城之恋》《金锁记》等一系列作品陆续发表，并且篇篇震惊文坛。

在这些作品中不乏对男女情感的思考，但所有的通达、透彻和理智都在遇见胡兰成之后统统消失，也许是从没被如此地爱过、热烈地需要过，所以孤傲的她比谁都需要这样的感情。

在她的小说中曾有这样一段话："对于中年以后的人，十年八年都好像是指缝间的事，对于年轻人，三五载就可以是一生一世。"

这"三五载"的爱情不知在她的心里是否已经是一生一世。

也许胡兰成在世人的眼中有些许不堪，但是他是如此懂得张爱玲。懂得她虽出身贵族却没有童年的快乐，懂得她怨怼这个世界的根源，懂得她掩盖在委屈压抑之下脆弱的灵魂。

胡兰成曾对张爱玲性格中的倔强作了透彻的分析。他从她文字里人物的坚韧中读出她的高傲和委屈，他望见张爱玲令人伤感的自恋，他们第一次见面，相谈甚欢，5个小时转瞬即逝。

他曾说：“张爱玲先生的散文与小说，如果拿颜色来比方，则其明亮的一面是银紫色的，其阴暗的一面是月下的青灰色。”他精练地说出了张爱玲文字的雅致高贵和对命运不可知的彷徨。

她轻轻慨叹：“于千万人之中，遇见你所要遇见的人，于千万年之中，时间的无涯荒野里。没有早一步，没有晚一步，刚巧赶上了，唯有轻轻问一声：哦，原来你也在这里吗？”在繁华喧闹中，有一个人终于能够听到你心底最真实的呐喊，这样的感动和温暖让她不想走出来。

这个孤傲的女子终于肯不顾一切地卸除了锐气，绽放出温柔，不在意他已有妻室，甚至没有考虑他为人不齿的卖国行径。

这段时间，她的生命之美因此大张其翼。即使最后摔得惨烈，这一段时光里的愉悦是无法忽略的。如果没有遇见胡兰成，自己只能独自在黑暗中摸索前行，得到再多人的肯定都不及他的一句懂得。

爱情其实就是一种美丽的期待，期待有个人可以牵着你的手一起走过漫漫未来，生命中有那么多无奈，生活又有那么多残酷，但是，因为有了懂得她的他的存在，她的生命终于多了条雨后的彩虹，人生的风景有了满目的

苍翠。生活就算是深渊，有个人紧紧地握住她的手，她才不怕被吞噬。

握了对方的手，相伴走了那么一段，虽然又各奔前程，未能修得白首同心，但曾因为一个人，让你所有的欢喜和落寞都源于他的一个眼神，即便挽不住年华，也留下一季的温暖。

当那一处风景成为过去，成为记忆，你忘或不忘，念或不念，它都成就着现在的自己。记忆里的美好随之流逝，回首，也能淡淡一笑，都只是曾经。毕竟曾紧握着手，走过那段最美的时光。

只是，如果人生可以更完美，他们能够走过一生一世该有多好。

"也许每一个男子全都有过这样的两个女人，至少两个。娶了红玫瑰，久而久之，红的变成了墙上的一抹蚊子血，白的还是'床前明月光'；娶了白玫瑰，白的便是衣服上沾的一粒饭黏子，红的却是心口上的一颗朱砂痣。"

张爱玲曾以为两个人就像是悬崖峭壁上的两棵藤条，此生绝不离弃，1944年底，随着时局的变动，胡兰成对张爱玲说自己恐怕要隐姓埋名躲藏起来，张爱玲说："那时你变姓名，可叫张牵，或叫张招，天涯地角有我在牵你招你。"

这样一番真心并未得到珍视。当一个女人付出太多放下尊严，男人也因此薄待这个女人的尊严。

张爱玲总是这样通过被伤害来认知这个世界。

亲情如是，爱情亦如是。

爱情本来没有所谓对错，只不过是所托

非人罢了。

胡兰成作为旧式才子，才情为人中翘楚，张爱玲最为欣赏他的才华。本来和这样的男人谈一场风花雪月的恋爱，做一个超越男女之情的精神伴侣，应该不失为那个时代的一段佳话，可是，张爱玲这样目下无尘的女子，甘愿为了爱情，如飞蛾般去扑向那未知的灯火。对爱，就要这样一世一春的盛开。

在张爱玲眼中神圣无比的婚姻，对于胡兰成来说，却并未要打算负上一个丈夫该负的责任——最起码的忠诚。

胡兰成是吃过苦的，曾在发妻去世时四处借贷无人帮忙，他后来回忆说："我对于怎样天崩地裂的灾难，与人世的割恩难爱，要我流一滴眼泪，总也不能了。我是幼年时的啼哭，都已还给了母亲，成年的号泣，都已还给了玉凤，此心已回到了如天地之仁！"

经过生活诸多磨难的人往往更容易在挣扎中淡漠人格，在这样的人的价值观念中，没有比满足自己更重要的事情。苦难有时会让人产生强烈的自卑感，为了逃避自己懦弱的事实，又常常会通过想象一个虚假的自我保护来维系自己的自尊，或是用别人的肯定来找到自我价值。

胡兰成招惹不同的女人也不过是为填补自己空虚的灵魂。

婚后第一离别，胡兰成来武汉躲避，很快竟与一个17岁的女护士如胶似漆。她不可能有张爱玲般的才华和见识，但是胡兰成这次寻求的是一个花样女子对自己仰慕的满足感。在武汉，胡兰成又举行了一次婚礼，可见婚姻在他眼里不过是手段，不值一文。

第二次胡兰成逃到了浙江，化名张嘉仪，与同窗好友的庶母以夫妻相称。这一次，他享受的是中年女人无微不至的关照。

张爱玲这样高傲的人却试图不计前嫌，不要回报，只求"岁月静好"。在乱世中跋山涉水不远千里寻夫，眼见丈夫已与别人举案齐眉，自己生疏得仿佛客人，她终于绝望。

"那痛苦像火车一样轰隆轰隆一天到晚开着，日夜之间没有一点空隙。一醒过来它就在枕边，是只手表，走了一夜。”

离开时，她对胡兰成说：“你到底是不肯。我想过，我倘使不得不离开你，亦不致寻短见，亦不能够再爱别人，我将只是萎谢了。”

此后的几个月时间，两人偶有通讯。张爱玲常寄钱接济胡兰成，不愿他在流亡中受苦。

1947年6月，张爱玲给胡兰成写了封诀别信：“我已经不喜欢你了，你是早已经不喜欢我的了。这次的决心，是我经过一年半长时间考虑的。彼惟时以小吉故，不欲增加你的困难。你不要来寻我，即或写信来，我亦是不看的了。”

也许在那次离别时她就已下了决心，不过是因为胡兰成正处困境她才不愿雪上加霜罢了。

而写信时，胡兰成已经脱离了险境，张爱玲才肯与他恩断义绝。虽是胡兰成一手葬送了他们的婚姻，张爱玲还是想让自己来为这场传奇之恋辛酸谢幕。

可以委曲求全挽救婚姻，但是一旦发现努力不过是徒劳，她还是那个目下无尘的女子，胡兰成从此成为一个再也无法左右自己的陌生人。后来她对这段感情只字不提，反倒是胡兰成，在《今生今世》里写尽风流自赏的潇洒，一篇张爱玲记，对两个人的情爱聚散娓娓道来，不过言语间只说无奈不说伤害。

等到《今生今世》的上卷出版之时，他还将书与所作长信一并寄给张爱玲。张爱玲却在字里行间进行了礼貌并且冷漠的回绝。

到此，张爱玲也未对书中两人之事做出只言片语的回应。

胡兰成不过是想再一次证明自己的魅力，勾一勾手指总会有女人投怀送抱，而轻视了张爱玲的决心。就如她在小说中写道：“我们也许没赶上看见30年前的月亮，年轻的人想着30年前的月亮应该是铜钱大的一个红黄的湿晕，像朵云轩信笺纸上落了一滴泪珠，陈旧而迷糊。老年人回忆中的30年前的月亮是欢愉的，比眼前的月亮大、圆、白，然而隔着30年后的辛苦路往回看，再好的月亮也不免带点凄凉。”

五十年后出版的《小团圆》中，我们才看到张爱玲当时真正的想法：“我不能和半个人类为敌。”作为《今生今世》的对照记，《小团圆》还原了很多事实，每字每句都暗示胡兰成的自私和卑劣。

1956年，张爱玲移民到美国，在美国出版了她的第一部英文小说《秧歌》。后来她到麦克道威尔文艺营学习交流，在那里她结识了自己的第二任丈夫赖雅。

赖雅原是德国移民后裔，一生虽未写出不朽之作，但是确有过人的文学才华，处事也豪放洒脱。张爱玲一辈子看重“才华”二字，自然会被赖雅吸引，两人相见日欢，无所不谈，很快便由恋爱关系转变为夫妻关系。两人结婚时，赖雅已65岁，张爱玲才35岁。对张爱玲来讲，这时距认识胡兰成已经整整过去了12年。

在慢慢平复了上一段感情带来的怨恨和痛苦后，她终于鼓起勇气再一次抓住“一支强有力的锚”，以不至于使自己孤舟漂泊，在赖雅的精心呵护下她的确感受到过来自家庭的温情，只是好景不长，婚后两个月，使张爱玲寄托全部生活希望的赖雅又一次脑卒中。这次脑卒中严重到差一点儿要了赖雅的命。年迈的赖雅没有经济收入，又需要人照顾，张爱玲一面充当护工的角色照顾丈夫，一面还要想办法维持生计。

她为了挣钱去香港为电影公司写剧本《红楼梦》，“辛苦地从早上十点写到凌晨一点，手脚都肿了”，却还未能拿到理想的报酬。这样为生计到处奔波已经使张爱玲筋疲力尽，回到美国，赖雅后来又脑卒中几次，以至于后来瘫痪在床，全由张爱玲照料。

1967年10月，赖雅病逝，9年的婚姻让张爱玲的精神与体力几乎被掏空。

在才华至上的择偶标准中，张爱玲一次次地拖垮自己，在爱情至上的婚姻中，她始终没能驾驭好俗世的婚姻，无关背叛，只说辛苦，胡兰成是心里的苦，赖雅是生活的苦。

她曾在文章中说：“愿意保留我的俗不可耐的名字，向我自己作为一种警告，设法除去一般知书识字的人咬文嚼字的积习，从柴米油盐、肥皂、水与太阳中去找寻实际的人生。”

1944年时，她24岁，那么聪明的一个女人，其实早已知道人生的禁忌，却还是没能免俗。她如果真能像一个平凡的女人以生活安逸为准去生活，就不用有那么多的痛苦和奔波。

可她是张爱玲，她固执地以爱为命。

只有她，能说出女人的委屈。

平凡的生活并没有那么多繁花似锦，人的一辈子只有百分之五是精彩的，百分之五是痛苦的，另外百分之九十是平淡的。人们往往被百分之五的精彩诱惑着，忍受着百分之五的痛苦，在百分之九十的平淡中度过。

萧红：不悔梦归处，只恨太匆匆

她是对大时代和卑微个体一视同仁的作家，被誉为“30 年代文学洛神”；

她逃婚，革命，战争，一生颠沛流离，穷困潦倒，尝尽磨难，却从不放弃对文学理想的追求，以独特的自我通向精神世界；

她几次错付，几次神伤，情深注定了缘浅，黄金时代求之未得；

她不合众嚣，独具我见，无视争议坚持自我，用稀薄的羽翼在仄狭的天空盘旋；

她用巨大的生命能量将人生演绎出越出常规的精彩。

“逆来顺受，你说我的生命可惜，我自己却不在乎。你看着很危险，我却自以为得意。不得意又怎样？人生本来就是苦多乐少。”

遇见萧军之前，她不叫萧红，她是张乃莹。

1911，在黑龙江省哈尔滨市呼兰区，一个富庶的家庭迎来一个小生命，重男轻女的时代，萧红的到来带给家人更多的是失望。年幼无母，父爱缺失，只有祖父给予了她亲情的温暖。

在祖父的爱护下，童年不算凄惨，大了一点儿，萧红进入呼兰第二小学女生部读书，1924年升入县立第一初高两级小学。在学校，她喜欢读书，尤其擅长作文。1925年，五卅惨案发生后，萧红还在呼兰参加学生运动。她积极、热情，又在革命思潮和进步文学的影响下，接受了很多新思想，父亲看着一天比一天叛逆的女儿意识到，萧红已经开始离知书达礼、温顺的女孩形象越来越远，想着不能再任其发展，打算让萧红放弃学业，并选定一门亲事让她停学成亲。

萧红同专制的父亲叫板，如果不能去哈尔滨读中学，自己就去教堂当修女，经过一年多的努力，萧红最终进入“东省区立第一女子中学”。

家里为她选择的丈夫汪恩甲常去中学看她，萧红起初对这门婚事并没有表示异议，还为他织过毛衣。汪恩甲的父亲去世，她还去为之吊孝。

可是眼界不断拓宽的萧红开始有更多的精神追求。1930年秋，萧红初中毕业，她不顾家庭反对，在表哥陆舜振的帮助下到了北平，进入女师附中读书。因为没有家庭的支持，不久生活就陷入困顿中。当不得不返回老家时，她遭受到最严厉的指责，父亲一气之下还将她软禁。为了反抗父权的钳制，她“叛逃”至北平，汪恩甲几经波折也追随她来到了北平，一起读书。家里对他们的离开强烈反对，自然不肯给予经济支持，他们又没有谋生的技能，只能离开北平，回到哈尔滨的东兴旅馆，住了半年。

1932年春节，汪恩甲借口回家过年，把萧红一个人留在旅馆从此就没有了音信。已有身孕的萧红知道已被汪恩甲抛弃，但却无法脱身，由于欠着旅馆的巨额债务，旅

馆老板威胁她：不能还钱，就把她送去妓院。

在一个没有人伦与常情的乱世，她陷入了深深的绝望。

如果萧红肯循规蹈矩地接受命运的摆布，她的生活也许也不会太差，做一个操劳的妻子、一个慈祥的母亲，就算遭遇大时代的变革，偏安于东北一隅，也能享受天伦之乐。

可是，这却不是萧红对现实世界的追求，她叛逆、逃离，她想寻求一种光亮和温暖，可有时却反倒一头冲进泥淖，她漂泊，从异乡到异乡，还是没有找到最可靠的肩膀依傍。

走投无路的萧红开始寄希望于《国际协报》编辑部的帮助，她的投书求助很快得到回应。主编裴馨园派萧军到旅馆探望，当萧军推开萧红房间的门，看到的是一个脸色苍白、神态憔悴的孕妇。在信中，萧军也大概了解了萧红的处境，面对面的聊天儿让萧军对萧红有了更深的了解，尤其是当阅读了萧红在这样的困境中所写的文字，他深深被这个坚强又极富才华的女人吸引。通过几次热切的交谈，两个人在文学上、理想上有着太多的共鸣，萧红从萧军那里摆脱了自离开家后所遭遇的困境、背叛等一系列负面的情绪，爱情的力量让她看到生活的希望，此时的萧军对于她来讲，不但是救命的唯一稻草，更是她极度崇拜的偶像。萧军如一道炫目的阳光直照萧红内心，这宿命般的相遇，成为了萧红生命的重要节点。

1932年，哈尔滨下了27天大雨，大雨使松花江决堤，洪水涌进了哈尔滨市区，在街市上都可以行船，被困在旅馆的萧红终于有机会可以趁乱逃走，她匆忙搭乘一艘小船，却在中途返回，她怕赶来救她的萧军找不到自己，宁愿守在被洪水淹没的房屋中。

萧军冒着滂沱大雨，淌着浑浊的污水，最后找到了萧红。

对于一个众叛亲离、无所依靠的女人来讲，这样的感动足以温暖一生，萧红从此义无反顾地追随着萧军。

虽然重获自由，但是在哈尔滨的日子并不好过，在医院生下的女儿，也因为无力抚养而送了人。饥饿、贫穷、困顿终日缠身。他们当时住在商市街，萧军每天都为生计发愁，做家教，当武术教练，凡是可以赚钱谋生的工作他都去做。他每天早上常常喝下一杯茶就出去干活儿，萧红就留在家中做一些家务，可是两个人的生活还是不能保障，他们常常穷到轮流穿一件外套，把能当的东西都当掉，才换来那一点点儿原本都不够一人饱食的食物，实在没米没柴就又去借贷，借钱不容易，要放下脸面，可是萧军还是愿意放下自尊去维持生活。两个人还是时常挨饿，萧红在后来的散文集《商市街》中，用文字写出当时深入骨髓的饥饿："列巴圈挂在过道别人的门上……街车唤醒了我，马蹄嗒嗒、车轮吱吱地响过去。我抱紧胸膛，把头也挂到胸口，向我自己心说：我饿呀！不是'偷'呀！"

"肚子好像被踢打放了气的皮球""我拿什么来喂肚子呢？桌子可以吃吗？草褥子可以吃吗？"

这样饥肠辘辘的难受心情，让萧红在多年后还是心有余悸。

可是，越是患难，越是情深。

当年，萧红为了给萧军缝制一件新外套，几乎是不吃、不喝、不休地在缝制着，她倾注所有的情感来完成这件能够给爱人带来温暖的新衣。

这段艰难的岁月激荡出最为纯粹的感情。

萧红在萧军的鼓励下完成了一系列的小说创作，短篇小说《王阿嫂的死》终于得以发表在《国际协报》上，萧红迈入了文坛的门槛后，萧军知道她的才华需要更多的空间，便提笔写信给鲁迅，并把萧红的作品一并寄出。鲁迅很快回信，他对两个年轻人的写作给予鼓励和肯定。能得到文坛上这样重要人物的关注，两人喜不胜收，于是决定前往上海，找寻更大的写作空间。

1934年，两人辗转来到上海，前去拜会鲁迅。鲁迅不遗余力地扶植青年人，不但帮助萧红出版了《生死场》，还亲自为她的书作序。鲁迅高度评价了萧红的作品："叙事和写景，胜于人物的描写。然而北方人民，对于生的坚强，对于死的挣扎，却往往已经力透纸背。女性作者的细致观察和越轨的笔致，又增加了不少的明丽和新鲜，精神是健全的。”

有了鲁迅的推荐，书出版得很顺利，他们的生活也逐渐改善。鲁迅还把他们引荐给了茅盾、聂绀弩、叶紫、胡风等左翼作家。这些人后来都成了萧红的好朋友，对她的创作和生活产生了一定的影响。

萧红、萧军在上海的生活逐渐安定下来，文学创作也进行得比较顺利，物质条件得到很大的改善，但二人的感情却出现了裂痕。

萧军在上海开始频繁地发生外遇，他与很多女人都有感情纠葛，敏感的萧红早已发现端倪，她非常痛苦，却无能为力。

这个曾经拯救自己于水深火热，给她生存下去的勇气以及开创新生活希望的男人，已经无暇顾及怜悯她的内心情感，他正忙于在一群女人的爱慕中展现自己的雄性魅力，至于萧红，仍是他“生命不可或缺”，却不是唯一了。

一段时间里，萧红依然沉浸于自己的幻想中，那个曾经为了养活自己四处奔波工作、鼓励并扶持自己完成文学作品的男人只是偶尔寻求刺激，只要自己耐心等待就能等到他的回归。

所以，即使因为争吵，被萧军打伤额头，她依然默不作声。当朋友问起，她说：“我自己不小心，昨天跌伤了！”

这时，坐在萧红一旁的萧军却说：“什么跌伤的，别不要脸了！是我昨天喝了酒打的。”

后来萧红不得不东渡日本，她并非决意分离，只是希望短暂的分离可以让萧军回心转意。

在日本，萧红几乎每隔几日就要写封长信给萧军，信中事无巨细地介绍自己在日本的生活，房东、朋友、学习、写作，等等，远在异乡的她不放心萧军的生活：“你的被子比我的还薄，不用说是不合用的了，连我的夜里也是凉凉的。你自己用三块钱去买一张棉花，把你的被子带到淑奇家去，请她替你把棉花加进去。如若手头有钱，就到外国店铺买一张被子，免得烦劳人。”

人在异乡，心却在故地。

这样的努力最终还是徒劳，萧红的离去给了萧军更多的空间，他与朋友的夫人发生了一场轰轰烈烈的婚外恋情，还使其珠胎暗结。这次公然的背叛让萧红逐渐心灰意冷。

短暂的分离并未让感情有所改善，萧红就提早回国，在上海待了一段时间，又去北平散心。

萧军在一封写给萧红信中说道："我现在的感情虽然很不好，但是我们正应该珍惜它们，这是给与我们从事艺术的人很宝贵的贡献。从这里我们会理解人类心理变化真正的过程！我希望你也要在这时机好好分析它，承受它，获得它的给与，或是把它们逐日逐时地纪录下来。这是有用的。"

言下之意，他的背叛竟然是给萧红学习和成长的机会，分析了、承受了没准儿还是财富！

萧红就算是再盲目，也看出了这番说辞的荒诞。

不久，萧红决定与萧军正式分手。

萧红说："在人生的路上，总算有一个时期在我的脚迹旁边，也踏着他的脚迹；总算两个灵魂和两根琴弦似的互相调谐。"

善良的萧红语气中尽是感激。她不提背叛，不提伤害，只愿记得灵魂曾经交互的最美时刻。

就是她的善良、她的义无反顾、她的绝对追随，让她所爱之人恃爱而骄。

很多人回忆二萧时，总是

这样描述："他们一起外出的时候，总是一前一后地走着，萧军在前大踏步地走，萧红在后边跟着，很少见到他们并排走。"

冠以夫姓的萧红在萧军面前卑微如草芥。

所以，萧军对她说出：爱便爱，不爱便丢开。

萧军说这是他的爱情信条，实际上，这样的信条只适用于萧红。

情深注定缘浅。

分开多年后，看到萧军再婚的结婚照时，萧红怅然若失，长久不发一言，泪流不止。

爱情中不需要有太多的仰望，仰望得太高，贬低的只有自己。这使萧红成为了感情中的弱者，可以忍受背叛、谎言甚至暴力。

萧红说："我的心就像被浸在毒汁里那么黑暗，浸得久了，或者我的心会被淹死的，我知道这是不对，我时时在批判着自己，但这是情感，我批判不了。"

爱到不能自制，爱到自求沉沦，自然爱到遍体鳞伤。

如果轻易倾其所有感情去投入到一份未知的爱情中，太炽热的爱灼伤的只是自己。不如，让爱淡如绿茶，清香隽永，轰轰烈烈的爱固然珍贵，也要懂得细水长流的美好。时光，浓淡相宜；人心，远近相安。

"人尽靠着远的和大的来生活是不行的……窗上洒满着白月的当儿，我愿意关了灯，坐下来沉默一些时候，就在这沉默中，忽然像有警钟似的来到我的心上：'这不就是我的黄金时代吗？此刻。'……自由和舒适，平静和安闲，经济一点也不压迫，这真是黄金时代……"萧红心中这样的黄金时代显然是萧军无法给予的，所以，她决定离开萧军，去寻找"自由和舒适，平静和安闲"的生活。

与萧军"暴风骤雨"般的性格不同，端木蕻良文质彬彬，说话也和风细雨，最重要的是，他十分欣赏萧红的才华，曾赞美萧红的作品超过了萧军的成就。对萧红来讲，这尤为欣慰，一直以来，朋友眼中的萧红不过是萧军的附庸，萧红极为厌烦这样的感觉，当得到正面的肯定，当然如遇知音。每次的交谈都是愉快平和的，两人谈各自的创作、各自的理想，萧红从端木那里找到了尊重和肯定，也因此对于生活有了新的希望。

1938年4月，萧红与端木蕻良同去武汉，5月在武汉大同酒家举行了婚礼。

萧红这时正怀着萧军的孩子，端木蕻良却并不在意。

8月，武汉遭到日军轰炸，人们纷纷逃亡。

端木和萧红只得张罗逃亡到别处，可是最后只有一张船票，萧红坚持让端木先行离开。

对于端木的独自离开，后人常常指责他不该留下怀孕的萧红。后来，端木解释，这只是为顺从萧红不让她生气才依言而行。也许，这确实符合端木的性格，而性格温和的另一面，就是软弱。几日后，萧红也买到船票来到重庆，生下了萧军的孩子，孩子出生后几天便夭折。在重庆时，端木蕻良连最基本的住所也没有给她，她曾怀着身孕几次搬家。这时的萧红身体上开始出现问题，情绪也有些消沉，后来原复旦大学教务长孙寒冰邀请萧红、端木前往香港编“大时代文艺”丛书，萧红也想换一个环境，便与端木来到香港。

萧红与端木结合，不过是想要一个没有争吵、没有背叛的婚姻和一个体贴的丈夫。可是，端木逐渐显现出的软弱和依赖让她有些失落。

端木是母亲最小的儿子，小时候被格外溺爱，性格又有些懦弱，不太懂得呵护人，反而习惯被照顾；萧红从小就缺乏家庭的温暖，她虽然坚强，骨子里却极其需要关爱，相处之初，看似坚强的萧红一直在照顾端木，可是时间久了，双方自然得不到对方给予的满足。

再加之端木工作繁忙，萧红身体日趋衰弱，精神上的渴求更加强烈却得不到满足，两人的感情逐渐转淡。

“她是一种很强大的真实，她裸露着，绝非身体，而是灵魂。她用她的全力去爱，她的爱让她爱的男人变得强大起来，骄傲起来，随心所欲起来，然后，她第一个被伤害。”这是骆宾基对萧红的评价。

能这样懂得萧红，算是她的知音了。

而萧红对于骆宾基来讲，也有着知遇之恩。正是由于萧红的介绍和推荐，骆宾基的《人与土地》才得以在《时代文学》上发表。

为了表达感激之情，骆宾基常去看望萧红夫妇。

1941年4月，一直身体虚弱的萧红到玛丽医院做全面检查，查出患有肺结核。后来病情逐渐加重，只能入院治疗，住院后被庸医误诊而错动喉管手术，不但没延缓病情反倒无法说话。1942年1月22日中午12点，31岁的萧红因病情加重不治身亡。

在萧红缠绵病榻之际，一直陪伴她的不是丈夫端木，而是这个东北同乡骆宾基。

在萧红的版权遗嘱里面，她作了这样的安排：散文集《商市街》归弟弟，小说《生死场》归萧军，《呼兰河传》归骆宾基。

为什么里面没有端木蕻良，萧红并未说明，却留给后人很多猜测。

骆宾基作为当事人之一，曾在一封信中说：“12月8日，太平洋战争爆发，当天一早（在日本轰炸机开始轰炸的三十分钟之内）我就先去看她，原想商议一起躲到农村，即九龙郊区去避难，这样就必须先协助她，安排她去农村住下来之后，我才能再回自己的寓所去取手稿及衣物等，以相就为邻，有个照应。岂知去后未能脱身，直让送她到香港半山的住宅区，又转铜锣湾，三移思豪大酒店，那已是次日的傍晚了。在乐道，我本答应萧（指萧军），一定把她安置妥当以后再离开，而且也被她的同居者（指端木蕻良）恳托一助，但我却怎么也想不到一到思豪大酒店，萧红的同居人竟不辞而别了。”

前一次，是从武汉到重庆，端木独自脱身，留下了怀有身孕的萧红。

这一次，从香港突围逃离，端木不辞而别，留下了疾病缠身的萧红。

也许，这其中隐情颇多，可是，萧红孤苦无依总是事实。

一生追求爱和温暖的萧红，总是不能得偿所愿。

所幸的是，还有一个男人愿意在她生命弥留之际守候左右。44天的朝夕相处，让萧红和骆宾基的感情暧昧不明，也许是迟来的爱情，也许是惺惺相惜的友情，不管怎样，能得到些许温暖，就是老天对一个多愁善感、细腻自尊、渴望温暖的女人最大的眷顾。

“春夏秋冬，一年四季来回循环地走，那时自古也是这样的了。风霜雨雪，受得住的就过去了，受不住的，就寻求着自然的结果。那自然的结果不大好，把一个人默默地一声不响地拉着离开了这人间的世界。”

这是萧红在短暂生命中追逐爱与自由的感情尝试，但却不是萧红的全部。

更真实的她来自于她的作品，在书写中她从记忆的烛火中寻求温暖，用独特的精神体验去完成自己的文学创作。当她的作品成为同辈人以及无数后辈人的精神食粮时，萧红虽生命短暂，却将一个充满诗意的灵魂永远留在世间。

而作为一个女人的萧红，虽有令人钦佩的勇敢，却也未获得俗世中最平凡的幸福。她理想中的黄金时代终究没有来临。她自己选择了一条充满无限希望却又无限艰险的道路来走。

她经历着说不尽的沧桑和艰辛，一生多次逃离，从哈尔滨到青岛、到北平、到武汉、到重庆、到香港，最后客死异乡。

她在临终时说：“我这一生最大的痛苦和不幸都只因为我是个女人。”

而这一生，她都在极力摆脱在一个保守时代

作为女人的局限，她不想只活得像个女人。那时的女人意味着沉溺于对男权的顺从、妥协和依赖。

萧军曾给她活的希望，是拯救她的英雄，走上文学道路的扶持者，精神以及肉体的施暴者，最后用轻浮结束了她的幻想，她失望、愤怒，即使怀有身孕，也毅然决然走得义无反顾。

与萧军的六年几乎让她窒息。对于端木，一个温顺儒雅的男人，她以为自己终于摆脱掉男权的阴影，但是，她却发现，没有专横和主导，她也并未快乐。她还是渴望男人的呵护和关爱，男权的阴影不在于男人，是存在于女人的内心。

她所进行的精神领域跋涉最终成为通向人类精神王国的通道，她的不循常理和勇敢追求在保守的传统社会成为一个突破。

她任现实的窘迫折磨孱弱的身体，即使痛苦地活着，却仍要透彻地爱着，一次次爱情的失败也从未打消她的信仰——她坚信爱的救赎。

所以，她要为了这一时一事的温暖不断逃离，逃离是终结，也是寻觅和重建。

爱情，对于萧红，不是生命的全部，仅仅是实践爱情理想的必经之路。

31岁的萧红只能在此行至半路，回首梦归处，只恨太匆匆。

在萧红墓前有这样的诗篇：“走六小时寂寞的长途，到你头边放一束红山茶，我等待着长夜漫漫，你却卧听着海涛闲话。”

静思小语

情深必定缘浅，爱到不能自制，爱到自求沉沦，自然爱到遍体鳞伤。愿这燃烧着的生命烈焰，照亮每个女人的前进之路。

宋清如：穿越岁月的灵性之光

她是诗人，作品中浓郁的唯美倾向，彰显了她特有的柔媚浪漫；

她将波动在世事沉浮中的情感一并寄托于文字中，沉静的心灵从不虚空；

她曾拒绝婚姻，一早预言那是个束缚心灵的牢笼；

她还是遇到爱情，同一个更倾心于文字的男子并肩前行；

她的幸福短暂，十年恋爱，两年婚姻，一生守望；

她在文学的梦中幻化出桀骜不驯的坚强。

宋清如清韵雅致，人如其名。

她外貌清丽，照片中更是气韵独特。她喜欢素衣布鞋，不爱华美服饰，她曾说："认识我的是宋清如，不认识我的，我还是我。"

她爱读书，也很幸运地不曾因为物质的匮乏终止这个爱好。

她家境富足，父母也曾在她适婚年龄是为她筹划过一桩婚事。

可是，一向温柔的宋家小姐竟大胆地向父母提出："不要出嫁，要读书。"

已经读完初中的她受了新思潮影响，觉得自己才刚刚走进文学构建的美好世界，她才不愿意从此走入婚姻那个无趣的牢笼。父母见她如此反对，出于对女儿的疼爱，开明的他们倒也尊重了女儿的选择。

于是，在很多女孩儿已经成婚生子时，宋清如考入钱塘江畔的之江大学，读书，写诗，于深邃凝练的文字中聆听天籁的福音，整日醉心于文字的美妙。

她的新诗经常发表在《现代》《之江年刊》上，她的文字和才华也得到了杂志主编的肯定。

在之江河畔，她也遇到一个志同道合的人——诗人朱生豪。

朱生豪文笔极好，同样喜欢诗歌，而诗人的个性通常都是敏感细腻的，朱生豪也不例外，在给宋清如的一封封情意绵绵的书信中，就可读出那份缱绻缠绵。

两人常常以文寄情，在爱情世界留下一首首动人的诗篇。

宋清如将恋爱中患得患失的落寞心境写进诗中："假如你是一阵过路的西风，我是西风中飘零的败叶，你悄悄地来又悄悄地去了，寂寞的路上只留下落叶寂寞的叹息。"

朱生豪轻轻附和："不道飘零成久别，卿似秋风，侬似萧萧叶，叶落寒阶生暗泣，秋风一去无消息。倘有悲秋寒蝶，飞到天涯，为向那人说，别泪倘随归思绝，他乡梦好休相忆。"

这就是两个诗人的灵魂沟通，他们用清丽的文字进行温润心灵的对话。

后来，因为朱生豪毕业要离开之江，两人不得不鸿雁传书。

而等到宋清如毕业，两人也未如大家所料就此走进婚姻。朱生豪这时正倾力完成一项艰巨的工作——翻译《莎士比亚戏剧全集》。

在当时，中国还没有人翻译过这部巨著。

可能是朱生豪心怀文化报国的梦想，也可能是他的灵魂与莎翁有着共通，总之，他决定着手完成这一系列巨著。而宋清如义无反顾地支持他的梦想。

在恋爱十年后，两人决定共同携手走完一生，那一年，宋清如31岁，朱生豪30岁。

这对才子佳人的婚后生活也要面对柴米油盐的辛苦。朱生豪要把全部的精力放在译莎事业当中，于是宋清如选择照顾家庭，以便丈夫安心工作。工作之余，朱生豪也没有吝惜对妻子的爱意，在宋清如回娘家的一段时间，他竟用掉落的花瓣寄托思念。可是，贫困却浪漫幸福的生活却只持续了不到三年的光景。由于朱生豪天生身体虚弱，再加上殚精竭虑的翻译工作，让本来羸弱的身体终于不堪重负，1944年12月26日，朱生豪终因积劳成疾不幸去世，年仅32岁。

宋清如从此要孤身一人面对命运的凄风骤雨。她写下这样悲怆的文

字："你的死亡，带走了我的快乐，也带走了我的悲哀。人间哪有比眼睁睁看着自己最亲爱的人由病痛而致绝命时那样更惨痛的事！痛苦撕毁了我的灵魂，煎干了我的眼泪。活着的不再是我自己，只似烧残了的灰烬，枯竭了的古泉，再爆不起火花，漾不起漪涟。"

朱生豪生前共译莎剧三十一部半，还剩五部半没有完成。于是，宋清如便一面继续丈夫未竟事业，一面在大学执教。

她的一生都在文学的世界中沉迷，也因此她淡雅恬静的笑容从未改变。

晚年，她写下这样优美的诗句："也许是你驾着月光的车轮，经过我窗前探望，否则今夜的月色，何以有如此的光辉，回来回来吧，这里正是你不能忘情的故乡。也许是你驾着云气的骏马，经过我楼头彷徨，是那么轻轻地悄悄地，不给留一丝印痕，回来回来吧，这里正是你倦倦的亲人。哦，寂寞的诗人，我仿佛听见你寂寞的低吟。也许是沧桑变化，留给你生不逢时的遗憾，回来回来吧，这里可以安息你疲乏的心灵。"

她作品中浓郁的唯美倾向，彰显了她特有的柔美浪漫。

有时，女人需要一种媒介展现自己的美好情怀，将平淡的日子演绎得生动多姿，也许文学是个不错的选择。

波动在世事沉浮中的情感有时难以宣泄，文学可以变成一种寄托和誓约。借着文字的舞台，女人可以编织自己心中隐秘的梦幻，展现出别样的人生魅力。将沉静在心灵一角的情感用文字构建，就可以在失落中得到慰藉，在困惑中得到释放。

清丽的文字是温润心灵的独语，激扬的文字收获情感宣泄的快意。

文字可以将一段时光稳妥地安放，让美好不在记忆中褪色，也可以将过往梳理，把智慧留存于心。

倾心于文字的人，生命充满色彩，并会富有独特的个性；热爱文字的人，在文字里延续生命、延伸梦想、延长历程。

不如，用一点儿时间去醉心于文字的美妙，让生活处处充满了风景和

诗意，处处散发着芬芳和幽香。让灵魂躲避红尘的喧嚣得以在俗世中有片刻的超脱，让浸润着泪水和欢笑的文字幻化为滋润心灵的甘泉，静静地独享那份神韵飞扬的诗意感觉。

文学会让女人变得儒雅温厚。不管现代女性是如何独立、如何强大，可是，在内心深处，依然要给文学留下一点点空间，这样才能芬芳心灵的家园。

其实人性的复杂性和生命的单调性需要文学的丰富去平衡。读之可以让思维沉浸其中，自然多了一分心领神会，而文学中常常提供间接的生命体验。你不用生活在20世纪末，也可以在张爱玲的叙述中感受末世的挽歌；你不用去湄公河畔，却依然在玛格丽特·杜拉斯的笔下感受到爱而不能的绝望。

于是，你淡薄的生命开始变得丰盈，那些温暖的话语，那些犀利的文字，让女人在享受文字赋予的惬意和欣喜的同时，又会在沉淀之后多出一分宁静和节制。女人还可以在文字里播种快乐，将自己的情感撒进了浩瀚的文字里，编织梦想，去收获一分雅致和浪漫，用文字将时间凝结成一种记忆去温暖自己。

静思小语

于安静的午后或寂静的深夜，放一首自己非常喜爱的音乐，泡一杯绿茶，让文字流淌于笔尖，去安放自己小小的不安、沮丧，你会发现文字也能疗伤。当于精巧细致的文字中体会更多涓涓如泉的温暖，于深邃凝练的文字中聆听天籁的福音，慢慢地便沉淀出悠远的底蕴，幻化出桀骜不驯的坚强。

因为爱，不说再见

诗人拜伦说：“男人的爱只是男人生活之外的东西，却是女人的全部存在。”

爱情之于女人，永远令人困惑。爱是一种不死的欲望，是沉沦，也是不朽的拯救。她们一次次寻找，一次次受伤，却从不惧怕，她们在爱中勇敢，在爱中重生。爱让生命充满勇气。

玛格丽特·杜拉斯：爱是沉沦，是不朽的拯救

她是在中国知名度最高的法国女作家，她的文字也让整个世界惊艳；

她那带有传奇色彩的经历、惊世骇俗的叛逆性格和时常动摇的灵魂都深藏在她的文字深处；

她的自传体小说《情人》最终获得1984年的法国最高文学奖项——龚古尔文学奖；

她的笔触传达着尖锐与脆弱，她的眼眸划破尘世的暮霭，有无穷的魔力和魅力；

她以高品位的文学创造力，征服了这个世界数以万计的读者；

她也曾以备受摧残的容颜以及无限的智慧和魅力吸引了一位小她很多的男子；

她从没有放弃对爱情的渴望，直至生命终结；

对她来说，爱是沉沦，是不朽的拯救。

也许每个渴望倾诉的灵魂，都曾有过爱和痛的深刻记忆。所以，她说她的写作是为了证明自己“清醒活着的方式”。

杜拉斯是法国人，但是她却生在今天越南的胡志明市，当时是法国的殖民地，杜拉斯的父母满怀希望来到这里寻找财富，但是一切却并非想象中美好，父亲因为生病再无工作能力，而她的母亲只能通过教法文和钢琴来维持生活。当有了一点点积蓄，他们向殖民地当局购买了一块土地进行耕种，希望获得收益，却因为没有贿赂土地管理局的官员只得到了一块难以耕种的盐碱地。所以，在杜拉斯的成长中，贫穷一直都伴随左右。

这个炎热的殖民地只有一个季节，杜拉斯说：“我们生活在地球上漫长的热带地区，没有春天，没有四季更替。”窘迫的家境，强势的母亲，

炎热的气候，让她总有一种不安躁动的无奈。

随后，她邂逅了一次深沉而无望的爱情。

1930年，16岁的杜拉斯乘车从家里回西贡（今胡志明市）的寄宿中学，一个富有的中国男人在湄公河的渡轮上被这个年轻漂亮又娇小的白人女孩吸引，他用自己的私家车把杜拉斯送到了学校。之后他们开始了一场各取所需的欲望交锋。他爱她年轻的躯体，她爱他丰厚的财富，又或许，这就是他们爱情的基础。

70岁时，杜拉斯回望这段感情时饱含深情，并以《情人》为题写下那本著名的小说，于是，她曾经的爱情在书中得以再现。她曾以年轻的身体和调情的方式换取金钱，以复杂的情绪去接受爱情，以绝望的心情度过青春岁月。

故事中的中国男人多情而富有，却在她的眼中始终孱弱不堪。

不久，中国男人的父母因为并不喜欢这个年轻的白人女孩，就希望他尽快和一个中国姑娘结婚，而这个男人也并未反抗。

也许她已拥有一颗成熟到可以感知爱情的心，所以，在几十年后，她仍对这一段经历以诗一样的语言描绘。

1971年，这个中国男人和妻子曾去巴黎，他没有去见杜拉斯，只是拨通了她的电话。在《情人》中杜拉斯写到通话的细节：“他给她打了电话。她一听声音就知道是他。他说：我只想听你的声音。她回答：是我。你好。他有点儿发慌，跟以前一样胆怯。他的声音也突然颤抖起来。听到这颤抖的声音，她也立即发现了那中

国音调。他说他和过去一样，他仍然爱她，他不能停止爱她。他爱她，至死不渝。”

这是对自己惨痛回忆的补偿，她希望这个中国男人就像她想象中那般爱她，在《情人》的开篇，她写下这样的文字：“我已经老了，有一天，在一处公共场所的大厅里，有一个男人向我走来。他主动介绍自己，他对我说：‘我认识你，永远记得你。那时候，你还很年轻，人人都说你美，现在，我是特地来告诉你，对我来说，我觉得现在你比年轻的时候更美，那时你是年轻女人，与你那时的面貌相比，我更爱你现在备受摧残的面容。’”

这时的她已鸡皮鹤发，鬓飞霜雪，早已遗失青春的容颜，她已功成名就再不需要男人的财富来维系生活，她只需要一个真正爱她灵魂的男人。她向往被爱如此强烈，这也许是太过早熟带来的压抑和空虚。

在湄公河旁时她曾充满绝望，但是当苍颜白首时用沧桑的眼眸回望岁月的雾霭，湄公河的一切却又如此美丽。

“湄公河上升起旭日，照着河岸的稻谷，照着笔直的白色大路，大路横贯一望无尽的稻田，稻谷随风起伏。公路上，孩子和照看孩子的狗，在阳蓬下睡着。长街尽头，昏黄的防风灯的灯光，欢腾，歌唱，嬉笑。湄公河。这是个帆影点点的渔村，这是三角洲的头，大河的尾……”

因为在那里，有她虽然焦灼，却是仅有一次的青春。

18岁时，她告别情人，告别出生地，回到法国。

在巴黎大学，她学习政治、法律和数学，并获得法学和政治学学士学位。她漂亮而放纵，并且情事不断。25岁时她曾开始了一段婚姻，可是三年后却遇到一个她觉得“非常美的美男子”，她沉浸在爱欲和激情之中，不管世俗婚姻的约束。可是接下来的十年，这两个男人都先后离她而去，她却依旧在爱情之路奋不顾身，仿佛有常胜战衣加身，她在爱中成为不知疲倦的战将。

即使她因酗酒而过早衰老，即使她矮小的身躯早已佝偻，但是她却依旧在写作与臆想中自悦自喜，情爱仿佛是她晚年整日围绕颈间的围巾，丝丝扣扣，有直抵内心的温暖。

于是，命运如此眷顾那些试图摆脱对衰老和丑陋恐惧的渴爱之人。

在杜拉斯66岁的夏天，一个27岁的男人走进她的生命。

他就是扬·安德烈亚，杜拉斯最后一个情人。

最初他只是她的普通读者。他爱她的文字，近乎痴迷。他不断寄来热情洋溢的书信，并且坚持了7年。杜拉斯决定邀请他到家中，她认为，也许他们还需要一瓶红酒。

无所顾忌的自恋与强烈自卑纠结下的敏感与智慧，以及香烟萦绕指尖烈酒口口吞咽的粗暴和倔强都让安德烈亚极为迷恋。年迈时，她已没有皓齿红颜，却能将才华当作自己的衣衫。

他开始成为她的写作帮手与生活伴侣，他视她为祖母、情人和偶像，他以自己的卑怯、怜悯和爱意去安抚她的脆弱敏感和粗暴。他们一块儿酗酒，一块儿争吵，一块儿说“分手吧”，她大喊：“你滚吧！滚出我的生活。”然后将他赶走，他也发誓永远离去，可却不多时便拎着瓶酒站在门外，而她也不曾真正关闭房门。

他们彼此需要，他可以消解着她的紧张与恐惧，他可以用年轻的身躯和灵魂去滋养她的生命撩拨她的激情，她就像立在峭崖上的鹰隼，永远在冷冷地望着远方。而他却只望着她一个人，甘心情愿做她的奴仆和影子。

你也许无法想象这样跨越年龄的爱情，但是当你看到一张张老年的杜拉斯和安德烈亚的照片，你会体会到这种深情。

在一张照片中，年迈的杜拉斯和安德烈亚隔窗而视，安德烈亚的目眼中充满温暖，杜拉斯则好像盯着一个孩子的顽皮行为而露出淡淡的笑。而在另一张照片中，穿着格子裙子和红色外套的杜拉斯挽着安德烈亚的手臂，他们的背景是那样温馨。也许，两个原本就是孤独至极的人才可以如此互相依赖。

可是他们生命的步伐始终无法完全一致，他们太晚相遇，确切地说，在杜拉斯已经衰老时，他还年轻。她的身体开始严重衰竭，昏迷、抢救、康复，如此反复，生命维系得越来越艰难，可是每次苏醒时总是安德烈亚守在身边。她的一生经历过太多的分离和孤寂，她在爱中沉沦，而最终，爱却真正完成了不朽的拯救。

1996年3月3日上午8时，82岁的杜拉斯在巴黎去世。而安德烈亚也从此躲在地球的某个角落。他还在不断地给她写信，而这些已被整理成《我的情人杜拉斯》。

即使杜拉斯去世，这个男人也不肯走出她的影响。

而杜拉斯这一生，征服的哪仅是这一个男人。

她用她癫狂的思想和隐秘

的激情去写作，她笔下的紧张和色情、沉默和空白不仅仅成为了她写作的诗意，也成为阅读她的人欲望的宣泄。

狂妄的杜拉斯曾得不到人们的理解，如果没有足够的孤傲和自信，她怎么去驱除心中曾有的阴影和人生不能避免的伤痛？她借由文字的光亮感觉生命的温暖，她也许不够温柔，却因为曾带给我们无数惊喜而被敬仰。

1943年，杜拉斯以小说《厚颜无耻之辈》开始她的创作生涯。她的作品包括40多部小说和10多部剧本，这些作品内容丰富，风格独特。其作品很多都来源于她复杂的生活感受。她用文字去击垮世界的空茫带给她的孤寂，她以疼痛为代价去体验文字的快感。

她的生命因爱沉沦，也因爱被拯救。

静思小语

狂妄的杜拉斯曾得不到人们的理解，如果没有足够的孤傲和自信，她怎么去驱除心中曾有的阴影和人生不能避免的伤痛？她借由文字的光亮感觉生命的温暖，她也许不够温柔，却因为曾带给我们无数惊喜而被敬仰。她的生命因爱沉沦，也因爱被拯救。

可可·香奈儿：带着微笑献出一切，用眼泪收回所有

她是毕加索眼中“欧洲最有灵气的女人”；

她是萧伯纳笔下“世界流行的掌门人”；

她是法国人心中“时尚界的拿破仑”；

她的设计最能充分理解和把握时代精神，引导现代女性；

她对服装美学有着独特的见解和天才般的创意，她用她的设计塑造了女性可以承担责任的形象；

她研制的香水突破了时间的限制，即使在问世100多年后的今天，依然风靡全球；

她终身未嫁，却也享受到了最精彩的人生；

她是一个女性的传奇，美貌、自信、野心勃勃，并最终改变世界。

两个双C字相紧扣的标志不仅是一种时尚和文化的象征，对于注重品质的人来说，它代表着风格和地位。当然，它价格不菲，但购买它的人却仍趋之若鹜。它就是风靡世界的奢侈品牌——可可·香奈儿。

在搜寻这个著名品牌时，总是能找到她的创始人——可可·香奈儿的故事。

可可·香奈儿原名加布里埃·香奈儿。

加布里埃·香奈儿童年悲惨，父亲是兜售杂货的小贩，母亲是个普通的村妇。她出生时父母并未正式结婚。而在母亲去世后，父亲竟抛下了他们兄弟姊妹五个，自此不知去向。当她在修道院的收容所里，没

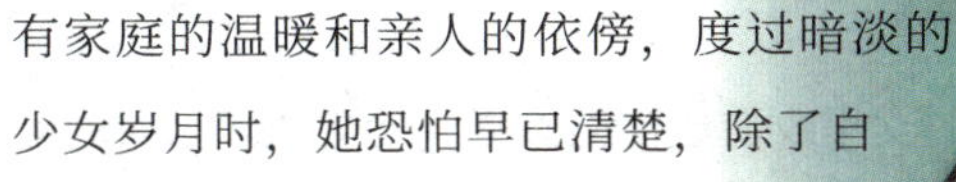

有家庭的温暖和亲人的依傍，度过暗淡的少女岁月时，她恐怕早已清楚，除了自己，没人能对自己的命运负责。

长大后姣好的容貌算是命运对她的补偿。于是，就算经过几番周折，她还是找到了一份收入不错的工作，在声色场所唱歌让她在赢得掌声的同时也得到了纨绔子弟与艺术界名流的垂青，从而跻身上流社会。在那里，她为自己取了新的名字——可可·香奈儿。

后来她曾邂逅亚瑟·卡保，他对香奈儿一片真心，两人相处甚洽，香奈儿也对这段感情寄予厚望，她不想再做某人的情妇，也许那时，她也曾想要一个稳定的婚姻。可是事业顺利的亚瑟·卡保并不肯屈尊迎娶这位贫民女子，当他最终选择远赴英伦与一名爵士的千金成婚时，香奈儿早已伤透了心。

她曾说：“关于女性心理，女人可以带着微笑献出一切，然后用眼泪收回所有。”

如果不曾付出感情，她不会微笑着献出一切，可是她也知道，自己所不具备的贵族身份让婚姻终究与自己无缘。用眼泪收回所有，这却并不是所有女人都可以做到的。

香奈儿整理好情绪，开始经营自己的事业。

为了补偿香奈儿，亚瑟·卡保出资让她在巴黎开了一间女帽店，这便是香奈儿事业的起点。

她在自传中写道：“因为卡保常带我去赛马场，我注意到当时的帽子都比头小，戴上后还要别上帽针才能固定，并不实用，所以我决定设计出稍宽大而没有太多繁缛装饰品的帽子。”

她将堆砌繁复羽毛、蕾丝的女帽改造成简洁女帽，使之成了当时的潮流，终结了旧式女帽的年代。她打破当年黑衣服只能当丧服的规定，设计出一直风靡到现代的黑色小洋装，随后得到世人的追捧。再后来，她还根据水手的喇叭裤，设计出女子宽松裤，后来又设计出休闲味道很浓的、肥大的海滨宽松裤，一时间风靡欧洲。

她曾说“要把妇女从头到脚摆脱矫饰”，她实现了这个梦想。

其实，她想摆脱的岂止是妇女身上的矫饰，她更想引领女性走出男权的阴影，拥有独立的姿态。

在此之前，女人的服装和其地位紧密相关。法国女人的服装特点，总是将腰勒得很细，这导致她们经常呼吸不畅，讲话经常昏倒。随着女性地位的逐渐提升，甚至一些重要的位置都有女性的身影，女性的服装也亟需改变。

于是，香奈儿就把男人的西装做出腰身，加上垫肩，改出最早一件女性套装。

从此香奈儿一炮而红。

在服装设计领域大获成功后，香奈儿推出“Chanel No.5”香水，方形瓶子，简洁、干净，集中体现了她的设计风格。这是她一生中重要的事件之一，5号香水使她名声大振，这也是全世界最为著名的香水。

20世纪60年代，一位记者采访以性感闻名的好莱坞女星玛丽莲·梦露，问她晚上穿什么睡衣入睡，玛丽莲·梦露给出的回答就是：“擦几滴香奈儿5号而已。”

于是，萦绕了近一个世纪持续不退香气的水给了那些渴望真爱、充满激情的女人太多的幻想。

1931年，香奈儿应邀赴美国好莱坞设计服装，这一次，她让目空一切的美国明星心悦诚服，在《永驻今宵》等电影里，她的设计大获成功。香奈儿设计的套装成了美国职业女性的标准服饰。

这时，47岁的香奈儿已经不需要男人来决定自己的命运，她已经成为那个时代成功的典范，她的容貌和事业都达到完美的境地，她被频频邀请。香奈儿出席各种社交场合，都被视作一种恩赐。

其间，她也常常遭到指责，毕竟，要挑战传统必然要遭遇保守者的讥讽，但是她却从未受到影响，她准确地把握住时代的脉搏，终究成为王者。

1939年9月，二战爆发，所有的时尚都不再是生活的主题，香奈儿关闭了她的时装店。即使战争结束，她还是没有重回时尚圈，她在瑞士度过了8年简单的生活。

1953年她回到巴黎，这时时尚界的格局已经有了重大变化，男人成为顶级设计师，时装界的巨星迪奥正以他轰动一时的“New Look”服装成功地控制着欧美大陆，巴伦西亚加、皮尔·卡丹、伊夫·圣·罗兰受到名媛追捧，没有给香奈儿留下一席之地。在众人眼中，她曾创造时尚，可就像博物馆的纪念物，值得尊敬却不实用，一个70岁的老妪，还能引领时尚吗?

就连媒体也对她的设计没有一丝信心，甚至是刻薄嘲讽。她倒是很有尊严地接受媒体评价的“失败”，她继续自己的设计，仍坚持自己的风格。在“迷你裙”盛行期间，她设计的长裙依然保持令人尊敬和信赖的精巧。“香奈儿就是香奈儿，她设计的服装给妇女安全感。衣着得体比过于盛装打扮要好，香奈儿风格安全，因此显得更漂亮。”

于是，妇女们接受了香奈儿精简的设计，她又一次在法国获得成功。

她的品牌总是被抄袭，仿制品铺天盖地，而香奈儿却坦然，“制假其实是成功的奖励，只会让你感到荣幸”“非法复制是成功者必须品尝的光荣的烦恼”，显然，香奈儿的心胸要比大多数人宽广，这是一种大气，更是一种自信。

她曾说：“……诚如拿破仑所言，他的字典中没有‘困难’两字，我的字典中也找不到‘不成功’三个字。”

朋友给香奈儿的评价是“她给人的印象是既不胡思乱想，也不轻易被偶发的思绪干扰而放弃自己目标的人”。也许，这就是她成功的秘诀。她是个有梦想并脚踏实地的人。

如果不曾对自己的未来有过规划，如果不是心中早已有了自己的梦想追求，她也许只需更换一下身边的情人也能一生衣食无忧。但她是可可·香奈儿，她知道自己对美和时尚有着敏锐的洞察，她对女人的心理有着透彻的了解，所以她认为自己可以开创一个属于女性的时尚时代。

她对于时尚的梦想就是挑战传统，解放女人，重塑上流社会的新时尚。她将这样的梦想贯穿于每个作品的设计理念之中。

时至今日，欧美上流女性中依然流传着那句穿衣经：“当你找不到合适的服装时，就穿香奈儿套装。”

一个多世纪以来，人们仍把香奈儿奉为神明，身上拥有香奈儿的标签，足以彰显女主人的高贵和时尚品位。于是，“她没有议会与国土，却统治得比任何一位政治家永久，她做出的每个决定，都超越国界而在世界上具备法律般的效果”。

在梦想支撑下，拥有不凡毅力的加布里埃·香奈儿成为了女性典范。

而关于感情，她却始终矛盾。

她本来就不是一个拥有安全感的女人，年幼时父亲的抛弃曾在她心里留下阴影，曾经的情妇生活也并不稳定，被人需要却不是唯一，除了物质上的给予，情人们始终不肯许下一世承诺，就连被寄予希望的真爱卡保也不能给她稳定的婚姻，就算她肯不计名分追随左右，却还要因为卡保的过早离世与他天人永隔。卡保去世后，香奈儿为自己设计了一袭黑裙，简洁流畅的线条，精致大方的剪裁，很容易就成为流行中的经典、经典中的流行，她用这种方式缅怀自己的一生所爱。

她说：“你可以穿不起香奈儿，你也可以没有多少衣服供选择，但永远别忘记一件最重要的衣服，这件衣服叫自我。卡保让我明白我可以照自己的方式生活，照自己的意思经营事业，照自己的欲求选择爱人，这是卡保给予我的最好的礼物。”

后来，她同流亡法国的俄国沙皇亚历山大二世的长子狄米提·帕夫洛维奇大公爵相爱，也曾同英国首富威斯敏斯特公爵保持了六年的情人关系。

香奈儿曾与多位同时代伟大的艺术家们惺惺相惜，包括画家毕加索、达利，诗人皮埃尔·勒韦迪，作曲家斯特拉文斯基，她扮演着新世界的缪斯。

她终身未婚，她曾这样告诉单身的女性：终其一生，找不到最合适你的另一半，不要懊恼，更不用沮丧，冥冥之中，一定有个更大的使命在等待你——老天必定会赋予你特殊的才能，让你专注自己的特长，做出一番对全人类都更有裨益的事业来。婚姻反而会把你变小。所以，单身时请珍惜，发挥自己最大的能量。一个人，照样可以精彩一生。

可是，晚年将至，她却越来越孤独。

她只能坚强地、骄傲地走到生命的最后一刻，留下一个没有继承人的时尚王国，这是香奈儿的一生。

于是，她又给女性留下这样的忠告：“如果一个女人想要幸福，最好还是遵循常规的伦理道德，”她说，“不然的话，她需要超出常规的勇气，而结果是付出孤独的可怕代价。对于一个女人来说，没有比这更糟糕的。孤独可以让男人找回自我，却足以毁掉一个女人。”

独到的眼光、非凡的才能、坚忍的意志、超强的自信、充沛的精力、严于律己的精神让她获得事业上的成功，她的才华赢得了那个时代最高的认可，而事实也证明，即使在她逝世后的几十年里，她的精神依然被追逐并延续。

她也曾依靠男人，却从未被男人主宰；她一生追逐爱情，却从未被爱情束缚。

她曾对人说：“无论她的年纪多大……女人需要爱她的男人那深情的目光。否则和死没什么两样。”

她渴望被爱，也懂得抓住生命中的机遇，她不是一个甘心等待未来的女人，而是一个要创造未来的女人。而这样的女人，却还是害怕孤独。不被爱的女人算不上真正的女人，即便伟大坚强的香奈儿也能让人读出脆弱的味道。

也许，婚姻的确是恋爱的最好归宿。

香奈儿让人钟情，她的意志与理想，她的孤独与炽烈，融入她的人生轨迹、她的设计里、她开创的时尚王国里和借由她作品传递给现代女性的那份遗世独立的态度里。不被爱的女人算不上真正的女人，即便伟大坚强的香奈儿也能让人读出脆弱的味道。

戴安娜王妃：我已足够勇敢，才离得开你

她曾是内敛、害羞、被舆论嘲笑的微胖丑小鸭，当遇上王子，她蜕变成独立、高贵、坚强的白天鹅；

她有得体的言行举止、不俗的穿衣品味、健康性感的身材、颠倒众生的魅力；

她有筹备长达六个月之久的世纪婚礼，她有珍贵的钻石皇冠和长达八米的洁白婚纱；

她的生活应该像书中的童话，但当从童话般的婚礼进入琐碎的现实生活，王子和公主却只有短暂的幸福；

她不能忍受爱情的背叛，她也不安于做一个履行王室成员职责的傀儡；

她勇敢地走出婚姻，因为她不想虚幻地活在别人的羡慕中；

她在车祸中永远离开了这个喧嚣的世界，成了“人民的王妃”“永远的英伦玫瑰”。

2013年7月23日，分娩不久的凯特王妃正式出院，穿着一身蓝底白点连衣裙的她光彩夺目，而她的这身装扮，也与当年戴安娜王妃抱着威廉王子走出医院的穿着非常相似。从凯特王妃同威廉王子成婚开始，民众就不断地将凯特与戴安娜作着比较。

这也许不是英国民众对凯特的挑剔，他们只是太怀念那位美丽高贵的王妃。

所以，当看到凯特穿着带有波点的裙子，即使颜色款式并不相同，许多上了年纪的英国民众还是心头一热，他们还清晰地记得，那一年刚刚当了妈妈的戴安娜抱着小威廉，也是这样低头浅笑的幸福神情。

2015年，当凯特在伦敦圣玛丽医院顺利诞下一名女婴时，民众再一次激动，如果戴安娜王妃还在，看到自己的孙女夏洛特该有多么高兴！因

为戴安娜王妃只生过两个王子，她自己非常喜欢女孩。在网络中，网友用PS技术让戴安娜和自己的孙女在同一画面中出现，这张合成的画面里，凯特王妃抱着才三个月大的夏洛特公主，戴安娜王妃则站在她们面前，双手合十，深情地望着自己的小孙女。虽然中间隔着20年的岁月，画面却毫不突兀。很多人看着图片热泪盈眶，他们为逝去的王妃感到痛惜。

2002年，戴安娜在BBC的调查结果中名列“最伟大的100名英国人”第三位，比其他王室成员都高，仅次于丘吉尔和伊桑巴德·金德姆·布鲁内尔。

正因为戴安娜王妃在英国民众心中的重要地位，人们才不断将凯特王妃拿来同她的婆婆比较，从相貌到着装到气质，凯特有意无意地向截安娜致敬，而对于自己的婚姻和爱情，凯特显然从容得多。嫁给威廉时，她已经是极具定力的30岁成熟女性，她应该十分清楚自己成为王妃将意味着什么。他们经过8年爱情长跑，对彼此的性格有了较深的了解，这也应该是婚姻稳固的基础。

而戴安娜嫁给查尔斯时，她才20岁，仅仅同查尔斯交往了6个月，充满幻想、天性单纯的懵懂女孩也许只是看到浪漫的童话爱情和王室的光鲜，却没有想到未来处境将会如何艰难。

戴安娜出生于英国诺福克，是爱德华·斯宾塞伯爵的第三个女儿。斯宾塞家族成员经常出入白金汉宫、肯辛顿宫和威斯敏斯特宫，可以说与皇室有着好几代人的交情。所以，戴安娜的贵族家庭背景让她的身份和查尔斯十分般配。这是她能够成为王妃的一个基础条件。

同查尔斯相识，是在斯宾塞家举办盛大舞会上，查尔斯是作为戴安娜的姐姐伊丽莎白·萨拉·斯宾塞的男友身份出席，宴会结束，查尔斯对戴安娜的评价是“这个16岁的小姑娘活泼有趣，怪招人爱的”。随后，查尔斯对戴安娜的兴趣渐渐高于她的姐姐。那时，尚未褪去婴儿肥的戴安娜天真坦率，毫无心机，查尔斯可以轻易掌控这位小女孩的心思，年过30岁的查尔斯已被王室几次催促成婚，他知道，他不仅仅是在挑选妻子，更重要的是，他要挑选一个要让王室满意的王妃，而戴安娜的姐姐伊丽莎白·萨拉·斯宾塞太聪明，并且对抛头露面的热衷远远超过了王室成员家眷应有的谨小慎微，所以，他认为如履薄冰的王室生活并不适合伊丽莎白·萨拉·斯宾塞，而戴安娜在这一点上看起来应该是一个不错的人选。

背景适合、性格适合，而年轻的戴安娜也的确带给查尔斯很多快乐，所以，仅仅相处六个月，查尔斯便向戴安娜求婚了。这个天真烂漫的女孩只看到即将成为王妃的喜悦，而并没有对未来的生活有理智的预想。

经过六个月的筹备，他们举行了隆重的世纪婚礼，她戴着珍贵的钻石皇冠和长达八米的洁白婚纱缓缓走向王子。从此，戴安娜王妃成为英国王室的明星。

她的生活本应该像美丽的童话。可是，王子和公主的生活只有短暂的幸福，戴安娜王妃发现了自己的丈夫查尔斯王子与卡米拉一直保持着私情。

查尔斯王子在1970年就已同卡米拉相识，这比同戴安娜相识早了近十年。他同卡米拉的关系一直藕断丝连，即使在卡米拉嫁给了长期追求她的英国陆军军官后，两个人依旧保持着联系。虽然因为种种原因查尔斯不能选择卡米拉作为自己的王妃，但是，在查尔斯的心中，对于卡米拉却格外依赖。

婚前的戴安娜对此并非一无所知，但是这个天真的女孩并不畏惧。因为，从相貌来说，她更年轻漂亮，并且查尔斯更乐意给她一个合法的婚姻，她认为这就是自己最大的资本。

可事实证明，爱情和婚姻在王室这里并非一体。而相貌和年龄对于爱情也没有太大影响。

卡米拉不漂亮，可是查尔斯就是离不开她。因为他们两个人有太多共同的话题，他们想法一致、兴趣一致。

而戴安娜的生活习惯和兴趣爱好完全和查尔斯南辕北辙。在有关戴安娜的一部传记里，作者是这么描述两人之间的差异的："查尔斯是剑桥大学的优等生，对他来说，没有什么比安安静静坐下来，读一本充满睿智的心理学或历史学书籍更享受的事；戴安娜却是个连补考都不及格的高中辍学生。

"查尔斯特别热衷马上运动，夏天打马球，冬天狩猎，每星期3～4次，从不间断；戴安娜自从10岁那年骑马摔断胳膊后，对马术失去了兴趣。

"查尔斯喜爱绘画、建筑和古典音乐，而戴安娜则喜爱现代音乐，认为美术馆单调沉闷。查尔斯爱听歌剧，戴安娜迷恋芭蕾；查尔斯痛恨的流行音乐，正是戴安娜的嗜好；戴安娜擅长的网球，查尔斯却从来不玩。"

自然，生活中两人的交集越来越少，查尔斯王子醉心于自己的爱好，他从来不觉得自己有义务去陪伴妻子。戴安娜的王宫生活一天比一天孤独。

当两张卡米拉的照片从查尔斯的日记本中掉出来时，戴安娜曾经愤怒地质问查尔斯，但是她却并没有得到想要的解释；而在另一次招待埃及总统和夫人的晚宴上，查尔斯将卡米拉送给他的一对刻有字母“C”的袖扣毫不避讳地戴在袖口，戴安娜渐渐地绝望了。

他们拥有两个可爱的孩子，这使他们的关系也曾有所缓解，但是，卡米拉的存在还是让戴安娜和查尔斯的关系最终走向破裂。

查尔斯以为温顺的戴安娜会顺从迁就他所有的一切，这也是当初查尔斯选择戴安娜的一个重要原因。不过，戴安娜远比他想象中勇敢，她始终不肯做履行王室成员职责的傀儡。

1992年2月，查尔斯和戴安娜一起出访印度，媒体捕捉到两人貌合神离的一幕。这天正是情人节，按照惯例，这天王子和王妃都会献上情人节之吻，以示恩爱。当查尔斯王子把嘴伸向戴安娜的脸庞时，戴安娜却拒绝了王子的亲昵。

如果不是十分厌恶，戴安娜不会在公众面前让查尔斯颜面扫地。那时，查尔斯和卡米拉的关系已经十分亲密，这让戴安娜王妃伤心不已。

他们随后分居，1996年，戴安娜和查尔斯王子正式离婚。

曾经万众瞩目的王子和公主的故事就这样草草收场。婚姻并非是郎才女貌就能幸福，婚姻也不是你优秀你就可以赢的战场。

婚姻，确实就像钱锺书先生所说的，类似穿在脚上的鞋子，舒不舒服只有脚才知道。漂亮耀眼的鞋子不一定穿着舒服，而外形普通的那双却可能

最适合。就像很多看上去很般配的夫妻，他们的婚姻生活远没有人前的那般和谐幸福；而那些看上去不那么被看好的夫妻，他们的婚姻生活却快乐而甜蜜。恋爱也许要的是两人之间的那种刻骨铭心的感觉，短暂的激情也许能克服彼此性格的缺陷，可是如果一直盲目，婚姻带来的痛苦和伤害就像新鞋子硌脚那样让人痛苦，这不是一时半会儿忍一忍就能挺过去的。到头来，还是不得不放弃那双看似华丽，却不舒适的鞋子。

婚姻因为有着太多的琐碎，需要两人的互相包容和恒久的耐心，和华而不实的一些外在条件相比，也许，一个宽厚踏实的怀抱，才是一个女人最好的归宿。

门户差异大的婚姻经营起来会比较困难。这是因为来自普通民家庭的人和来自家世显赫的人从小就接受了不同的教育和价值观，而人的核心价值观基本都是在原生家庭形成的，而且往往是在未成年前特别是7岁之前形成的，长大后很难做出改变。于是，较大的价值观和家庭文化方面的差异使婚后的磨合更加艰难。

可是，这种差异性往往在恋爱中体现得并不明显，反而由于彼此的不同产生吸引力，进入婚姻之后麻烦才开始接踵而至。有研究表明，在婚后，男女之间的爱情平均只能延续一年半，剩下的应该是平日积累的感情，如果差异太大难免沟通不畅，婚姻自然很难和谐。而那些家庭背景、教育背景相似的夫妻因为价值观相近冲突会相对较少，相处起来会更轻松。

结婚时，20岁的戴安娜对婚姻有着太多憧憬，对丈夫有着太多期待，她掉进查尔斯为她设置的甜蜜陷阱，而35岁时她勇敢地跳出牢笼。

她没有义务牺牲自己的幸福，去做一个履行王室成员职责的傀儡。如人饮水，冷暖自知。是笑着含泪继续表面的风光，还是哭过就笑着迎接未来，聪明的她自然知道该如何选择。

是查尔斯让她失望，而不是爱情。这就是她的强大之处，没有因为一次受伤便怀疑整个人生，也从不会用别人的错误来惩罚自己，她不会让自己的人生就此在低谷徘徊，她也不会因为婚姻生活的磨折就逐渐暗淡，她用迷人的身影和自信的笑容告诉世人，没人可以黯淡她的光彩，失去丈夫也未必就没有幸福。

在得不到丈夫的关爱时，戴安娜也曾经痛苦，但是当她给予需要帮助的人帮助时，她因此收获巨大的满足。

戴安娜也说：“我曾经觉得自己的身份（威尔士王妃）是一个巨大的枷锁，直到我意识到它可以帮助到更多人，那么这点儿小小的痛苦对我来说就不值一提了。”

她去看望艾滋病人，在与一位病得已经起不来的患者聊天时，戴安娜给了他一个大大的拥抱。在传统的王室中，王室成员在探望接触受助人群时，都会戴手套，而戴安娜坚持不戴，她认为只有传递肌肤的温度才能使温暖真正能直抵人心。美国前总统比尔·克林顿评价道：“在1987年，一个许多人还相信艾滋病可以通过轻微接触就能传染的年代，戴安娜王妃坐到了一个艾滋病患者的病床上，握住了他的手。她告诉了世界艾滋病患者需要的不是隔离，而是热心和关爱。”

她提倡废除地雷，她亲赴安哥拉、波黑等战乱地区，为“反地雷运动”奔走呼告，当时，在安哥拉，戴安娜遇到一个小女孩，因为触雷而导致伤残只剩一条腿，戴安娜亲切地抚摸小女孩的脸颊，两个人微笑地对视，这一刻的感动永远地凝刻在照片中。正因为她的影响力，使得这些以往不被关注的弱势群体进入了人们的视野，也是因为她的大力提倡，“国际反地雷运动”蓬勃发展，越来越多的地区因此受益。

戴安娜王妃胞弟斯宾塞伯爵曾说："她具有孩童般的热情去为别人做好事，那样她就可以从自我否定中得到解脱，在内心深处，戴安娜自始至终是一个非常缺乏安全感的人。"

她的一生短暂，却至少参与了150项慈善活动，并且是近20个慈善机构的赞助人或主席。她的善举也因此更加得到英国民众的拥护。当她的婚姻遭遇危机，民众一边倒地支持戴安娜，当她前往一家癌病医院慰问，医院门口自发聚集了2000多名欢迎她的人。人群中打出"戴安娜，我们爱你！"的标语牌。

虽然得不到丈夫专一的爱情，她却得到了整个英国民众的爱戴。

嫁入王室时她绝没有想过她的人生如此戏剧，爱情的背叛成了她最深的伤痛，但是舆论的支持、人民的认可却成为她最大的财富。

所以，她更加有勇气去找寻下一段爱情，她永远都有重新开始的勇气。

即使同查尔斯离婚，但是由于个人的魅力她依旧是媒体捕捉的焦点。

1997年8月30日深夜，戴安娜王妃与情人多迪在巴黎高速公路为躲避记者而发生车祸，急救不治，于31日凌晨4时许去世。

戴安娜的葬礼有超过2000人参加，英国王室所在的白金汉宫降半旗致哀。

从此，这朵英伦玫瑰永远地盛开在世人心中。

静思小语

不要因为一次受伤便怀疑整个人生，也不要用别人的错误来惩罚自己。你不能让自己的人生就此在低谷徘徊，也不要因为不幸婚姻的磨折就逐渐暗淡。每一段恋情都是一次成长，每一个昨天不快乐的你，才成就了今天可以顺利化解痛苦的自己。

西蒙娜·德·波伏娃：女人，首先是个人，其次才是个女人

她是世界女性主义运动的先驱，她的著作被誉为“有史以来讨论妇女的最健全、最理智、最充满智慧的一本书”；

她作为思想家被人关注，她的著作被女性主义者奉为至宝；

她告诉女性，只有自己才能赋予个人生命存在的意义和价值；

她坚定地走自己的路，并成了自己想成为的人；

她告诫所有女人：女人，首先是个人，其次才是个女人；

她拥有极为丰富的情感经历和深刻的人生体验，也许，她不是一个传统意义的好女人，却是一个自由、幸福的女人；

她说：“回顾我的过去，还没有一个人值得我羡慕。”

她是法国著名存在主义作家，女权运动的创始人之一，让·保罗·萨特的终身伴侣，她是西蒙娜·德·波伏娃。

她曾说：“我就是风景和目光；我只通过自己存在，也只为自己而存在。”

别人对她的评价是：“她在自己的心中筑起了一座城堡，将所有妨碍她幸福的东西都拒之门外。”

从这两句铿锵有力的话就可见波伏娃强大的性格。

早在少女时期，波伏娃就确立了一个与众不同的追求——成为自己。

能有这样特立独行的想法，有她与生俱来的性格原因，更多的是文学和戏剧对她的影响。

父亲乔治天性细腻、优雅，对戏剧有浓厚的兴趣，是狂热的业余演员，他专注于培养女儿对文艺的兴趣，他认为以此作为消遣，是人生的一大乐事。而波伏娃也对戏剧、文学非常感兴趣，她乐意同父亲一起上台参演，也常常创作一些小故事，并写诗献给妹妹，显示出了惊人的天赋。

通过阅读和学习，她获得了极大的乐趣，书中广阔的世界有无限的奥秘，自然科学开阔了她的眼界，而社会科学和文学戏剧则让她的思想超越世俗。

她发现，每次阅读都像是一次冒险，而对世界奥秘的探索又让她极度陶醉，她甚至开始设想，是否自己也可以有这样的使命和能力，用自己的方式来展示迷人的景致和生活的乐趣，这样的理想让她感到充满激情，于是，即使贫穷与困苦一直伴随着她的成长，但从未毁坏过她的自信。她大部分时间都在查阅社会学、历史学、经济学、生理学、宗教学等学科的书籍，积累了大量知识，即使在整个战争期间，波伏娃也没有缺过一天的课。

她逐渐地长大，父母间开始有了越来越多的争吵，直到矛盾升级至婚姻最终破裂，波伏娃从父母失败的婚姻中发现，婚姻并不是爱情的保障，反倒是一个枷锁，以婚姻为名的忠诚最终会因为抵抗不住自有的诱惑而带来谎言、欺骗和婚外情。

所以，她果断拒绝父母对她婚姻的安排，19岁时，她发表了一项个人“独立宣言”，宣称“我绝不让我的生命屈从于他人的意志”。

不需要别人来安排自己的婚姻，是因为她对自己的爱情有着十分明确的态度。当自己已经成为一个独立、自由、可以主宰自己人生与命运的女性，爱情已经不是生活的必需，她在爱情中可以自然地收放自如。

1929年，萨特和波伏娃相识。此后的50多年，他们的一生紧紧相连，却不是以婚姻的形式。他们开创出一个著名的短语：契约式爱情——精确诠释“婚姻只是一张废纸”。

同萨特相识时，萨特23岁，波伏娃21岁。

他们同在法国的第一高等学府巴黎高师读书，并在通过令人望而生畏的教师资格综合考试时，名次接近，萨特排名第一，波伏娃紧随其后排名第二。

这个矮个子、右眼又有些斜视的男人虽然其貌不扬但是才华横溢，他的哲学专著《存在与虚无》成为存在主义永恒的经典。1964年时曾被授予诺贝尔文学奖，但他却拒领了，理由是“不接受来自官方的任何荣誉”。

在她和萨特相识后，两人有共同的对书本的爱好，有共同的志向，在共同信仰基础上的爱情十分强烈，当他们的恋爱进入实质阶段时，波伏娃和萨特要考虑一个特别重要的问题，爱情誓言中的忠诚、忠贞的传统道德规范是否就是爱情必须依存的条件。爱情能带来心灵的愉悦是其最大的魅力，可是常常是不同的对象才能带来爱情持久的心灵愉悦，所以享受爱情愉悦的人往往并不具备传统的忠贞道德。

波伏娃不想做一个以爱情为唯一生活目的女性，她同样渴望追求心灵的愉悦，于是波伏娃和萨特在忠诚和自由之间寻找调和的可能。

他们一起工作，一同参加政治活动。每天都见面，却住在不同的地

方，保持着一定程度的隐私权。他们常共同工作或是边喝威士忌边交换意见，而且常常一起外出旅行。

波伏娃曾说：“我渴望能见你一面，但请你记得，我不会开口要求要见你。这不是因为骄傲，你知道我在你面前毫无骄傲可言，而是因为，唯有你也想见我的时候，我们见面才有意义。”

爱情存在于两人之间，从来不是一方卑微乞讨而来，而且爱情从来都是存在时一切才都是对的。

他爱你时，无理取闹不过是撒娇，他有时间欢迎你的各种打扰，当他不爱你时，就连你的问候他都认为无聊。

当一个人已经忽略你，你却还要放下自尊，这样的努力最终都是徒劳，因为要走的人留不住，装睡的人叫不醒，不再想见你的人见面也毫无意义。

三毛曾说：“上天不给我的，无论我十指怎样相扣，仍然漏掉；给我的，无论我怎么失手，都会拥有。”这同样适用于爱情，爱情短暂，不是付出、祈求便能得到。

网络中有一位极淡定的女子，没事从来不给男朋友发短信、打电话，问她怎么想，她说，他若不忙，就会和我联系。他若正忙，我打扰他干什么；他若不忙也不和我联系，那我联系他干什么呢？

有时，爱不遂人愿，就不留无心人。其实，所有让你肝肠寸断的感情，未来某一天你也会微笑说起，时间是疗伤的最好良药。

如若能看清这一点，就不要做消耗能量的无益举动，不在与对外的斗争中消耗殆尽自己的精力，才会有更多的精力去提升自己，去迎接更好的感情。

波伏娃便是如此。

她在爱情上实现了真正意义的给对方自由，全力击败人类无可救药的自我毁灭倾向和彼此折磨的习性，不让自己在爱中沦陷、消沉。

在萨特有了新欢时，她也去寻找能使自己心灵愉悦的对象。她有两位著名情人——美国作家尼尔森·奥格林、电影导演克劳德·朗兹曼。

浪漫的波伏娃会在给尼尔森的情书中印几百个红唇印，而在克劳德眼里，她则“美得优雅”。

而她和萨特之间的协议是，灵魂深深相依，身体可以自由。

她和萨特没有婚姻，却最终以非契约的方式拥有了自己终生的爱情。

萨特说：“西蒙娜的优点，使她在我的生命中有了其他人无法替代的地位。”

这是波伏娃选择的独特的生存方式，她拥有女性最为稀缺的精神独立与自由。

因为没有婚姻，她还拥有宽裕独处的时间。她不需要将大部分时间放在做家务事上，她也不必承担生养孩子等责任，于是她充沛的精力用于充分地体验生活，她才可以完成她崇高的使命。

波伏娃说：我的生命将在坟墓外延伸。

她摆脱掉传统妇女的道德标准的桎梏，她同时希望更多的女性能摆脱社会强加于女性的责任，女性不应该只通过丈夫获得更高级别的社会认定，她们不应该将人生完全寄托于婚姻家庭，她们应该关注自身的人生体验，同男性一样，拥有相对精彩的人生。

她所说的自己的生命“将在坟墓外延伸”，就是希望自己的思想能有助于女性寻求生命的价值与意义。

1949年，波伏娃完成了她的论著《第二性》，著作出版后，在法国

引起轰动，并被誉为“有史以来讨论妇女的最健全、最理智、最充满智慧的一本书”。书中，波伏娃用哲学、历史、文学、生物学、古代神话和风俗的文化内容为背景，深刻探讨在历史演变中，妇女的处境、地位和权利的实际情况，她指出，社会赋予女性的角色与规则，并要求女性以男性要求的样子呈现，女性在没有任何自主思想的状态中完成她们的自然宿命，为人妻，为人母，将自己毕生的精力奉献于家庭。她因为男人的温情而心甘情愿承担起照顾家庭和生育的义务，她相信婚姻关系可以让两性关系极为稳固，自然对自己的责任毫无怨言，不过，当她不再年轻，男人开始吝啬给予温情，甚至要遭遇男人背叛的时候，她才发现，由于丧失经济主权无法在社会立足，之前构想的理想生活已经支离破碎，自己却无能为力，这才是女性最大的悲哀。

波伏娃的建议是，女性应该选择进入这个世界。不是作为男性的附庸，而是通过自我争取获得受教育和就业的机会，并在自我发展的过程中不断强大，拥有足够的勇气去面对人生的变故。即便刚刚踏入社会时，那条道路布满荆棘，但总好过在已经没有跨越荆棘的能力的时候再被迫迈入社会去拼搏。作为女性，要努力成为社会的主体，要超越社会习俗与文化遗毒强加给我们的“第二性”的定位，活出我们的真我风采。

在波伏娃去世的30年里，波伏娃的《第二性》已经被翻译成50多种语言，无数的女性读着她的

《第二性》成长为独立自主的女人。

她说：“女人，首先是个人，其次才是个女人。”

有太多女性常常忘记这一点，她们常常将快乐寄托在男人身上，也因此常常有不被爱的焦虑和被抛弃的恐惧，如果可以看重并去追求灵魂的独立、完整，能够从心底认可自己，学会依靠自己的力量来满足自己的需要，当灵魂被照亮的时刻，才能得到最大的快乐。

近代法国女性便深受波伏娃的影响。她们自强、独立，尤其在婚姻生活上毫无心灵负累。她们拥有灵魂的独立自然拥有无限的魅力，法国女人的优雅和美丽享誉世界。

在中国，拥有青春的18岁女孩有着无限资本；而在法国，有着阅历积淀的40岁女人才是最美的年龄。

年近50岁的“法兰西玫瑰”苏菲·玛索，她优雅的气质、动人的魅力以及对生命的从容，让她浑身散发出一种魅力不可动摇的迷人气息。这样内外兼修的女性，才能散发更迷人的光彩，这种光彩不随时间的流逝、年岁的增加而减退、消散，岁月的流逝反而让她散发更加迷人的美。

现在的巴黎，每逢女权运动重要日子，都会在先贤祠高挂波伏娃的巨幅头像。波伏娃无比自信坚定的眼神，总是能给法国女性无限的信心。

但波伏娃也曾像今天无数文艺女青年一样，喜欢穿着长裙和平底鞋，喜欢一个人步行远足，她面容清秀端庄，眼神从来都坚定自信。她具有旺盛的生命力和一种潇洒的担当能力，在物质匮乏、生活条件极度恶劣只能穿着脏兮兮的破旧裙子时，她千方百计搞到布票，买布自己做裙子和大衣，她渴望丰富的生活，她像很多法国女人一样，保持学习心和尝试心，不用条框限制自己，努力去做自己真正喜欢而别人也许不看好的事情，并尽力把它做到最好。在任何艰苦的条件下，都能够勇敢地、有尊严地生活。

波伏娃一生都在坚定地走自己的路，并成了自己想成为的人。在自传《盛年》中，波伏娃称自己是非常幸福的人。她还说：回顾我的过去，还没有一个人值得我羡慕。

拥有丰富的情感经历和深刻的人生体验而且创作了大量的文学作品，不需要别人的肯定，这样的幸福感才是货真价实的。

保持学习心和尝试心，不用条框限制自己，努力去做自己真正喜欢而别人也许不看好的事情，并尽力把它做到最好。在任何艰苦的条件下，都能够勇敢地、有尊严地生活，这样内外兼修的女性，才能散发更迷人的光彩。这种光彩，不随时间的流逝、年岁的增加而减退、消散，岁月的流逝反而让她散发更加迷人的美。

奥黛丽·赫本：因为爱，不说再见

俏皮优雅的她曾是一个时代的注脚，也是不断变迁的时尚中的一个永恒；

她的穿着方式仍然可以作为现代人智慧衣橱的参考，她的着装风格至今仍是全球女性模仿的对象；

作为演员，她出演的电影都获得艺术和商业的双重成功；

作为女人，她一直在追寻属于自己的幸福；

她的人生之旅算不得漫长却无比瑰丽多彩，晚年的她将无私的爱传播到地球上众多苦难深重的角落；

最终天使总要离开人间，但是，因为爱，不说再见。

平胸，清瘦、俏皮，栗色头发，明亮清澈的大眼睛和脱尘离俗的古典气质，睫毛深重好似蝴蝶翼，能把公主的高贵和活泼淘气完美地糅合在一起，她就是奥黛丽·赫本。

1929年5月4日，天使降临人间，荷兰贵族后裔艾拉·赫姆斯特拉和英国银行家迎来了他们的爱情结晶。这个纤弱的女婴就是奥黛丽·赫本。

虽然出生时家境不错，可是，她的童年却并未如童话般美好。父亲和母亲在她5岁时就因性格不合分开生活，6岁时，父亲已不知去向，所以成年后的赫本对父亲的回忆都是模糊的，只是，父爱的过早缺失，也许是她成人后处理与异性亲密关系能力不擅长的重要原因。

这一次，是她不得不承受的被迫分离。

不过，生活在比利时布鲁塞尔，艺术之都的文化积淀还是给赫本最初的成长打上优雅的印记。1939年，“二战”爆发，欧洲进入了黑暗漫长的战争年代，幼小的赫本只能随母亲背井离乡寻求安全的住所。很长一段时间，她们只能住在阿姆斯特丹的一个地下室里。战时物资的匮乏让她必须习惯饥饿和恐惧，可是尽管不能日日吃饱，这个瘦弱的少女竟还是长到了170厘米。高挑、纤细的身材在许多年后竟成为风靡世界的美丽标准，只是在当时，少女赫本并不开心。因为她痴迷的芭蕾演员的美梦即将破碎。这是她少女时代唯一的精神支柱，也是她对美好未来的全部想象——成为一名芭蕾舞演员、成为舞台中的焦点。可是，170厘米的身高跳起芭蕾舞并不好看，她也知道她的身高对于芭蕾舞演员来说，实在太高了。

这一次，她只能主动

放弃。

童年的经历以及严格的舞蹈训练让这个柔弱的姑娘养成一种隐忍谦和的性格，这也成了日后她即使面对再艰苦的条件也能绽放的重要原因。

1949年，这位20岁的少女在从海牙开往伦敦的汽船上极目远眺，荷兰大地让她留恋，只是她知道，自己的未来在更广阔的城市，她紧紧地握住手上的提箱，就像要抓紧每一次命运的转机。

20岁的赫本开始独自闯荡。

独自在外闯荡的赫本凭借高挑、纤细的身材做过兼职模特儿，因为有芭蕾舞基础也参与一些歌舞团演出，后来逐渐在电影中担任一些不太重要的角色，这些工作，勉强能让她在这座城市生存。逐渐增多的演出角色终于让更多的导演认识这位漂亮的姑娘，她曾获得著名女作家高莱特夫人的赏识，邀请她到纽约好莱坞出演音乐剧《金粉世界》的女主角，于是，赫本有了到美国发展的机会。1953年，美国派拉蒙公司要拍摄一部浪漫爱情片，片方最希望简·西蒙斯来担任女主角，伊丽莎白·泰勒也是备选，在那时，简·西蒙斯和伊丽莎白·泰勒最符合当时的审美标准——金发碧眼，身材丰腴，深受影迷的喜爱，不过由于两人没有档期，很快就回绝了邀请，最终，导演决定公开选拔女主角。

当时赫本的生活境遇已经有了很大的改善，还刚刚敲定了《金粉世界》的女主角，所以，对于这次试镜，她并无压力。正是这样的心情，让她可以本色演出，试镜时，有一场戏是公主穿着睡衣在大床上做仰卧起坐。清丽脱俗的赫本轻松地完成了动作，卸妆之后，赫本换好衣服继续和导演聊天，摄影机却在继续工作，聪明的导演通过对生活状态的捕捉，找到了他电影的最佳扮演者。于是，那个俏皮可爱的公主在罗马的浪漫邂逅成了荧幕永恒的经典。

由奥黛丽·赫本和格利高里·派克主演的《罗马假日》在全世界都获得巨大成功。

据说，在《罗马假日》上映前，片方曾制作一张宣传海报，帅气的格利高里·派克成为宣传的中心，毕竟，赫本并无太大的名气，所以她的名字只放在海报上一个小小的角落里。

当《罗马假日》在北美票房500万，海外票房更是取得高达1200万的巨大成功时，奥黛丽·赫本的演技也得到了业界的一致肯定，奥斯卡影后的桂冠降临在赫本头上，她在一夜之间成为众人皆知的偶像。

影片中俏皮的公主剪去长发，把圆领白衬衣塞进蓬蓬的长裙里，邂逅了高大帅气的新闻记者，在罗马的西班牙广场上愉悦地吃掉一只冰激凌，在露天咖啡馆初次抽烟，在“真理之口”前吓得花容失色，在马路上骑车飞奔，她浓浓的浪漫与快乐已经让几代人为之倾倒，全世界渴望浪漫的女孩子们没有一个不被她的表演打动，这个温馨惬意的故事抚慰了无数人心。于是，时间定格在那一日的罗马——阳光灿烂旖旎，有人说，自从赫本离开，“罗马”再无“假日”，人间再无“天使”。

当《罗马假日》家喻户晓时，赫本的造型也成了潮流。圆领白衬衣塞进蓬蓬的长裙里，衬上有齐刘海儿的俏皮短发的造型成了不少女孩儿参考的标准。赫本对于时尚的独特看法也逐渐让她成为时尚界的宠儿和潮流引导者。

除了《罗马假日》中俏皮可爱的造型外，奥黛丽·赫本经典的造型还出现在《蒂凡尼的早餐》中，三串式珍珠项链、无袖洋装以及超大镜框太阳眼镜，这些东西至今历久不衰。其中黑色丝绸制作、长及脚跟的无袖黑色洋装更是成为赫本的经典形象，堪称时尚界不朽的经典之一。

虽然这些造型都是电影中角色的需要，但是她并不愿做任人摆布的“衣架子”，她对“时尚”有自己独特的理解，并对自己身材的特点十分了解，她找到了自己的穿衣风格——典雅、简洁、大方，金属亮片以及夸张的剪裁她绝不尝试。她明白自己能穿什么、适合穿什么，没有犯一些美女都会犯的低级的自恋错误——以为自己可以驾驭一切风格。

她买衣服更看重质量，质料一流的衬衫是她的最爱，她常常搭配不同款色的裤装，将中性化风格融为一体，她洒脱利落，而不是只有柔弱、窈窕的身形。没有性感的丰腴娇慵，却可以用最具现代感的风貌打动这个世界，并将女性从对丰满胸部或身体的近乎偏执或自虐般的自我预设中解放出来，至今她都是全球女性模仿的对象，并成为现代人智慧衣橱的参考。

“大家学着她走路、说话的样子。每个人都希望自己看起来像奥黛丽·赫本，这股模仿热潮持续发烧长达10年之久。”纪梵希工作室的指导德雷达·米尔回忆。

同大多数女人一样，不论事业怎样一帆风顺，要获得真正幸福的生活却离不开宁静幸福的家庭。赫本虽然红极一时，但感情和婚姻的道路却比较曲折。

赫本第一段感情是在21岁，同她恋爱的是一个29岁的英国人，这位卡车制造业的继承人诚实可靠，个性坚强，应该是一位可靠的生活伴侣，只是，当时年轻的赫本事业刚刚起步，随后的《罗马假日》完成并取得了巨大成功，她享受着成功的喜悦，可是她的男朋友却并不喜欢她的职业，甚至要求赫本在同他结婚后放弃事业。如果赫本依旧默默无闻，也许她真的会选择回归家庭，可是，这时的她已经大红大紫，越来越多优秀的剧本等待着她去挑选，越来越多的角色等待她去演绎，她已经对自己的职业深深着迷，别忘了，当年的芭蕾舞梦也不过是想要成为舞台的焦点，所以，很明显，赫本只能选择放弃这段甜蜜的初恋。

甜美的赫本自然不缺少追求者和仰慕者。1953年8月，她结识了自己的第一任丈夫——梅尔·费勒。

他是格里高里·派克的朋友，导演、演员兼剧作家，他机智、幽默，外表英俊，演员的身份让两个人有很多共同话题，赫本看过他主演的电影，对他的作品了如指掌，而且十分钦佩他的演技。两人一见钟情，即使当时梅尔·费勒已经结过两次婚，有四个小孩，而且还比赫本大12岁。仅仅在相识一年后，他们在瑞士举办了婚礼。

这份感情并未得到家人的祝福，外界也不太看好他们的结合，可是赫本却义无反顾，她喜欢这个具有领袖风范的人物，并对他产生深深的依恋。其实在这个女孩的内心，极其缺乏安全感，她甚至在婚礼时激动地告诉梅尔说："因为你，我终于可以嫁出去了。"在感情上，她一直都在寻找依靠，这个深色眼睛、高颧骨、脸庞线条如刀刻般清晰的男人一定是给了她心灵极大的慰藉，她才会这样奋不顾身。

甚至在1967年演完梅尔·费勒导演的《等到天黑》后，赫本突然宣布息影。理由是她要去追寻更为重要的角色：扮演好妻子与母亲。她并不认为这是牺牲，日益成熟的她更愿意正视内心的感受，幸福的家庭生活才是她人生最大的追求。事实上，除非婚姻出现重大问题，否则不需要赫本做出息影的决定来回归家庭。

的确，她和梅尔·费勒感情已经岌岌可危。赫本喜欢梅尔·费勒领袖风范的气质，而梅尔·费勒也确实在赫本的生活中充当着这样的角色，他对赫本的照顾无微不至，无论什么时候，赫本生病或不适，费勒都永远在她身边，他们两人还有个共同的孩子西恩。在无微不至的另一面，梅尔·费勒还是一个控制欲望有些强烈的男人，他们的一个朋友评论说："费勒对奥黛丽好像有一种统治的权力，我觉得他所表现出的男子汉气概比一般人还要强，他对她那么生硬，说一不二，使旁观者都难以接受。"

梅尔·费勒很看重自己的男性权威，但却偏偏要他胜任一个国际知名人士和影坛巨星的丈夫。因为费勒个人事业的暗淡，最后不管他愿不愿意，他还是做了赫本事业的陪衬和保护人。

做了13年的“奥黛丽·赫本的先生”，梅尔·费勒终于有些厌烦，赫本不愿婚姻破裂，她在事业蓬勃发展时选择离开，回到她在瑞士的“和平之邸”，她为挽救他们的婚姻关系做了所能做的一切，却终究在费勒和一个西班牙女郎打得火热的绯闻中伤心离去。1967年，赫本结束了第一段婚姻。

但爱情并不会对这可爱的女人吝啬，同意大利医生的邂逅让她有了不一样的感情体验，在罗马大学教书的著名心理学家安德烈·多蒂医生浪漫多情，爱琴海风光旖旎，于是，赫本又一次坠入爱河。这一次，她十分谨慎，上一段婚姻的失败让她更加关注家庭，她褪去明星的光环，只做一个平凡的主妇，全心照顾家庭，她穿着牛仔裤与白衬衫，在意大利自在地生活，她愿意就以这样的方式度过余生。只是，多情的意大利人无法只钟情她一人，结婚7年后，丈夫的一次次背叛还是打碎了她的梦想。她只能再一次和婚姻说再见。

即使两段婚姻都并不美满，但是，命运最终还是眷顾这位渴望幸福的女人。1980年冬天，在朋友的家里，她看见一个坐在舒适的沙发上读书的男人，旁边温暖的壁炉让她心生暖意，而读书的男人也让她觉得安静美好。他们并不是一见钟情，只是在日日的相处中找到共鸣。罗伯特·沃德斯，这个后来被她称为“灵魂伴侣”的男人最终陪她度过了余生。

奥黛丽·赫本说过：“人是从挫折当中去奋进，从怀念中向往未来，从疾病当中恢复健康，从极度苦恼当中勇敢救赎，不停地自我救赎，并尽可能地帮助他人。人之优势所在，是必须充满精力、自我悔改、自我反省、自我成长；并非一味地向人抱怨。”

安妮公主在荧幕上可以永远年轻，可是现实生活中的赫本却不能拒绝衰老。

时间带走她的青春和俏丽，却始终带不走她的优雅。人们总是能从她微笑的样子，找到当年安妮公主的影子。

不再年轻的奥黛丽·赫本开始淡出影坛，她开始参与越来越多的公益活动。她出任联合国儿童基金会的爱心大使，不遗余力地唤起社会对落后国家儿童生存状况的关注。她曾不顾战乱和传染病的危险，看望一些贫穷地区的儿童，足迹遍及埃塞俄比亚、苏丹、萨尔瓦多、危地马拉、洪都拉斯、委内瑞拉、厄瓜多尔、孟加拉等亚非拉许多国家。她一次次抱起非洲受难的儿童，一次次为这些苦难者寻求更多的帮助，持续给世界上不幸的孩童们灌注她不吝惜的爱。

1992年，奥黛丽·赫本体检后被发现已经患有癌症，诺贝尔和平奖得主特蕾莎修女获悉奥黛丽·赫本病危的消息时，呼吁所有的修女彻夜为她祈祷，希望她能奇迹康复，祷告传遍了世界各地。可是，众人的挽留还是没能让天使停下离开的脚步，1993年1月20日，奥黛丽·赫本在瑞士的托洛谢纳病逝，享年64岁。

回顾奥黛丽·赫本的一生，她终其一生保持着谦和温厚、优雅高贵的性格，以仁爱之心面对整个世界，更以巨大的人格魅力赢得全世界的喜爱。

赫本去世的时候，伊丽莎白·泰勒就说："天使已经回天国去了。"

而喜欢她的人们，却始终不愿说"再见"。

静思小语

"世界本来就是不公平的。但是世界只有一个，它正变得越来越小，人们之间的接触也不得不越来越频繁。我们生活在这样的环境中，那些富有的人就有义务、有责任去帮助那些一无所有的人。"

——奥黛丽·赫本

你不能要求没有风暴的海洋

没人能预言未来，也没人能阻挡磨难，生活处处充满艰辛，就像平静的海洋要接受风暴的洗礼。巴尔扎克说：“挫折对于天才是一块垫脚石，对于能干的人是一笔财富，对于弱者是一个万丈深渊。”杰出的女性，不管何时，都能做最好的自己。

伊丽莎白二世：欲戴王冠，必承其重

她是英国人精神的支柱，是国家团结的象征，是英国不朽精神的标志；

她是英国有史以来在位时间最长的君主，她的端正品行是全体国民衡量个人行为操守的典范；

她25岁继承王位，见证了英国从丘吉尔到特里莎·梅13位首相的更迭；

她深受世界各地人民的爱戴，即使满脸皱纹仍仪态端庄，被称作“世界甜心”。

2016年，90岁的伊丽莎白二世已经在王位上待了整整64年，时至今日她见证了英国从丘吉尔到特里莎·梅13位首相的更迭。世界风云变幻，而女王坚如磐石。英国前任首相戴维·卡梅伦的一番话似乎更具代表性：“有时你会听到人们说，君王只是件闪耀的饰品，或只是国家生活的点缀。这是对宪法的误解和对女王的低估。就我与这个国家大多数民众而言，她总是在我们身边。”

1952年，当伊丽莎白正同她的丈夫菲利普亲王一同在非洲旅行，却被告知她的父亲乔治六世因心脏病突发病逝，年轻的伊丽莎白迅速结束行程赶回英国。她还来不及从父亲去世的沉痛中清醒，就被授予了女王的头衔。

“登基，这对女王而言

是一个充满了复杂情绪的时刻，既悲伤于父亲的去世，也意识到她的人生不再属于自己，而已成为一个公共问题。”英国诺丁汉大学现代英国史教授克里斯·瑞格利曾这样形容伊丽莎白成为女王时所面临的挑战。

当时的英国正致力于战后重建，国家百废待兴，而王室对当时满目疮痍的英国格外重要。

威廉·肖克罗斯曾说：“王室在那时不仅仅是被人们所接纳，而且是被一种势不可当的爱戴所包围。王室成为爱戴和效忠的焦点，甚至被看成国家团结和外界联系的中心，甚至那些并不相信王室的权力是上帝赋予的人，也承认王冠是大不列颠生活和社会的象征。”

这种爱戴源于“二战”期间王室出色的表现——不能亲临战场，但是也绝不退缩。乔治六世夫妇坚守白金汉宫，承受了1940年9月至1941年5月间德国对伦敦的狂轰滥炸。炸弹曾七次命中白金汉宫，王室却一直坚守。当时，年幼的伊丽莎白与妹妹常常在睡梦中被一阵急促的警报惊醒。她们最早从王室得到的不是华贵与享受，反而要承受更多的灾难和恐惧，她们也因此而更加勇敢，而这也是王室成员必须具备的品格。

之后的伊丽莎白首先要处理的是她同首相丘吉尔的关系。在英国，显然，君主与首席臣僚二人的关系直接牵涉到王国命运。

1953年8月，刚刚从中风中渐渐恢复的丘吉尔正面临被退休的命运，政客们将他何时退休的话题讨论得沸沸扬扬，他们希望女王能够替他们完成计划。但是，伊丽莎白对此有自己的打算，她不认为丘吉尔的退出对自己有任何好处，所以，她邀请处于低谷的丘吉尔携妻子参加赛马会；接着又邀请他们到王室行宫巴尔莫勒尔堡消夏，以此表达自己的立场。所以，在丘吉尔重新掌控局面后，伊丽莎白的地位更加稳固，因为她得到了首相的全力支持。

的确，这是一个不错的开端。女王为国家的稳定极力扮演好自己的角色，尽职地在公开场合露面，到各地旅行，在时局好或不好的时候访问她的臣民。

她低调谦逊，恪尽职守，不过有时，王室的权威也要面临挑战。

最大的危机起源于戴安娜王妃的逝世。

1997年8月31日，戴安娜王妃魂断巴黎，发生车祸时，她正同自己的情人在一起。那时戴安娜已经同查尔斯离婚。只是在寻求真爱时总是有太多媒体关注，她的新闻也常常是街头巷尾议论的话题。对于伊丽莎白女王来讲，维护王室的体面和名誉是每个王室成员的责任，戴安娜制造的各种绯闻成为百姓的谈资，这让伊丽莎白非常愤怒。

戴安娜已经去世，但是伊丽莎白并不打算用王室成员身份下葬的标准来举行葬礼。如果对戴安娜进行国葬，就像是在鼓励此类行为，这简直是对英国王室道德底线的一个挑战。伊丽莎白想要在民众中重新证明王室的威严，却适得其反。

戴安娜王妃同查尔斯的婚姻失败更多原因是在于查尔斯的背叛，而且戴安娜的种种善举深入人心，她早已成为人民心中最为看重的王妃。也因此，王妃应该享受国葬。但伊丽莎白却认为这只是少数人的想法，她仍拒绝回伦敦悼念，只有查尔斯独自迎回前妻棺椁。一时间，民众自发举行纪念仪式，他们把鲜花送到白金汉宫的南大门，成千上万的人默默请愿，将自己对戴安娜的怀念写于一张张卡片中寄托哀思，或是表达心愿——王妃需要隆重的葬礼。

人民需要的不是王室恪守道德并成为高尚行为的典范吗？数十年的循规蹈矩自己付出了多少忍耐才成就王室如今的地位，但是为何民众要因为一个离婚的王妃而反对王室否定自己？相信那时的伊丽莎白一定会有这样的疑问。

其实，恪守道德并成为高尚行为典范的意义，民众的理解和伊丽莎白的定义有了偏差。民众认为，戴安娜王妃的善举以及曾经离婚的经历都十分值得同情，即使之后有自己的情人也无可厚非，反倒是女王的行为让人感觉冷酷。甚至因此，有很多英国人认为皇室没有存在的必要。

当时的首相布莱尔立即发表了顺应民意的演说，并将戴安娜称作“人民的王妃”，顿时执政不久的布莱尔成了英国人民心目中最可爱的人。

这时的伊丽莎白女王不能再无动于衷了，她本意无非是要维护王室的尊严，如果民众认为，王室的高贵必须体现在对戴安娜的厚葬上，她毫无异议。葬礼在威斯敏斯特大教堂举行，白金汉宫降半旗致哀。

女王在戴安娜下葬前发表悼念词：

“……我们都试图用不同的方式来应对，要表达这种痛失亲人的情绪并不容易，最初的震惊过后，伴随而来的往往是其他种种情绪：怀疑，迷茫，愤怒以及对生者的关切。我们在过去几天里已经尝遍了这些情绪，所以我现在，以你们的女王和一个祖母的身份，说这些发自肺腑的话。首先，我要对戴安娜表示我的敬意。她是一个特别的、有天赋的人，无论顺境逆境，从未失去过微笑的能力，或者用温暖和善良激励他人的能力。我赞赏和尊敬她——为了她对人们的热情和承诺，尤其为了她对两个儿子的付出。本周在巴尔莫勒尔堡，我们一直都在努力帮助威廉和哈里接受他们和我们其他人所遭受的毁灭性的损失。认识戴安娜的人都不会忘记她。其他数百万未曾与她谋面却感觉与她相知的人，也将记住她。我作为其中的一员，相信从她的一生和她的逝世所引发的非同寻常、感人至深的反应中，可以吸取不少教训……”

有了这样的处理结果，民众的不满才慢慢消除。而对于伊丽莎白来说，她不得因此考虑一个重要问题。她曾说：“和政府一样，王室只有在人民的支持和认同下才能生存。人民对政府的认同体现于投票箱，而对我们，对一个王室家庭，这种信息经常难以获悉，因为这种信息有可能因社会差异、措辞的浮夸和修饰，或相互冲突的公众舆论潮流而变得模糊。但我们必须加以解读。”

这恐怕就是她的心得，为做好女王，她不得不一点点地积累经验。她从此非常看重民众的真实意见。在以往，王室在社会中一直扮演着一种至关重要和神圣的角色，但是随着时代的变化，王室已经不再神秘，民众需要的是一个能触及自己需要并随时和民众对话的王室。

她必须做公众希望看到的女王，才能获得民众的认同和尊敬。

2001年“9·11”事件发生后，在圣保罗大教堂为殉难者举行的追思祈祷仪式上，人们惊诧地发现，表情并不丰富的女王竟默默地流下眼泪。对民众来讲，这并不是脆弱的表现，相反，这样的表情让女王充满慈爱。

2005年，当查尔斯同他的老情人卡米拉结婚时，女王对这位新儿媳怠慢异常，女王没有对卡米拉露出一丝微笑，没有和她说一句话，甚至没有正眼看她一次。在整个45分钟的赐福仪式上，女王的面部表情始终“如石头一般僵硬”。

最糟的是，当查尔斯夫妇和所有王室成员聚集在圣乔治礼拜堂门前的台阶上，准备拍摄全家福照片时，女王竟匆匆离开去看英国越野障碍赛马比赛的电视直播。

显而易见伊丽莎白不喜欢卡米拉。首先，卡米拉曾经的行为给王室带来恶劣的影响，其次，她并不认为民众乐于见到这对有情人终成眷属。

在伦敦奥运会开幕式上，在英国女王携手“007”空降主会场之前，现场播放了这支提前拍摄好的短片。英国女王伊丽莎白破例首次“触电”，与“007”丹尼尔·克雷格一同出演，还对“007”说了唯一的一句台词：“晚上好，邦德先生。”短片中还利用CG技术复活了丘吉尔雕像，向飞往主会场上的女王和“007”致意。女王陛下豢养的两只矮脚柯基犬也极为抢镜。这样典型的英国式的幽默由女王全程参与，立刻得到世界的瞩目。

2014年，英国王室的官方微博客“推特”发出一条微博，其中写道：“今天在科学博物馆为信息时代展览揭幕令人愉快，我希望人们会享受参观。”这段话后面的署名是“伊丽莎白·R”。

女王与时俱进，试着用微博和大家交流。

这位女王六十多年如一日地完成自己向上帝承诺的使命，维护着君主立宪的尊严与制度，在隐忍与责任中永远以王室形象为重，更可贵的是，她紧跟时代的步伐，不断更新自己的观念，永远做一个称职的女王。

她常常用服装表达职责，必须根据场合着装，鲜艳的颜色使她在室外

变得显眼，而温和的色调则适合在室内活动中穿着。你绝对不可能看到女王裙摆飞扬的时刻，女王的衣服只在公众场合出现一次，她说：“在那么长的时间里保持这种一贯性令人安心，这显示出一种可靠性。”

学者认为：“从大英帝国改为英联邦，女王功不可没。这一改变并不是发生在某个单独的时刻，而是在过去60年里一直持续进行着。她能够将自己的定位从一个剥削非西方人的帝国的首脑转变为宣扬跨种族、文化而团结的联邦元首，这对于非洲只允许由白人统治的规则的转变尤为重要。”

女王为自己的国家贡献了自己的毕生精力。正如她自己所说：“我可以把全部身心和热诚奉献给这个古老的岛国，奉献给这个国家的所有民众。”

在她的努力下，英国掀起了一波王室热。英国媒体最新公布的一项民调显示，有80%的英国人对女王表示爱戴，这也创下女王自1952年登基以来的最高纪录。人们早已习惯路过白金汉宫看看国旗是否升起、女王是否在宫中，早已习惯生活中有王室各种庆典与八卦新闻。它不仅仅作为君主立宪的形式出现，而是一种精神的力量。

而女王之路的无奈与沉重，只有她一人能够体会。

她不辞辛劳地扮演着英国仆人的角色，她必须做好这一切。

2014年，女王一张偷笑的照片上了各大网站的首页。照片上女王的丈夫菲利普亲王穿上了英国皇家卫队的侍卫服，为女王站岗，而女王看到丈夫的样子，竟然忍俊不禁，这可是一向严肃认真的女王陛下不太常有的表情。一时间，人们也再次关注起她的感情生活。每年的 11月20日是伊丽莎白女王

和丈夫菲利普亲王结婚的周年纪念日，到2016年，他们已经走过了69年，是英国有史以来第一对庆祝“钻石婚”的君主夫妇。

女王夫妇感情并未一帆风顺，但好在日久弥坚。

两人的爱情故事始于1939年，当时，英王乔治六世携家人到达特茅斯皇家海军学校参观，18岁的菲利普正在那所学校就读。当时18岁的菲利普和13 岁的伊丽莎白首次见面。两个人对于彼此的印象很好，身材高大的菲利普相貌英俊，让伊丽莎白一见钟情。随后的交往也非常顺利，8年后的婚礼也非常隆重。这是王室第一次举办公开的婚礼。因为这一年，英国人民正试图从战争的阴影中走出，而王室的婚礼无疑是振奋人心的最好方法。婚礼上，菲利普为伊丽莎白戴上亲自设计的结婚戒指。他承诺放弃希腊王位继承权，从此追随伊丽莎白左右。画面上伊丽莎白二世羞涩而幸福的微笑，极大地鼓舞了战争中饱受摧残的英国民众的信心，王室的童话让大家重新拾起幸福的希望。

也许，那时的伊丽莎白就注定要继承安抚国民的使命。

据说，在婚礼当天早上，伊丽莎白公主戴的头冠不小心掉到地上碎了，王室珠宝师不得不赶来进行紧急修补。当时，英国国王乔治六世心疼地看着女儿，担心这个兆头影响她的情绪，但是他的女儿却并未像他想象中那么脆弱。这个个性坚毅的新娘只对父亲简单地说了一句话，她能调节好自己的心绪。 婚礼顺利进行。

在婚后的69年里，伊丽莎白和菲利普一同走过很多艰难岁月，从青葱少年到银发老人，两人始终不离不弃，做着王室恩爱夫妻的典范。这是伊丽莎白努力想给公众呈现的。事实上，她也有很多无奈。传言说当年伊丽莎白作为王储，不能下嫁别国，而当年的菲利普原本就无缘王位，但是他王子的身份正适合同伊丽莎白成亲。所以，他们的婚姻最合理的是双方的身份。婚后的菲利普风流成性，身为妻子的伊丽莎白不能像普通妻子一样表达自己的愤怒，因为她是女王，她不可以让自己成为公众的笑柄。她一直默默隐忍，直到2002年，她的妹妹和母亲相继去世，她需要菲利普能够

真正像自己的亲人一样陪伴自己左右，她才向菲利普亲王发出“最后通牒”，亲王的行为才有所收敛。

而身为女王的丈夫，菲利普也有很多苦衷。

伊丽莎白被加冕为女王后，菲利普也取得了近似于国王的地位，但他的地位永远排在妻子后面。在公共场合，菲利普得向妻子弯腰鞠躬并称她为“陛下”，走路时也只能跟在女王后面。他们的孩子的姓氏则是将父母姓氏结合的新姓氏：蒙巴顿-温莎。

几十年来，菲利普和伊丽莎白一起走过太多的岁月，从残酷的“二战”到漫长的冷战再到金融危机，国家的每个重要时刻以及家庭中的每个时刻他们都共同度过。也许菲利普对她有过背叛，但是能一同走过69个年头，还有什么错误不能原谅。两个近百岁的老人已经儿孙满堂，丈夫却依然乐意逗逗他的妻子，当他穿成侍卫的样子站在门口，伊丽莎白偷偷地笑了，能走到最后的，不就是最终的胜利吗？

静思小语

世界风云变幻，而女王坚如磐石。英国前任首相戴维·卡梅伦的一番话似乎更具代表性：“有时你会听到人们说，君王只是件闪耀的饰品，或只是国家生活的点缀。这是对宪法的误解和对女王的低估。就我与这个国家大多数民众而言，她总是在我们身边。”

玛格丽特·撒切尔：练就与梦想匹配的才华

她只是一个出身普通的店主的女儿，在无任何特殊家庭背景的支持下，居然有胆量进入男性权势占领的政界，成为英国的女首相；

她不屈不挠和坚定果敢的意志力让她终于成为唐宁街10号的主人；

她在整个80年代，被称作“铁娘子”，也被认定是世界上最具力量的女性；

她是英国政治家，一位杰出的女性英国首相，曾获民调肯定为二次世界大战后，英国最伟大首相；

她曾说：“有些人为生活而工作，我是为工作而生活……我将每一分钟看作60秒冲刺赛。”

1925年10月13日，玛格丽特·撒切尔出生于英国伦敦西部格兰汉姆的一家杂货店主的家中，她在清教徒式的环境中长大，虽然物质条件并不优越，但是父亲的教育让她形成了一种与众不同的品格。父亲常常教育她：“你必须自己拿主意，你不要因为朋友们的做法而去效仿，你不要因为害怕与众不同而随波逐流……你要率众之先，而决不从众。”

这样的观念在玛格丽特·撒切尔的成长中起了关键作用，她知道要率众人之先，必须付出巨大的努力。

她曾经为获得牛津最好的女子学院

索姆维尔的奖学金，自己用一年的时间学习了四年的拉丁语课程知识。她喜欢政治，曾经跟随父亲参加市政会议，从那里她感受了政治措辞的艺术性。她常常参加学校的辩论比赛，由此练就了非凡的口才。她曾获得化学学士学位和法学学位，这让她兼具科学家的缜密和法学家的思辨。所以，玛格丽特·撒切尔的特点是，运用“思维”或“理智”解决问题，而不是凭“感情”或“情绪”作出反应。

她有强烈的工作热情，学校朋友曾说：“我从没见过像玛格丽特这样有无尽工作能量的人。”她曾说：“我习惯每晚睡四五个小时，能保证不生病；有时候我只睡一个半小时。”

这样一位优秀出色的女性必然会在某一领域脱颖而出。

在她大学毕业后，凭借她的化学专业知识曾在塑料公司工作，不过很快，她决定在肯特的达特福德地区竞选保守党议员，其实这次成功的概率几乎为零——因为劳动党拥有2万张选票中的大多数，但是她却用百分之百的努力去做了一件十分艰难的事，最终，她以失败告终——这是从事情的结果来看，而从她整个政治生涯来看，这应该是一次有价值的失败。10年之后，撒切尔在伦敦郊区的富人高级住宅区芬奇莱再度竞选议员职位，因为她越来越出色的工作成绩，两年后，她被首相任命为国会退休金和全国保险部大臣。1961年，撒切尔才35岁。一直到1979年竞选首相成功，她曾担任石油、电力、能源部、交通、教育和科技大臣，在这些领域，她表现出超强的工作能力。

1979年5月4日，玛格丽特·撒切尔率领保守党在竞选中获胜，她踏上唐宁街10号的台阶，对其支持者说出了著名的一段话：“混乱处我们带来和谐，错误处我们带来真实，怀疑处我们带来信任，沮丧处我们带来希望。”

在男性权力统治的堡垒中她从不退缩，她力排众议，从不畏惧任何反对和谩骂，对争议事件从不左右摇摆，她甚至愿意为自己坚信不疑的政策放弃民众支持率。她的原则只有一个：只要认为是对的，就去做。她拥有钢铁般的意志，被称为“铁娘子”，正是这种锐利而强大的性格使她成为

英国一个时代真正伟大的创造幻想家。

《华盛顿邮报》曾为她精彩总结：“撒切尔夫人不仅扭转了英国的发展方向，也改变了它在世界上的地位。”

在担任11年半的英国首相期间，她为国家和政治投入了巨大的精力，她与她的班子常常一天工作14小时。在唐宁街10号，玛格丽特·撒切尔强硬而具坦诚，固执而富同情，竞争而又冷静。她熟悉政治、商业、税收和科学领域的各自特点，她用非凡的才华让自己的事业达到巅峰。

一个毫无背景的杂货店主的女儿最终成为唐宁街10号的主人，依靠的是率众之先的野心、长久不懈的努力以及超越凡人的才华。

没有对各个领域知识的掌握和透彻的理解以及洞悉全局的才华，怎么能在男性权势占领的政界实现自己改变国家现状的理想？

其实，每个人都会有自己的理想，有时当理想定位过高就会被人称为“野心”。然而梦想并不可笑，可笑的是定位太高而又努力不够。

当才华还撑不起梦想的时候，常常让人挫败。这时，你不该嘲笑自己的理想，而是应该努力让自己的才华撑起自己的梦想。与其垂头丧气、妄自菲薄，不如静下心来学习。因为只有拼出来的美丽，没有等出来的辉煌。

事业成功的女性往往很难兼顾家庭，这也成为女性政要婚姻失败的根本原因。但是，玛格丽特·撒切尔却非常幸运，她有一个幸福的婚姻。

她同丈夫丹尼斯在一次集会上相识，这次集会正是达特福市为欢迎撒切尔并正式通知她为该市议员候选人而举行的。撒切尔作为集会的主角大放光彩，让丹尼斯一见钟情。集会结束后，丹尼斯主动提出送她一程，撒切尔欣然接受了他的好意。他俩的交往便由此开始。

经过一段时间的交往，两人对彼此的性格十分欣赏，但是丹尼斯曾有过一段婚史，如果对于普通人来讲，并不会构成任何结合的障碍，这根本就是两情相悦之事。可是，对于当时在政治上野心勃勃的姑娘来讲，却是一个不小的困难，她的婚姻除了要考虑自己的意愿，也要有更多的顾虑。

虽然有过挣扎，撒切尔还是义无反顾地和丹尼斯交往下去，并最终选择丹尼斯作为终身伴侣。

事实证明，丹尼斯是撒切尔再正确不过的选择。

他们的基本价值观念相同，但是生活习惯却大相径庭，但这却并不妨碍两人的感情。尤其是丹尼斯，他始终如一地支持着妻子的选择。他当时爱上的就是一个在政治上散发迷人光彩的女孩儿，他也并没有因为这个女孩儿变成了自己的妻子就反对她追求自己的理想。

其实，撒切尔要实现的理想是与家庭生活有所冲突的，她一旦投入到政治领域，就意味着给予家庭的时间少之又少。

而丹尼斯也完全没有打算将她归入家庭，他给了妻子太多的支持和鼓励。

当撒切尔的选举走入困境，丹尼斯给了她极为有用的建议：“你的劣势就是你的性别。但如果你能够好好利用女性魅力，它将成为支持你的力量。”听从了丈夫建议，撒切尔开始注意自己的形象，并将头发染成金色，穿开领上衣和短裙，充分发挥出自己的女性魅力。

当撒切尔生下一对双胞胎孩子几天后便回到自己的阵地，他就全心照顾好自己的孩子，并未有任何反对。撒切尔的事业越来越成功，他索性结束自己的生意来照顾他们的家庭，让妻子没有任何后顾之忧。

一次，他们两个人一起差点儿被爱尔兰共和军的炸弹炸死。撒切尔身为首相，一如既往地表现出坚强，丹尼斯却默默地为妻子买了一块手表，提醒她，他们的时间每一分每一秒都很宝贵。他们相濡以沫50年，2003年，丹尼斯去世，撒切尔身体也每况愈下，后来得了老年痴呆症的她不肯接受丹尼斯去世的事实，每天早上一起床的第一句话就是：“丹尼斯去哪里了？”

所以，不管作为政治家的撒切尔有多强硬，在家中，她始终是一脉柔情。她是何其幸运，在最美好的年华里，邂逅了最真挚的感情。当拥有婚姻，也没有成为爱情的坟墓，反而成了事业的支撑点。

撒切尔曾说：“你就不会一见钟情吗？我认为事先设定条件，比如什么6英尺2英寸的身高、黑色的卷发、温柔的声音，雍容大度，高大强壮，那都没有用，你爱上的是那个人的人格，任何先决条件都没用。”

这也许就是他们的婚姻幸福的原因，撒切尔看重的是人格，所以她在众多追求者中选中一个看似并无太多优势的年长她10岁并有过婚史的丹尼斯。

的确，对于一个女人来说，婚姻最可靠的基础和保证不是物质条件也并非盲目的爱情，更重要的，应该是一个有爱情作为基础并有坚定品质的伴侣。

一个正直的人才能在多变的境遇中不忘记最初的承诺，不管是顺境或逆境都一如既往地深爱自己的妻子，并能对突如其来的变故依旧表现出稳定的心理特征，不会因为几次失败就一蹶不振而放弃对家庭的责任，也不会因为偶然的成功欣喜若狂而对伴侣产生轻视，不会轻易怀疑放弃，不会轻易失去信心，这才是决定我们的婚姻幸福的关键。

当才华还撑不起梦想的时候，常常让人挫败。这时，你不该嘲笑自己的理想，而是应该努力让自己的才华撑起自己的梦想。与其垂头丧气、妄自菲薄，不如静下心来学习。因为只有拼出来的美丽，没有等出来的辉煌。

杰奎琳·肯尼迪：确定自己的需要，然后勇敢实践

她的标志性形象是经典的优美和高贵的豪华，她拥有让自己成为关注焦点的卓越能力；

她以独到的眼光和穿着方式将时尚带进白宫，给美国流行时尚吹进前所未有的优雅之风；

她有惊人的勇气、坚定的意志和高贵的气质，她的名字闪耀在权力和财富之巅；

她曾先后征服了美利坚合众国最有地位的男人和富可敌国的希腊船王；

她的一生并未因为某个男人而定格，她始终清楚地知道自己最想要什么，并且勇敢实践。

杰奎琳·肯尼迪曾在文章中说："鄙人身高5英尺7英寸，棕色头发，方正脸庞，两只不幸的眼睛相距甚远……当我走出家门的时候，颇有一种潦倒的巴黎人的味道……"

带有几分自嘲，杰奎琳描绘出自己的相貌。的确，从照片上看，她确实和倾国倾城有太大差距。可是当你看到她对当时美国流行时尚的影响以及她所身处的地位，你就难免好奇，这个女人到底以何种魔力制服了美利坚合众国最有地位的男人？

杰奎琳的成长从无物质条件的匮乏，即使父母离异，母亲改嫁，她也一直在富裕的环境下生活。她的父亲酗酒、好赌并且花心，这是她的母亲坚持离婚的原因。她的母亲是典型的上流社会女子，举止优雅，追求生活的品位。当离开游手好闲的丈夫后，杰奎琳的母亲成功地改嫁给当地有名的富翁，也因此，杰奎琳和妹妹有了更为优越的生活环境，她们同母亲一起住进了继父豪华气派的哈姆密尔斯庄园。在享受奢华条件的同时，因为

是寄人篱下，杰奎琳自然也就养成了察言观色的本领。

1947年9月，杰奎琳进入享有盛誉的瓦萨大学学习。这所贵族学校崇尚优雅、豪华的高品质生活，杰奎琳在这里学习芭蕾、诗歌、绘画，她也逐步具备了名媛所具备的气质。在瓦萨大学，她不是最漂亮的却是最受欢迎的。她幽默风趣、深沉而又充满活力，虽然很年轻，但已经有大将之风。

而在择偶问题上，杰奎琳也受到环境的很大影响。她的母亲是一位看重金钱、荣誉以及地位的女人，她同母亲共同生活，这样的生活态度潜移默化地影响了她。而她读书的学校也大致都是这样的观念，所以，有权势或有财富早已成为她的择偶标准。

在认识肯尼迪前，杰奎琳也曾有过短暂的恋情。

她的男友是一个银行家的后代，为人正直、善良、可靠，作为丈夫应该是个不错的选择，但是杰奎琳发现，虽然男友拥有财富，但是缺乏成就一番事业的野心和魄力，并不是自己的理想人选，所以，杰奎琳果断做出决定，与男友分手。

随后不久，杰奎琳便在一次晚宴上邂逅了比她年长12岁的约翰·肯尼迪。

当时毕业于哈佛大学，又是最年轻议员的肯尼迪已经开始在政坛崭露头角，他相貌英俊，充满魅力，乐于追求女性，身边从来不缺少气质优雅、容貌出众的女性。要获得肯尼迪的好感很容易，但是想要彻底抓住这位男士的注意力并与其建立长期稳定的关系却很难。

这对杰奎琳来讲是充满乐趣和挑

战的。

大学毕业后的杰奎琳得到了在《华盛顿先驱时报》任职的机会，新闻工作让她熟悉了政治和社交，她从小到大学会的察言观色的本领让她在社交方面应对自如。

同肯尼迪相识后，她开始按照自己的步伐和节奏去掌控感情的走势。

她知道感情的基础应该是合适的距离，她不失时机地成为肯尼迪生活上的助理，给肯尼迪了解自己的机会。她敏锐的观察力和分析力、深度适宜的谈吐很快便获得肯尼迪的好感，毕竟是名媛的修养，这和肯尼迪常常接触的身材娇好却知识匮乏的女人有很大不同。

但是，杰奎琳却并不急于同肯尼迪迅速地建立恋爱关系。甚至除了工作之外，她对肯尼迪“漠不关心”，她屡屡拒绝肯尼迪的约会，这让一直对女人游刃有余的肯尼迪“摸不着头脑”。她十分巧妙而又有意识地和他保持距离，反而让肯尼迪更为着迷。

肯尼迪越来越被她吸引，他甚至要用婚姻的承诺来获取杰奎琳的芳心。而杰奎琳还是非常从容，她对肯尼迪的求婚并未欣喜若狂，她没有很快给肯尼迪答复，而是突然去欧洲旅游，把肯尼迪折磨得痛苦不堪。

没有这样的智慧，怎么能从一间报馆一直走到世界的中心，怎么有资格去陪伴美国最有权势的男人?

让当时美国最优秀的男人肯尼迪成为自己丈夫的那天晚上，杰奎琳在日记中写道：“我终于将参议院最有希望的男人掌握在自己手中。”

除了在婚姻上表现出的过人智慧，在成为白宫女主人后，杰奎琳才真正展现出自己无限的魅力。

她认为，白宫代表着国家，而当时的白宫装修得沉闷乏味，她召集相关人士组成一个美术委员会，到处寻找古董家具和历史艺术作品，希望重新让白宫体现自己的价值。她通过各种方式募集到了资金，整个装修过程并未花国家一分钱。当整个白宫装修完毕，她自己出面带领哥伦比亚广播公司的电视主持人拍摄专题参观巡游整个白宫的电视节目，使民众第一次详细地了解了白宫的历史与建筑风格。杰奎琳亲自为纪录片用法语与西班牙语进行了解说，将该片推向海外，世人对白宫有了更为深刻的了解，也让美国人对此自豪不已。她不但得到了民众的高度肯定，也让自己的总统丈夫对其刮目相看。

当然，这还不是杰奎琳的全部。她通晓多国语言，又深谙时尚之道，她很好地运用了服饰作为纽带与语言，这让总统的外交充满话题。

在访问法国期间，她和戴高乐用法语对话，受到法国人的热情欢迎。杰奎琳喜欢法国的设计和时尚，但聪明的她知道，全身的欧洲设计并不能更好地获得公众的喜欢，她的设计师卡西尼按照她的要求，将欧洲设计加入活泼的美式风格，简洁优雅的服饰让杰奎琳如此特别，巴黎著名时装评论家赫柏·多西撰文说：“杰奎琳风格改变了现有的时尚，打破了美国固有的清教徒似的穿衣风格，她告诉女性如何正确佩戴首饰、什么样的发型是入时的、什么才是真正的优雅生活。”她给美国流行时尚吹进前所未有的优雅之风，人们争相模仿第一夫人的穿着方式，至今影响深远。而在同总

统进行外事活动时，她更是根据出访的国家特点而设计符合情境的服装，她总是能给人留下深刻的印象。在出访法国时，她甚至比肯尼迪获得的关注还要多，总统曾幽默地表示："不是杰奎琳陪我，而是我陪杰奎琳·肯尼迪出访巴黎。"

这样公开地表示对妻子的赞美，也能看出杰奎琳在肯尼迪心中的位置，他们两人已经成为真正意义上的灵魂伴侣、合作伙伴。

1963年11月22日，杰奎琳随同肯尼迪来到得克萨斯州进行连任竞选演讲，肯尼迪在汽车中遇刺身亡时，她正坐在肯尼迪身旁。

她曾经形容当时的场景："突然一声脆响，像是汽车发动机逆火的声音。我的眼前蒙上了一层红雾。紧接着又是两响。杰克的身子像提线木偶似的一弹而起，又跌落在座位上。他的脑浆迸溅到我的腿上，鲜血混杂着碎骨和肌肉组织喷射到我身上。"

恐惧、惊吓和痛苦占据了她所有的思绪。

可是她却能迅速冷静，突如其来的变故却并未击败这个坚强的女性，她明白自己作为总统遗孀的重任，她必须以国家为重，即使心中悲痛，她依旧参加了新总统就任仪式。只是，她不肯脱掉刺杀现场那套血迹斑斑的粉红色套装。

除了出席仪式，她还为丈夫举办了隆重的葬礼，她镇定自若地安排了纪念仪式中每一个细节，包括她的儿子小肯尼迪该在葬礼上如何向父亲的遗体敬礼。肯尼迪的葬礼庄严沉痛，让世人动容。杰奎琳头上蒙着黑纱、穿着黑色裙装带着两个孩子向肯尼迪的遗体告别，在棺木前，她把手上的结婚戒指摘下来放进棺材里，第一夫人的生活结束了。

回顾她第一夫人的生涯，并不容易，她要面对美国公众审视的目光、肯尼迪家族高标准的要求，丈夫无暇照顾的孤独，甚至朝三暮四留给她的愤怒。

她用事实证明，她是如此胜任第一夫人的角色。她是所在时代的无冕皇后，她最终成为美国人心目中排名第一的总统夫人。

作为第一夫人的生活结束了，可是她的传奇还在继续。

1968年，肯尼迪的弟弟、总统竞选人罗伯特·肯尼迪被暗杀，5年间兄弟两个都死于非命，这让杰奎琳十分恐惧，她认为肯尼迪家族已经成为暗杀的目标，而她的子女很有可能也因此遭到威胁。“如果他们再下毒手，我的儿女无疑将首当其冲。”杰奎琳在罗伯特的葬礼后发出了这样的悲痛的声音。

美国对她来讲处处都暗藏危机，她决定带着儿女离开美国前往希腊。

在希腊，船王亚里士多德·奥纳西斯已经向她求婚，奥纳西斯有足够的金钱和势力可以保护她，但是这样的婚礼却备受争议。人们无法接受美丽的妇人嫁给这位62岁的新郎，他们指责杰奎琳贪图船王的亿万家产。但是不管人们怎么猜测这桩婚姻的真实目的，杰奎琳还是坦然地走入婚姻的殿堂。

这段婚姻只持续了七年，1975年3月15日奥纳西斯临去世前填了一张离婚书，杰奎琳又一次成为单身。

1976年，47岁的杰奎琳开始工作，她成为一家出版社的编辑，随后她认识了自己的第三任丈夫莫西斯·坦帕尔斯曼。年近半百的杰奎琳过起了普通人的生活，她不再需要因为权势和地位去衡量伴侣的价值，能够彼此包容而不是一味地迎合，她因此体会到了更多的温情。

静思小语

生活的环境也许造成每个人价值观念的差异，就像杰奎琳，从小生活的环境和所处的境遇让她的价值观念更多倾向于权势和地位，她没有让自己成为空想家，她确定了自己需要什么，并勇敢实践，所以，才有了独一无二第一夫人的身份和声誉。

J.K. 罗琳：低潮的谷底，就是命运的转机

她是世界上最成功的作家和最富有的女性之一，她甚至比女王还要有钱；

她曾创造了让我们为之倾倒的魔法世界，而她的智慧比魔法世界更让人震撼；

她包裹在财富和影响力里面的，是她坚不可摧的信念；

她在誉满世界前，也曾经历低潮的谷底，但是她却彻底翻转人生；

她说：“我们不需要改变世界的魔法，我们自己的体内就有这样的力量。”

当7本《哈利·波特》，共售出450000000万册后，关于魔法学校学生的成长冒险故事也告一段落。不管是书还是电影，这个系列都有无数的读者和观众。你也许不是狂热的《哈利·波特》迷，但是十几年前你对这个风靡世界的电影也应该有所了解，时光静静流淌，它陪着无数人走过青春，成为一代人的记忆。

而这一魔法世界的所有奇妙都来自于一个女人天马行空的想象。

她就是——英国女作家J.K.罗琳。

其实J.K.罗琳只是她的笔名，她本名乔安妮。在第一部《哈利·波特》出版之前，为了让作者看起来不像是女性，所以出版社要求她使用较为中性的笔名，她按照出版社的要求用了J.K.罗琳这个名字。

那时的她还默默无闻，之前找过几家出版社，但不久就收

到了退稿信，没人愿意出版这本“有些离谱的儿童读物”。

在出版第一部《哈利·波特》之前，正值罗琳的人生低谷。

刚刚同结婚不到3年的丈夫离婚，还要独自抚养一个尚未满周岁的女婴，她没有积蓄，又找不到工作，只能在妹妹的帮助下勉强安顿下来。她住在一间没有暖气又简陋的毛坯公寓，最困难的时候她不得不向政府申请救济金。

她不是单亲妈妈的悲惨境遇的特例，找不到工作申请救济的妇女也很常见，但是，对于拥有文理学士学位的大学毕业生来说，这简直是个莫大的耻辱。

怎么将人生过得如此失败？罗琳也曾十分沮丧。难道自己的专业是如此一无是处，难道当初父母的反对真有道理？

原来，罗琳选择专业时，父母都希望她能够读一个能学到专业技能的学位，获得一技之长自然能解决吃饭问题。罗琳家并不富裕，能够找到一份工作解决生存问题在他们看来尤为重要，但是罗琳却瞒着父母最终选择了古典文学。

罗琳在后来演讲时说：“我忘了自己是怎么把学古典文学的事情告诉父母的了，他们也可能是在我毕业那天才发现的。在这个星球上的所有科

目中，他们很难再发现一门比希腊文学更没用的课程了。”她凭借自己的兴趣作了选择。不过，她也遵从父母的意见开始学习英语以及法语的双语文秘书课程。

毕业之后，她只身前往葡萄牙发展，依靠秘书课程找到了一些类似文秘的工作。工作之余，古典文学毕业的罗琳并没有放弃自己的专业，24岁的她开始有了创作《哈利・波特》的念头。而在这时，她也在异国寻找到自己的爱情。她同葡萄牙裔的乔治·阿朗特斯一见钟情，也许大多数学文学的女性都具有浪漫情怀，她们总是将爱情想象得十分美好，同时将婚姻想象得无比简单，所以，1992年10月，冲动的罗琳迅速同乔治·阿朗特斯举行了婚礼。

婚后诸多问题接踵而至，他们不断吵架，而乔治非但不肯迁就她，甚至在一次严重的争吵下，将罗琳赶出家门。

伤心的罗琳对丈夫彻底失望，她抱着刚刚出世不久的女儿离开葡萄牙，回到了英国。

回到英国的日子更是艰难，她不愿永远领取政府的救济金。她决定将曾经写作的想法好好梳理，第一部《哈利·波特》的框架和情节开始在她的头脑中慢慢勾勒，她常常利用女儿睡觉的时间进行《哈利・波特》初稿的撰写工作。

在尼克尔森咖啡馆的角落里，人们常常看到一位奋笔疾书的女性，她十分专注，不过偶尔的婴儿啼哭总是会打断她的思路，不过当漂亮的女婴酣睡时，她又开始深思。没有办法，想构筑一个精彩的关于魔法的故事不是一件轻松的事。而在创作《哈利・波特》时，罗琳常常将自己熟练掌握的古典文学技巧运用其中，这才使故事更加跌宕起伏。

1995年她终于完成了《哈利・波特与魔法石》的初稿。

几经周折，1997年6月，《哈利・波特与魔法石》终于在英国出版。出版方在首印时只有500本，显然，他们也不确定这本书能否受到读者的欢迎。可是不久，还没等到大部分的读者将其读完，美国的一家出版社就联系了罗琳，他们愿意以10.5万美元的高价买下《哈利·波特》在美国的出版权。随后的几年，《哈利·波特与密室》《哈利·波特与阿兹卡班囚徒》《哈利·波特与火焰杯》《哈利·波特与凤凰社》《哈利·波特与混血王子》陆续出版，直到2007年《哈利·波特与死亡圣器》完结篇出版，罗琳的“哈利·波特”系列小说被翻译成67种文字，在200多个国家发行，所有版本的总销售量累计达4亿多万册。巨额的版税让她成为英国最富有的女人之一，而且，在以后的日子里，每一次重新印刷出版，出版社都将支付给J.K.罗琳巨额版税，甚至她不在人世，她的后代依然会因此而受益。

她最终依靠自己的力量告别了窘迫的生活。在个人网站上，罗琳写道：“这些年，我获得的最好的东西或许应该是焦虑的消失。我依然不能忘记攥着手中的钱，考虑能不能付得起账单的那种感觉，不用担心这些是世界上最奢侈的事。”

2008年哈佛大学邀请罗琳做毕业典礼演讲，而在前一年，来演讲的是比尔·盖茨。罗琳的成绩显然已经受到全世界的认可。她被认为是成功女性之一，但是这位女性的演讲却谈及很多关于失败的思考，她认为是失败成就了自己：

“从任何传统的标准看，在我毕业仅仅7年后的日子里，我的失败达到了史诗般空前的规模：短命的婚姻闪电般的破裂，我又失业成了一个艰难的单身母亲。除了流浪汉，我是当代英国最穷的人之一，真的一无所有。当年父母和我自己对未来的担忧，现在都变成了现实。按照惯常的标准来看，我也是我所知道的最失败的人……失败意味着剥离掉那些不必要的东西。我因此不再伪装自己、远离自我，而重新开始把所有精力放在对我最重要的事情上。如果不是没有在其他领域成功过，我可能就不会找到，在一个我确信真正属于的舞台上取得成功的决心。我获得了自由，因为最害怕的虽然已经发生了，但我还活着，我仍然有一个我深爱的女儿，我还有一台旧打字机和一个很大的想法。所以困境的谷底，成为我重建生活的坚实基础。”

这就是罗琳对于自己取得成绩的原因的总结。她希望她的经历能够给毕业生一些提醒，也许他们现在还未遭遇失败，但是，没有人可以永远一帆风顺，而失败就像是一根绳子，有的人用来继续攀爬更高更陡的山峰，有的人把它当作了自缢的工具。平坦时的踌躇满志并不罕见，但是失败时不轻言放弃才是真正的勇敢。失败有时候就是动力，关键是你不能放弃自己。

罗琳用自己的经历告诉所有女人：对女人来说，必不可少的素质并非青春与美貌，而是能力、勇气，以及把意志化为行动的魄力。她曾因为贫穷而面容憔悴，她二十几岁的年纪看起来甚至不如四十几岁时靓丽。很多人怀疑她整容，可是资深的整容专家却始终在她脸上找不到动过的痕迹。其实，事业的成功不仅让罗琳如施魔法般抵御了时光在女人脸上的划痕，更是滋养出了优雅从容的气度。而20岁的她即使没有洋溢在脸上的自信却依然拥有藏在心底的勇气。也许现实的压力让她无暇顾及修饰自己，但是，她内心却坚信，自己有能力改变，并将此付诸实践，于是，能力、勇气和魄力让她的人生重焕光彩。

在一次次的电影首映式上，她自信靓丽的笑容甚至美过到场的明星，因为，她的成功仅仅是依靠自己奋斗，而不是仰仗家室背景或男人。

这应该是对无数郁闷的失败的女子最好的鼓励。

多少失败的女性深陷痛苦的深渊，曾经将所有的赌注掷于婚姻，当为家庭付出自己所有的精力却得不到一点儿回报，配偶不但不对你报以同样的珍惜，甚至要破坏自己辛辛苦苦建筑的“堡垒”，让幸福不知所踪。如果你从不打算选择坚强和独立，那人生将毫无生机。即使你可以寻找到下一个可以避风的港湾，在感情中，有一个男人肯保护你、善待你，这是一种幸运，但是这样对个人来讲是一种退化，失去了经验累积的智慧，也就失去了辨别问题的能力，自然也不会有理性的坚定和执着。如果有一天，他不再保护你的时候，你将很难独立在这个社会中生存。

所以，女人不能一味地依赖，要有自己的坚持和独立。因为男人在保护你的同时，也剥夺了你成长和增加人生智慧的机会。

当你拥有强大的自我，即使遇人不淑，即使感情失败，依然可以有重新来过的机会。

2001年，36岁的罗琳再次结婚，婚礼在苏格兰一处19世纪豪宅内举行，只邀请了双方父母等15位亲友参加。她的新婚丈夫莫瑞是苏格兰爱丁堡的一名麻醉医师，婚礼共进行了20分钟，这位性格内向且有几分拘谨的男人在婚礼上承诺会带给罗琳幸福，其实，对于一个内心如此坚定的女人来说，她已经不需要别人给予她幸福，她可以从婚姻中寻找到快乐，却绝不会盲目地依附婚姻。婚姻的成败并不由一人决定，谁也说不准哪一天爱情消失，婚姻就走到尽头。当有一天若由于对方的背叛而导致婚姻破裂，拥有生存智慧的女人一样能活出别样的精彩。

法国作家巴尔扎克说："挫折对于天才是一块垫脚石，对于能干的人是一笔财富，对于弱者是一个万丈深渊。"所以，即使不做一个天才，也要做一个能干的人。

罗琳在哈佛大学的演讲中，关于正视父母的意见和建议的内容也让人尤为动容。她说："我想说明，我并没有因为父母的这些观点而抱怨他们。他们希望我能摆脱贫穷，因为贫穷会引起恐惧、压力，有时候甚至是沮丧。这意味着心胸狭窄、卑微低下和很多艰难困苦。通过自己的努力摆脱贫穷，确实是件很值得自豪的事，只有傻瓜才对贫穷本身夸夸其谈。"

曾经父母亲极为反对她学习古典文学专业，他们希望女儿选择一门更为实用的技能，即使这违背罗琳的意愿，但是她依旧没有抱怨，她选择了折中的办法，在不放弃古典文学的同时，学习文秘等相关知识，这的确有用。在她依靠古典文学无法谋生时，文秘的知识曾让她不至于饿肚子。

也许有的父母地位卑微、思想陈旧，但是他们同样希望儿女幸福快乐。也许因为殷切的希望常常不容分说就把生活的琐碎、沉重甚至残酷带给你，给你本就一地鸡毛的生活再平添一分压力，但对于父母感恩和爱是作为儿女十分必要的责任，主持人梁继璋曾在给儿子的信中说：“亲人只有一次的缘分，无论这辈子我和你会相处多久，都请好好珍惜共聚的时光。下辈子，无论爱与不爱，都不会再见。”

也许作为父母有时过多的期待和依赖也成为儿女最大的压力。但是不管有多少差异，有多少分歧，最后，总还会因为爱而难以割舍。不如通过倾听与体谅而修补，找到双方都接受的解决问题的途径。迁就，并没有你想象中那样痛苦。

当你拥有强大的自我，即使遇人不淑，即使感情失败，依然可以有重新来过的机会。法国作家巴尔扎克说：“挫折对于天才是一块垫脚石，对于能干的人是一笔财富，对于弱者是一个万丈深渊。”所以，即使不做一个天才，也要做一个能干的人。

玫琳凯·艾施：你不能要求没有风暴的海洋

她曾是一个害羞或缺乏经验的美容顾问，后来发展成为一名高级销售专家；

她也曾是一个退休的平凡女性，后来成为全美最伟大的企业家之一；

她每年创造数十亿美元的产值，在全球30多个国家和地区拥有180多万名美容顾问；

她的人生信条是：信念第一，家庭第二，事业第三；

她在男性主宰的世界里为女性开辟出了一条新的成功道路；

她写下无数生活箴言鼓舞数以万计的妇女开创自己的事业；

她拯救了无数女性免遭家庭暴力，最终成为优秀并受人尊重的女人；

她就是玫琳凯·艾施。

在创办自己的公司前，玫琳凯已经在直销行业工作了25个年头，事实证明她的表现很优秀，在这家全国性直销公司已经做到训练主管的位置。20世纪五六十年代的美国，妇女的社会地位并不高，能做到主管的位置足以说明她十分优秀，公司决定为她聘请一位助理来协助她进行工作，但是发薪水时，玫琳凯却发现，这位助理的工资竟比自己的还多！原因很简单，因为助理是男性！对于要养家糊口的玫琳凯来说，薪水拿得少固然懊恼，但是，这种赤裸裸的性别歧视更让她愤怒！她用辞职来表达自己的不满。因为拥有25年丰富的工作经验，玫琳凯又是一个特别善于总结的人，她便计划写一本关于帮助女性如何获得成功的书。于是，就有了"两个清单"——一张包罗了她在曾工作过的公司里见到的种种好的措施，另一张是她认为需要改进的一面。

作为杰出的直销员生活的种种经历让这两份清单十分清晰和实用，以至于玫琳凯自己觉得，有必要按照自己总结的经验来创办公司，因为这简直就是一份详尽的销售计划！

这时的玫琳凯已经45岁，她有3个孩子需要供养，正同第二任丈夫一起生活。他们仅有5000美元积蓄维持生活，这时的商业领域几乎完全由男人控制，她创业的环境并不乐观。但是，玫琳凯对自己的能力非常自信，她相信，同丈夫一同努力，这份事业一定会获得成功！

于是，她全身心投入到创办公司当中，找到一个45平方英尺的店面，和一个美容产品的配方，玫琳凯准备开一家化妆品服务公司。可就在公司开张前的一个月，她的丈夫突然离世，这给了她巨大的打击，生活上少了一个可以依靠的亲人，事业上也很难继续。

玫琳凯曾说："许多人开创新事业是为了赚钱，但这绝不是我的主要动机，并不是我相当富裕而可以不在乎钱，我只是认为这个事业必须成功，否则我将没有第二次机会开创自己的事业了。"

在玫琳凯一筹莫展之际，她的儿子选择放弃工作同母亲一同创业。

事实证明，玫琳凯的确拥有非凡的直销能力，第一年她的公司就净赚近20万美元。

然而公司的发展并未一帆风顺，由于玫琳凯公司的产品销量很好，几个员工便从发明人手里拿了配方自己开厂生产，由此引发一场旷日持久的官司。不过，玫琳凯并未在挫折中倒下，她重新找到广受欢迎的产品，并在公司建立起一套行之有效的奖励机制。这也是玫琳凯创业之初的梦想，除了赚钱，她还希望为女性提供工作机会，帮助更多的人实现她们的梦想。她规定，销售人员除可得到相应的佣金外，根据销售业绩，还可得到大衣、钻石戒指、凯迪拉克轿车等项奖励。她以不断的精神鼓励及物质报酬来提升妇女的自尊和自信，在这里工作的女员工不但待遇优厚，工作也得到极大的尊重和认可，在她的激励下，千千万万妇女纷纷成为小型企业经营者。

玫琳凯的人生信条是：信念第一，家庭第二，事业第三。

所谓信念，就是工作的使命感。

的确，要懂得在平凡的人生中找到自己的使命感，生命才有不竭的动力。

找寻使命感，需要努力和清醒的头脑。你要认真地询问自己“什么能带给我快乐和意义”。快乐并不完全取决于我们得到了什么或身处何种境地，而是取决于我们选择什么样的视角去看待生活，幸福是内在的体验。所以，在面对人生的种种选择时，必须确定它符合自己的价值观、爱好，符合自己内心的愿望，而不是为了满足社会标准，或是迎合他人的期待。当工作承载了更多的意义和价值，它就不再是让人厌烦的苦差事，在实现工作目标的过程中潜力的充分发挥会带来满足感。

心理学家艾米·文斯尼斯基和他的同事们，提示人们对待工作有三种态度：工作、事业或是使命感。

把工作只当成谋生的手段，每天能少干多赚就是最大的目的，工作成绩不是他关注的焦点，高薪水多假期是这类人最大的追求，可是往往现实没有想象中美好，工作时自然多了一份埋怨，抱怨工作辛苦，抱怨人生无趣。

而把工作当作事业的人，就多了一份对未来的规划，自然也就多了一分奋斗，多了一分成绩，可是对于权力和地位的追逐也往往让人心力交瘁。

而对于把工作看成使命感的人来说，工作本身就是生命意义所在，薪水和机会固然重要，但他们工作是因为他们想要做这份工作。他们的力量源于内在，同时也在工作上感到了充实。在工作中达成自我实现，他们所投在工作中的热情和努力，是无法用金钱来衡量的。

文斯尼斯基的建议是："除了收入或是地位之外，人们对于工作的定位，将在很大程度上决定他们对工作及生活的满意度。"

如果你肯把工作当作使命，它对你来说便不再是影响生活质量的负面因素，而是带来幸福感的重要来源。

玫琳凯从不将事业与家庭对立。她总说："成就一番事业是极能令人满足的。你会获得力量并克服你尚未发现的弱点。但如果你在成就事业的过程中失去了家庭，那么我相信你仍然会失败。当有人能和你分享时，成功才真正有意义。回到家独自数钱是一点儿都没有意思的。"

对于生活态度，她说："只要你一次又一次地面带微笑，笑容就会长存，你也就成了真正的你。"

也许你正深陷挫折痛苦不堪，整天愁云惨淡除了能获得怜悯，其实根本于事无补，骄傲的你难道在意的是收获旁人的同情？不如晚上对镜中的"你"笑上几分钟，心理学家告诉我们，外部的体验越深刻，内心的感受越丰富。不如用微笑改造心情，因为，越快乐，越幸运。

微笑对于女人是一种淡然，是一种智慧，是一种坚强。

很多人相信宿命中的所谓流年，只因为凡尘俗世中有很多事情是很难由我们自己把握掌控。所以歌曲唱道："懂事之前，情动以后，长不过一天，留不住，算不出，流年。”

既然流年无可避免，不如就从容面对，即使失婚失爱也不落魄，淡然微笑依然洒脱。不让爱情的来去打扰自己的生活，把所谓的幸福掌握在自己手中。

让微笑赋予你生活新的内涵，将怯懦化为勇敢。

朱自清先生的《女人》中有一句描写女人微笑的句子：“微笑是半开的花朵，里面流溢着诗与画与无声的音乐。”让微笑在你的脸上绽放，心烦意乱时，用微笑让自己走出颓废的低谷；遭遇诽谤诋毁时，微笑对于敌人，是自信的回击。

曾有杂志惊叹：玫琳凯所解放的妇女，比美国女权运动领袖格劳瑞娅·史戴能解放的还要多。但是玫琳凯不喜欢这种比较，她认为，妇女解放就是经济解放，再简单不过。

她帮助了全球千千万万女性改变人生，她拯救了无数女性免遭家庭暴力，最终成为优秀并受人尊重的女人。难能可贵的是，她以“丰富女性人生”为己任，在男性主宰的世界里为女性开拓了一片新天地，实现了千万女性的成功梦想。

静思小语

当你送给生命一个真诚的微笑，一切来自外界的纷扰和来自内心的羁绊都将变得无足轻重。你可以从微笑中领悟到博爱和尊重，也因而挥别生活中的烦恼和尴尬。让微笑在你的脸上绽放，心烦意乱时，用微笑让自己走出颓废的低谷；遭遇诽谤诋毁时，微笑对于敌人，是自信的回击。

高贵的灵魂，永恒的光亮

这世界总有苦难，苦难可以压倒生活，却不能压倒人心。于是，总有这样的人，用高贵的灵魂给人们以指引，她们是人类善良、怜悯和仁慈等优秀品质最完美的化身。她们用纯粹的爱为人们在黑暗中指路。对于这一个个不为一己之私的生命历程，我们向她们致敬。

玛丽·居里：一次稳固自我价值感的修炼

她是历史上第一个获得诺贝尔奖的女性，也是历史上第一个两次获得诺贝尔奖的人；

她拥有强悍的意志和工作态度，因为有她，人们第一次将放射性同位素用于治疗癌症；

她曾拥有一个志同道合的丈夫、一段琴瑟和鸣的婚姻、一个幸福无比的家庭；

她在丈夫去世后曾因为寻觅爱情被冠以“波兰荡妇”的骂名，她伤心愤怒，最后只能选择筑牢抵挡风暴的心灵堤坝；

她是爱因斯坦口中，在所有的世界著名人物当中，唯一没有被盛名宠坏的人；

她知道，盛名、骂名对于一个拥有稳固价值感的人来说，都只是浮云；

她拥有一个丰富而坚定的自我。

“她一生中最伟大的功绩——证明放射性元素的存在并把它们分离出来——所以能够取得，不仅仅是靠大胆的直觉，而且也靠着难以想象的和极端困难的情况下工作的热忱和顽强。这样的困难，在实验科学的历史中是罕见的。居里夫人的品德力量和热忱，哪怕只有一小部分存在于欧洲的知识分子中间，欧洲就会面临一个比较光明的未来。”爱因斯坦如是说。

这位伟大的科学家对玛丽·居里的评价，也是对她科研精神的充分肯定。如果以事业的成就来衡量玛丽·居里的一生，相信在科学史上难以有任何女性能与之匹敌。除了她自己两次获得诺贝尔奖，她的大女儿伊雷娜·约里奥-居里也获得过1935年诺贝尔化学奖。

居里夫人曾感慨："17岁时你不漂亮，可以怪罪于母亲没有遗传好的容貌；但是30岁了依然不漂亮，就只能责怪自己，因为在那么漫长的日子里，你没有往生命里注入新的东西。"

这新的东西就是，凭着日积月累而来的学识所得到的智慧，它使女人在岁月的轻霜爬上脸颊后依然风韵犹存，不失典雅的风范。

学识通过读书、经历的积累，已经不仅仅是饱览诗书、通晓古今这样简单，它已内化成一种气质，处世的灵活机敏、思考的周到深刻，成就了她们健康美丽的丰盛人生。

每一个科学家的成就里面都浸满辛勤的汗水，玛丽·居里更是如此。

她从小就精通学业，在16岁中学毕业时由于当时不允许女子入大学，她曾去乡村做家庭教师。

大约做了六七年的教师后，玛丽·居里在父亲和姐姐的帮助下，获得一次到巴黎大学理学院学习的机会。在这里，她以第一名的成绩毕业于物理系。第二年又以第二名的成绩毕业于该校的数学系，并且获得了巴黎大学数学和物理的学士学位。

在巴黎大学理学院工作时，她结识了自己的爱人——皮埃尔·居里，新成立的巴黎市理化学校的实验室主任。当与玛丽相识时，皮埃尔·居里已是一位小有名气的物理学家。对于两个严谨的科学家来说，实验室应该是培养感情的最好温床，于是，一段友谊升华来的爱情在1895年终于修成正果，从此，玛丽·居里被称为居里

夫人。

婚后两人将所有的精力投入到科学研究中，此时，他们的研究有了一个重大的发现——一种铀盐能自动地放射出一种性质不明的射线。通过进一步的研究，他们发现新的化学元素——钋和镭。

为了向科学界证实他们的研究成果，他们必须要准确测出镭的原子量以作为其存在的证据。于是，他们在一个连搁死尸都不会用的极其简陋的棚屋中，进行了4年不分昼夜的工作。最终，他们从7吨沥青铀矿的炼渣中提炼出0.12克的纯净的氯化镭，并测得镭的原子量为225。在第一次获得诺贝尔奖时，居里夫人的名字差一点儿被忽略，即使被提及也不过是由于丈夫的缘故，而事实上，在她第一次提纯镭的4年漫长生涯中，皮埃尔·居里前两年多一直是在忙自己另外的课题，直到第3年，才加入了她的研究，帮她改进了些许测量仪器，也就是说，这项研究中，皮埃尔·居里更多的是她的合作伙伴和助手。

不管怎样，这样的成绩让他们的生活改善很多，一些荣誉才接踵而至。法国巴黎大学于1903年才授予居里夫人以物理学博士学位，1904年巴黎大学理学院才为皮埃尔开设了讲座。1905年皮埃尔才被推举为法兰西科学院的院士。他们常常为躲避繁忙的社交活动和频频的记者采访去乡村工作，因为他们始终认为，工作才是他们最大的乐趣。可是，这样的幸福却在皮埃尔去世后戛然而止。

1906年4月19日，皮埃尔在参加了一次科学家聚会后，步行回家横穿马路时，被一辆奔驰的载货马车撞倒，当场失去了宝贵的生命。

没有了丈夫的陪伴和支持，玛丽·居里依旧进行着她所钟爱的事业，只是，实验室中忙碌的身影异常孤独。

作为皮埃尔的遗孀，以及一个拥有至高荣誉的科学家，公众认为她应该按照大家期待的样子，一直勤奋并孤独终老。

但是玛丽·居里却不能忽视自己作为一个女人的情感需求，只是，她将感情寄托给了一个并不勇敢的男人。

也就是这一次的感情经历，让玛丽·居里在流言蜚语中无比勇敢。

他叫保罗·朗之万，曾是皮埃尔的学生，他自然要比玛丽·居里年轻，这个年轻的男人无比欣赏这位智慧的女性，并逐渐将这份欣赏演变为爱慕。朗之万作为物理学家同玛丽·居里有共同的兴趣，这是他在妻子那里无法获得的共鸣。朗之万的妻子是一位无知且粗鲁的妇人，不但不能理解物理学工作的伟大，反而几次劝说丈夫辞去当时的科研工作去寻找薪水更为丰厚的职业，甚至，在争吵中，用花瓶打中丈夫的头。当朗之万将头上的伤口给玛丽·居里看时，他可能已经将玛丽·居里看作是一位对自己非常重要的人，至少比自己的妻子更值得亲近。

两人渐渐由相互的钦慕而逐渐演变成爱情，也许是朗之万在粗鲁的妻子以及不近情理的岳父母造成的阴影下的委屈让玛丽·居里更觉得自己有必要帮助他摆脱不幸。

玛丽曾对友人说："他本是个天才！我们一定得救救他。他很软弱……他需要了解，需要温柔与热情。"

于是她写信劝说朗之万离开妻子，就是这一封封言辞诚恳的信件，成了朗之万妻子飞扬跋扈的资本。

她找来记者，于是第二天的报纸头版上刊登了一则两栏的新闻，标题是：爱情故事——居里夫人与郎之万教授。文章开头说："镭之火神秘地温暖了周遭的每一个人，更点燃了不屈不挠研究其特性的科学家心中的火焰。至于其中一位科学家的妻子儿女则以泪洗面。"

这份报纸在法国的1911年11月4日这一天，销量共75万份，舆论一边倒地支持朗之万的妻子。

新闻记者为了报纸的销量自然将整件事情无限扩大，甚至引导公众错误地认为这是一场波兰女人同法国女人的战争。在法国，玛丽·居里深陷舆论的旋涡，各种骂声随处可闻，各种诋毁随处可见，她变成了"荡妇"，在法国人的眼中，她不再是拥有杰出贡献的科学家，一股夹杂着无知与激愤的风暴，开始席卷巴黎。

他们不去了解朗之万妻子到底需不需要同情，也不去了解同情的底线与爱情的价值，当时的巴黎人只是需要一个荡妇来显示自己的道德和忠贞，来显示自己是社会的大多数和领导者。

他们盲目去捍卫道德的底线，却不知道他们无非是通过制造这样一个"不够道德"的符号来消除自己的恐惧和焦虑。

声讨以及谩骂捍卫住了婚姻。

懦弱的朗之万很快回到了妻子身边，他的妻子宁愿默认丈夫同其助手的暧昧关系，也不肯成全玛丽·居里——也许，能撼动她的婚姻的也就只有玛丽·居里。她守住的不是爱情，而仅仅是婚姻这样的躯壳。

在这场感情风波中，舆论对朗之万的妻子同情，对朗之万也极为宽容，对玛丽·居里却苛刻无比，甚至要将她驱逐出境。

她最难过的是，有人称，是她玷污了皮埃尔给他的姓氏。公众认为，这个女人恐怕以后就要销声匿迹，因为这符合公众的期待。

也是这一年，玛丽·居里被舆论推上风口浪尖的这一年，巴黎报纸因为她的绯闻而卖到75万份这一年，她又一次获得诺贝尔奖——诺贝尔化学奖。

她依旧勤奋工作，只是感情不再有任何人可以寄托。

晚年的时候，玛丽这样评价自己和保罗的这段感情：“爱情曾经像镭之光照耀过我的生命，尽管它的放射性几乎摧毁了我的人生，但我不后悔。”

也许就是这样的无悔让她能够在重重压力之下依旧无比坚定。

玛丽·居里一生获得各种奖金10次，各种奖章16枚，各种名誉头衔117个。曾经一位朋友来她家做客，看见她的小女儿正在玩英国皇家学会刚刚颁发给她的金质奖章，于是惊讶地说：“居里夫人，得到一枚英国皇家学会的奖章，是极高的荣誉，你怎么能给孩子玩儿呢？”居里夫人笑了笑说：“我是想让孩子从小就知道，荣誉就像玩具，只能玩玩儿而已，绝不能看得太重，否则就将一事无成。”

爱因斯坦说过：“在所有的世界著名人物当中，玛丽·居里是唯一没有被盛名宠坏的人。”

其实，她也是一位没有被骂名毁灭的人。

也许，这就是人们所说的一种高贵的品质——宠辱不惊。这是一次稳固自我价值感的修炼，简单说，就是一个自信的人，坚定地认为，我的价值不需要别人的肯定，也不会因外力的压力改变自我的认知。我就是我，从不迷失。

不因为众人的称赞就认为自己更优秀，也不因为别人的诋毁而失去自我，对于自我价值感不建立在别人的积极或消极的反馈之上，才是一个不浪费精力而因此有效率的人生。

这应该就是玛丽·居里取得如此大的科学成就的缘故。

如果她每天在沾沾自喜或是愤怒不平中度过，她怎么有时间去进行繁重的科学实验？

她甚至在同朗之万不愉快的感情关系结束几年之后，同意了他一个有些不近情理的请求。朗之万和自己的助手有了私生子，他请居里夫人为这个助手在她的实验室里安排个位置，居里夫人答应了，仅仅是出于一个朋友的好心。

当你感动于玛丽·居里的勤奋以及她对于人类伟大的贡献，更应受教于她高贵的灵魂以及稳固的自我价值人格。

她安静地在自己的世界忙碌，这份她极为看重喜欢的事业带给她荣誉，她极为看重的感情带给她诋毁，她却从不在别人的肯定、褒奖、谩骂诋毁中提升或迷失，恰恰就证明了她本身的价值。

所以，建立稳固的价值十分重要。别再到处索要肯定，去四处“筹借”信心，与其每天惶恐于别人的评价中惴惴不安，不如踏踏实实地做好自己。

玛丽·居里说，如果能随理想而生活，本着正直自由的精神、勇往直前的毅力、诚实不自欺的思想而行，一定能臻于至美至善的境地。

很多年后，玛丽的外孙女伊莲娜-约里奥-居里和朗之万的孙子迈克尔·朗之万结婚，并孕育了子女。

不知道那时的报纸会怎么写。

静思小语

别再到处索要肯定，去四处“筹借”信心，与其每天惶恐于别人的评价中惴惴不安，不如踏踏实实地做好自己。不因为众人的称赞就认为自己更优秀，也不因为别人的诋毁而失去自我，对于自我价值感不建立在别人的积极或消极的态度之上，才是一个不浪费精力而有效率的人生。

海伦·凯勒：唤醒生命的内在活力

她是一位有严重残障的人，却也是一位伟大的教育家和社会活动家；

她被马克·吐温称为19世纪可以同拿破仑并称的奇人；

她是美国总统罗斯福的偶像，罗斯福曾说："任何事情，海伦·凯勒赞成，我就赞成。"

她曾被《时代周刊》评选为"20世纪美国十大偶像"之一；

她最大的成就，也许是因为她可以唤醒生命的内在活力，可以让人感觉到生命的非凡。

海伦·凯勒的故事应该是课本中最励志的事例，她的《假如给我三天光明》曾照亮无数脆弱的灵魂。

在海伦漫长的88岁生涯中，不到2岁时的一场疾病就夺走了她的视觉和听觉，她从此进入了一个永久黑暗与寂静的世界。如果不曾感觉世界的美好，这生命得有多么漫长。

不过海伦是幸运的，她有不曾放弃自己的父母，和一位耐心善良的老师。

当发现海伦看不见也听不

见时，她的父母并没有就此放弃对她的治疗，他们找过很多医生，但是很多帮助聋哑儿童的医生却因为海伦无法看见东西而束手无策。电话的发明者亚历山大·贝尔曾经试图帮助海伦，但是，他的“可视语音”教学法对海伦来讲毫无用处，海伦的父母只得继续寻找能够帮助海伦的地方。在波士顿南郊的帕金斯盲人学校，海伦暂时安顿了下来。在这里，她遇到安妮·沙利文，这个改变她命运的重要人物。从此，安妮与海伦亦师亦友，两人的亲密关系维持了49年，直到安妮去世。

虽然开始海伦并不适应学校的生活，而且学校的学习对她来讲有太多的困难和挫折，但每一次遇到困难想要退缩，都有安妮不厌其烦地鼓励和教导，这让海伦逐渐树立信心。她要学习发声，这是她能够同世界交流的基础，为此，海伦要用触觉来领会发音时喉咙的颤动和嘴的运动，这极其艰难，有时为发一个音一练就是几个小时。她用顽强的毅力进行着最基本的学习，并取得了惊人的成绩。所以，不断进步的海伦有机会进行更进一步的学习。

1894年夏天，14岁的海伦出席了美国聋人语言教学促进会，并被安排到纽约赫马森聋人学校上学，学习数学、自然、法语、德语。

同时学习这几门课程，对于一个正常人来讲都有很大的难度，但是海伦却很好地完成了学习任务。

没过几个月，她便可以自如地用德语交谈；不到一年，她便读完了德文作品《威廉·泰尔》。教法语的教师不懂手语字母，不得不进行口授；尽管这样，海伦还是很快掌握了法语，并把小说《被强迫的医生》读了两遍。

没人知道海伦要为此花费多少精力，牺牲多少休息时间，她迫切地掌握这些知识，因为她知道这些语言工具可以让她对这个世界有更深刻的了解。她飞速进步，不断深造，20岁时，海伦被位于马萨诸塞州剑桥的拉德克利夫学院录取，24岁时从拉德克利夫学院毕业，成为第一位获取学士学位的盲人、聋哑人学生。

一个失去视觉和听觉的女孩24岁时所完成的学业已经可以让她终身受用了，她可以自己去阅读去写作，她可以感受到世界的美好，甚至比一般人还要敏感，因为她对这个世界有太多的好奇。马不停蹄地学习了应该学习的一切，人们本以为这个姑娘该安安稳稳地享受人生时，海伦却更加忙碌。

她急于为盲人事业做出贡献。她到美国各地，到欧洲、亚洲发表演说，为盲人、聋哑人筹集资金，她要尽自己的全力去帮助那些需要帮助的人。因为她的演讲，很多残障人士重拾信心找到自信。1959年联合国发起“海伦·凯勒”世界运动。因为她全心全意为聋盲人的教育和福利事业贡献一生，曾受到许多国家的政府、人民和高等院校的赞扬和嘉奖。

除了演讲，海伦还善于写作，她的文字鼓舞人心，她出版了《乐观》《走向光明》《我的生活》等14部著作。有的被译成50余种文字，阅读她的文字，你会感觉到生命的可贵和美好。

在《享受生活》中，海伦写道：“有时候，当我孤独地坐着等待着生命大门关闭时，一种与世隔绝的感觉就会像冷雾一样笼罩着我。远处有光明、音乐和友谊，但我进不去，命运之神无情地挡住了大门。我真想义正词严地提出抗议，因为我的心仍然充满了热情。但是那些酸楚而无益的话语流溢在唇边，欲言又止，犹如泪水往肚里流，沉默浸透了我的灵魂。然后，希望之神微笑着走来对我轻轻耳语说：‘忘我就是快乐。’因而我要把别人眼睛所看见的光明当作我的太阳，别人耳朵所听见的音乐当作我的乐曲，别人嘴角的微笑当作我的快乐。”

她向人们展示了一个不屈的生命对一种既完整又充满诗意的人生的渴望和追求。

对于我们常人来说微不足道而又不值一提的事物却是她渴望看到的，你也许无视路上美丽的风景，她却可以通过树枝感觉小鸟在音律丰满的歌声中跳跃。

有生命就有爱，有爱就有美丽的人生。对这个美丽的世界充满爱意，是一切奇迹出现的前提。爱是生命的精神支柱，生命因爱而伟大崇高。海伦·凯勒唤起我们生的愿望，时刻提醒着我们生命的美好。

“让每一种感官都发挥它最大的作用，为世界通过大自然提供的各种接触的途径向你展示的多种多样的欢乐和美的享受而自豪吧。”

身体健康的你有什么理由不去感受生命的美好？

梅特林克夫人说：“海伦·凯勒是一个让我们自豪与羞愧的名字，她应该得到永世流传，以对我们的生命给予最必要的提醒。”

海伦最大的奢望只不过区区三天的光明，一天用来感恩，一天用来求知，一天用来享受日常的生活。那篇风行全美的优美散文充满着生命的不屈、执着和达观，其本身就是与灾难的抗争。她的“三天”囊括了人生太多的价值。

海伦是善良和快乐的化身，至于罪恶、不洁、恶毒、邪恶、卑贱、堕落，则与她毫无相干。她就像山谷里的百合花一样纯洁，像天空中的小鸟，像田野里的羊羔一样单

纯、快乐。

世界上没有真正的黑暗，只有晦昧的眼睛。每一个生命，都有它的内在活力，能够顽强乐观地面对困境，是我们的本能，只要我们唤醒内在的生命活力，勇敢面对人生困境与挑战，自强不息，就能够创造生命的奇迹。好比在千年阴暗的深谷中，照进一束阳光，就能驱散深谷的阴暗。这束阳光，就是我们内在的潜力。

而海伦就是用自己的经历让我们看到人类无穷的潜力。

1968年海伦在睡梦中安详地去世，走完了她的一生。

每年的6月27日是“海伦·凯勒日”，这一天也是海伦·凯勒的诞生日。即使她已经远离这个世界，但是，因为有她，我们懂得爱、勇气、珍惜……也更懂得，作为一个健全人的幸运，也因此更加珍惜每一天。

世界上没有真正的黑暗，只有晦昧的眼睛。只要我们唤醒内在的生命活力，勇敢面对人生的困境与挑战，自强不息，就能够创造生命的奇迹。好比在千年阴暗的深谷中，照进一束阳光，就能驱散深谷的阴暗。这束阳光，就是我们内在的潜力。

格蕾丝·凯利：不被时光陨灭的优雅

她是好莱坞的传奇银幕女神，并曾获得奥斯卡影后的桂冠；

她拥有高贵典雅的气质，被人们奉为“天鹅绒女神”；

她的另一个身份是摩纳哥王后，她用她的魅力赢得了一个真正的皇族的心；

她没有坎坷的人生、艰难的历程，却不妨碍她有冷静理性的头脑；

她生命短暂，但她不曾被时光陨灭的优雅以及引领潮头的时尚依旧长存于人们心中。

奥黛丽·赫本、玛丽莲·梦露以及格蕾丝·凯利常常被看作“是明星体系的顶端，比既往者和后来者都要美丽”。

如果说奥黛丽·赫本美在俏丽优雅，玛丽莲·梦露美在性感多情，那格蕾丝应该就是美丽的全部定义。她有一头闪烁着光泽的金发，海水一样湛蓝的眸子和细腻光洁白皙的脸和毫无瑕疵的五官。她敏感而又激情澎湃，是冰与火的结合。简单说，在好莱坞，她基本可以靠脸吃饭，但是人家偏偏要靠实力。有位影评家说：“好莱坞这个电影王国一度曾由两位女皇统治：一位是格蕾丝·凯利，她是高尚的女皇；另一位是梦露，她是低俗的女皇。”

格蕾丝·凯利出演的电影大概十部左右，而主演的电影只有5部，在好莱坞发展不过5年，但她塑造的银幕形象令人难忘。她得到了很多演员梦寐以求的奖项——奥斯卡金像奖。

著名影星加里·格兰特在同她合作后，曾对凯利的演技表示欣赏，他说：“你就像是集万千角色的优点于一身。”

虽然格蕾丝是凭借乔治·希顿的《乡下姑娘》中饰演一个帮助酗酒的丈夫振作却胆小如鼠的乡下姑娘来摘取影后桂冠的，但很多人还是认为，是希区柯克成就了格蕾丝。希区柯克连续在《电话谋杀案》《后窗》和

《捉贼记》3部影片中启用格蕾丝，尽管当时格蕾丝还名不见经传，但是希区柯克却发掘出格蕾丝隐秘的潜力。用希区柯克的话来说，她就是一座“被冰雪覆盖的火山”，即使充满了巨大的爆发力却永远是温文尔雅。

不管是何种角色，格蕾丝都认真演绎，不管是孱弱还是睿智，她都能够将角色演绎得十分生动，一向苛刻的希区柯克都对她推崇有加。

事实证明，作为演员她极具天赋。可是当初，她差一点儿与演员这一职业擦肩而过。

格蕾丝出生在一个富裕家庭，父亲约翰·凯利是家族企业的继承人，后来又在建筑业发迹，家境十分殷实。其实格蕾丝就算是不工作也可以生活得很好。父亲和母亲都爱好运动，他们一家都有超强的运动精神，父亲爱好划船，母亲曾是宾州大学女子田径队的指导，哥哥是出色的划船运动员，后来还当上美国奥林匹克委员会主席。在格蕾丝选择从影时，几乎遭到全家的反对，尤其是她的父亲，在父亲眼中，演员是妓女的一个别称。但是格蕾丝却十分确定自己的选择，她不顾父亲的反对，只身前往纽约找寻自己的前途。

多年后，格蕾丝用斐然的成绩证明了自己选择的正确。她在好莱坞迅速崛起，享受着观众的掌声和影迷的追捧。

但是，她却并未在盛名中迷失。由于没有经济方面的迫切需求，她可以从容地选择剧本，选择她认为值得拍摄的影片和能保证影片质量的导演，也因此她主演的电影部部都是精品。

毫无疑问，在事业上，格蕾丝取得了巨大的成功，而在感情生活上，同她合作的男星库伯、盖博、米兰德、霍顿、克劳斯贝、格兰特、辛纳屈几乎都同她擦出过火花。格蕾丝尝试同他们交往，这也是一个妙龄女孩儿的正常情感需求，不过这些常常被外界指责不够检点。格蕾丝曾说：“我不断陷入爱河，我从不认为这是不对的或者是坏事。”的确，如果没有这些感情经历，格蕾丝不会在婚姻问题上做出如此重要的决定。

在她事业的巅峰时期，格蕾丝向公众宣布，她将嫁给摩纳哥国王雷尼埃三世，成为摩纳哥王国的王妃。

这让很多人非常诧异，毕竟格蕾丝能从一位奥斯卡影后成为一个国家的王后，很让人惊喜，大家都觉得这就像是灰姑娘到公主的蜕变。同时，人们又有些惋惜，雷尼埃三世相貌平平，自然不能和格蕾丝合作过的男影星相比，同格蕾丝站在一起，总是有些不太般配。

于是很多人又揶揄，格蕾丝不过是看中王妃的地位，言外之意，同很多女性一样，格蕾丝还是没能去除功利之心来选择自己的爱情和婚姻，而事实上却并未如此。

先从摩纳哥这个国家说起。

这是一个位于欧洲的城邦国家，它在法国东南方，面积只有1.98平方公里，是世界第二小的国家，赌城蒙特卡洛是摩纳哥较为著名之地，后来因为格蕾丝的名气才让世界的目光聚集在这个弹丸之地。而在格蕾丝出嫁时，她的父亲还必须得为了这门亲事向摩纳哥“缴纳”百万美元的陪嫁。

也就是说，成为王妃并不是格蕾丝高攀。以她当时在好莱坞的名气和地位以及家庭背景，她可以在美国的电影王国成为王后，她并不需要这个不见经传的小王国的王妃身份来抬高自己。

说来说去，能够让她走向婚姻的，不是名气和地位，而是最重要的感情。

在好莱坞的日子，她看清了这里的浮华，她知道自己需要的是什么。

1955年，当在戛纳同摩纳哥国王雷尼埃三世邂逅后，她渐渐明白了爱情的真谛。格蕾丝说：“我嫁给雷尼埃三世是因为我深深爱着他，而非他的特殊身份。”

雷尼埃三世不但给了她隆重的婚礼，还给了她踏实的爱情。

而格蕾丝也尝试着去做一名合格的王后，她学习摩纳哥的历史、传统、礼仪，尽量辅佐雷尼埃三世处理国家事务。格蕾丝全力配合丈夫的政治主张，当雷尼埃颁布法令削弱自己的权力时，格蕾丝宣布解散卫队。她甚至像普通民众一样乘坐出租车，以拉近同他们的距离。格蕾丝还发挥自己所长，致力于振兴摩纳哥的戏剧、芭蕾舞演出产业，令这个袖珍国家成为欧洲的文化会议中心。除此之外，格蕾丝还建立了格蕾丝王妃基金会，扶持本地的艺术家。她常常看望孤儿，并以不懈的慈善工作赢得了整个国家的尊敬。

婚后，格蕾丝也曾有过回到好莱坞拍电影的想法，只是，身为王后她有太多的顾虑，她必须要照顾到她的人民的感受，也要考虑王室的颜面。而最重要的是，雷尼埃希望她有更多的时间照顾家庭。所以，格蕾丝放弃了这样的计划。

雷尼埃对妻子非常满意，他们的生活也足够美满，虽然有好事者总是在寻找格蕾丝不幸福的证据，虽然每对夫妻都会有意见相左的时候，他们也许也会吵架，但是，没人能拿出他们不和的证据。一直到1982年格蕾丝在一起车祸中丧生，他们的美满生活才就此结束。雷尼埃悲痛欲绝再未结婚，以此来表达他对妻子的深情。

格蕾丝的生命虽然短暂，但是她的人生并不波折，这在同期好莱坞女星当中是极为难得的。不同于其他缺乏安全感的女明星几次兜兜转转找不到真爱，她始终知道自己需要什么，这大致是源于她冷静理智的情感，她有足够的自信来胜任每个角色。她不需要寻找安全感，只需要找到一个携手一生的伴侣，她不需要从对方那里索取太多情感，所以更懂得怎样去经营婚姻。她的婚姻长达26年，如果不是意外身亡，这段婚姻会持续更久。

除了影后和王后这两个头衔，格蕾丝对时尚的诠释还曾引领潮流，就是在今天你也会看到价格不菲的爱马仕的一款“凯利包”。这款包的名字就是来源于格蕾丝·凯利。1957年，身怀六甲的格蕾丝为躲避媒体镜头，以自己的爱马仕手袋遮掩微凸的腹部，这个画面迅速成为了当时杂志的封面，该款提包声名大噪，人们纷纷争相购买同款包包，后来爱马仕先生便用凯利的名字来命名这个手袋。

克里斯蒂娜·郝格兰在《格蕾丝·凯莉：时尚偶像到皇室新娘》一书中写道：“包括百货商店的橱窗，格蕾丝·凯莉的时尚形象无处不在。”

而《广告狂人》的服装设计师詹妮·布莱恩特说：“每次见到格蕾丝·凯莉，我都被她的穿着所倾倒，如此简洁经典，却又永远震撼人心。”

2012年，由妮可·基德曼主演的《摩纳哥王妃》开拍，世人看到格蕾丝·凯利的故事再一次被演绎，这是人们铭记怀念她的方式。

静思小语

比起绝世的美貌、奥斯卡影后、皇室的婚姻，更让人赞叹的，是她的冷静与理智。不同于其他缺乏安全感的女明星几次兜兜转转找不到真爱，她始终知道自己需要什么，这大致是源于她冷静理智的情感，她有足够的自信来胜任每个角色。她不需要寻找安全感，只需要找到一个携手一生的伴侣，她不需要从对方那里索取太多情感，所以更懂得怎样去经营婚姻。她铭刻在人们记忆中的，永远是那不曾被时光陨灭的优雅。

弗洛伦斯·南丁格尔：高贵的灵魂，永恒的光亮

她是19世纪出类拔萃、被世人敬仰和赞颂的伟大女性；

她出身名门，放弃了优越的生活，从事在当时毫无地位的护士工作；

她是世界上第一个真正的女护士，后人赞誉她为“伤员的天使”“提灯女神” 和“提灯天使”。

她开创了医学护理事业，为医学界中重要的护理事业做出了无比巨大的贡献；

她的半身像被印在10英镑纸币的背面，在每年5月12日的“国际护士节”，人们都要纪念这位伟大的女士。

1820年5月12日，弗洛伦斯·南丁格尔在父母旅行欧洲的途中出生。她的家境富裕，父亲是英国王族，毕业于剑桥大学，有很好的文化修养，精通英、法、德、意四门语言，音乐、绘画以及自然科学、历史和哲学都非常擅长，不管是物质条件还是文

化氛围，南丁格尔的生活都十分优越。青年时，她在巴黎大学学习文学、数学、历史、哲学，她不但功课俱佳，音乐和绘画也很有天赋。大学毕业后，她的父母认为，已有相当学识和文学艺术修养的女儿应该在绘画或音乐上继续发展，应该可以有所成就，他们的女儿应该有一个更为安逸的生活，并在高雅华贵的同伴中做一个众人羡慕的窈窕淑女。

可是，南丁格尔对于自己的未来却有不一样的规划。

舞会的喧嚣、沙龙中的周旋，让南丁格尔感觉这样的生活极其无聊，她在日记中这样写道："我想就职、经商，只要是需要的事，什么都可以，那种值得我全力以赴去干的工作，对我来说无论如何是必须的，我一直在寻求它。"

而她最终选择的职业却并未得到家人的认可。

在当时的英国，医院并未像现在这样整洁，那里医疗条件落后，医生和护理人员也并未有如今的社会地位，反倒是因为整日和病人打交道而受到歧视。因为病人意味着细菌、病毒，甚至死亡，所以，没人愿意同这些人有所关联。如果不是地位低下或是特别贫穷的人，没人选择去医院工作，所以，即使来到这里工作，很多人也非常排斥这项工作，因为不得已而为之，自然工作也并不认真，甚至态度非常恶劣，医院的护理人员的名声从而越来越差。

所以，当南丁格尔选择去医院工作时，几乎遭到所有人的反对。

她优越的条件并不需要她迫于生计在那种地方工作，而且，她艺术上的天赋会让她有更尊严、更体面的职业。如果真去医院工作，她的家人都觉得她会把细菌或病毒带回家！家里每个人都强烈反对，但是南丁格尔却依旧没有放弃自己的决定。

她还记得在她25岁那年秋天发生的一件事情。那一年，她所居住的区域发生了一种传染病，很多人因为感染瘟疫需要治疗和护理，南丁格尔看到医院需要人手，她便同当地的牧师一道，积极地投入到了护理病人的工作中。但是在这里，她却亲眼看到一位妇女痛苦地死去，这对她内心触动极大。这位妇女并非死于疾病，而是在治愈后的护理中由于护理人员不具备专业护理知识，送药时出现失误，致使那位妇女因服错药不幸去世。南丁格尔深知护理人员专业性的重要，她更是亲力亲为，要做这个职业的典范。

这不是一时的冲动，对于臭气熏人、污渍斑斑的医院，南丁格尔早已习惯，她不在意，是因为她知道自己行为的价值。

她要做一个不但耐心细心而且专业的护士，并让身边这样的护士越来越多，只有这样，才能真正使更多的病人得到救助。

她想去诊所或是医院学习，但是家人强烈反对，她只能在家自己偷偷地研读医学教材，并写信向专家请教她通过阅读无法解答的问题。她的母亲留给南丁格尔很多家务劳动，希望通过繁忙的事务让女儿早一点儿忘了那个不切实际的想法，但南丁格尔却在给朋友的信中写道："这就是生活吗？难道一个有理智的人，一个愿意有所作为的人，每天想要做的，就是这些吗？"

当理想变作使命，她的态度更加坚决。她的家人知道这并非是一个青年的一时热情，也就不再干涉她的决定。1851年，南丁格尔来到德国弗利德纳牧师主持的一个机构受护理训练，在这里，她第一次将所学到的理论知识用于实践，即使这里居住环境简陋，但是南丁格尔依旧每天过得十分快乐和充实。她感觉自己离理想越来越近，她的努力、她的探索，也使日后"护士"这门专业越来越趋于完善。

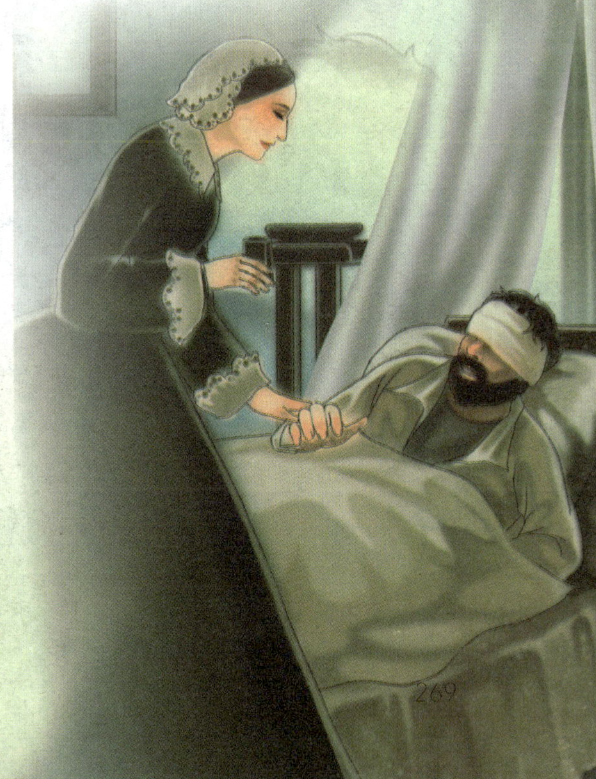

在这里，南丁格尔积累了很多护理知识，1853年她来到巴黎“慈善事业修女会”考察护理组织和设施，学习了许多护理经验。她回到英国，得到慈善委员会的资助，在伦敦哈雷街1号成立了一个护理所，拥有了自己的护理机构，她可以让自己的经验更多地应用于临床。

在她的护理中心，她收留了很多生病的妇女，她主张“任何妇女，不分信仰，不分贫富，只要生病就可收留”。在护理病患时她发现，由于病人体质虚弱，在需要护理人员时凭借呼喊的声音有时并不能叫来护士，于是她创造性地使用拉铃召唤的方式，解决了病人无法及时找来护士的困难。她的护理中心一改之前医院的脏乱以及医护人员的粗鲁，也逐渐得到大家的认可。而南丁格尔的父亲知道，女儿的工作并不会有丰厚的收入回报，为了让女儿生活得舒适一点儿，父亲决定每年资助她五百英镑来改善生活。

南丁格尔在护理专业上有了很大提高。很快，她就发挥所长为国家做出了巨大贡献。1851年8月克里米亚战争爆发，在战争中，英国的伤亡惨重，大多数受伤的士兵因为得不到专业的护理而病情加重导致死亡。英国政府因此呼吁医生和护士能够挺身而出，奔赴战场救助伤员。南丁格尔自告奋勇，她带领由38名护士组成的医疗队来到前线。

在野战医院，南丁格尔看到无数的伤兵，而伤兵所住的环境极其恶劣，这里老鼠遍地，虱子、臭虫成灾，到处是污秽和垃圾，许多伤员就睡在地板上。由于卫生极差，通风不良，使本来就有伤口的伤兵极易感染细菌和病毒，而事实上，

很多伤兵也是因为感染疟疾和痢疾身亡。她迫不及待地想要进入病房帮助医生进行医治，但是，起初医生并未给她这样的机会，基于传统认识，女护理人员常常被歧视。于是，南丁格尔带着自己的护理队索性首先清理医院，她们每天工作近20个小时，尽快使医院达到卫生标准。很快，医院的环境就焕然一新，为了添置更加卫生和先进的医疗设备，南丁格尔拿出自己的3万英镑来改善伤员的生活环境和营养条件。终于，医生被她打动，她开始同医生并肩作战，共同救死扶伤。

她细心地照顾士兵，用最专业的护理来挽救垂死的病人。这里有无数的病人通过医治全面康复，伤员死亡率也由原来的40%下降到2%，南丁格尔的贡献有目共睹。她号召并要求自己的护理队伍每晚巡视，她常常提着风灯巡视病房，即使白天巨大的工作量已经让她疲惫不堪，她仍坚持这项制度，她认为，这不但有利于观察病人的病情变化，对于当时的伤员来讲，他们的情绪也能得到安抚，因为他们知道，自己的生命并未被放弃，也因此感受到关怀所带来的温暖。

曾经有伤病员写道："灯光摇曳着飘过来了，寒夜似乎也充满了温暖……我们几百个伤员躺在那儿，当她来临时，我们挣扎着亲吻她那浮动在墙壁上的修长身影，然后再满足地躺回枕头上。"

这样的描述，后来被人们称为"壁影之吻"。

这样温馨的场景让无数人为之动容，人们感受到的是一个善良的灵魂对于伤痛的抚慰。南丁格尔手提油灯，夜夜穿梭于崎岖小路，她用摇曳的灯光为伤员照亮康复之路，士兵们亲切地称南丁格尔为"提灯女神""克里米亚的天使"。她得到的感谢和尊重让她拥有更大的勇气去完成自己的使命。

当1856年11月作为最后的撤离人员返回英国时，她受到了国内公众的高度赞扬。英国准备了隆重的欢迎仪式，迎接这位"克里米亚的天使"。她奇迹般的护理效果，让民众感到不可思议，同时，人们也对护士工作的重要性有了重新的认识。

1860年，她用公众捐助的南丁格尔基金在伦敦泰晤士河边的圣·托马斯医院创办了“南丁格尔学校”，世界上第一所正式的护士学校由此诞生。她培养了很多优秀的专业护士，而这里面的大多数护士都被欧美等国聘请来创办本国护士职业学校。从此，南丁格尔开创的护理学校开始在全世界推广，也曾使无数国家受益。

1907年，英国女王颁发敕令，授予南丁格尔一枚功绩勋章。她成为英国历史上第一位接受这一殊荣的妇女。

1910年8月13日，90岁的南丁格尔在安静的睡眠中离世。

现如今，无数的医护人员以能够得到南丁格尔奖章为自己工作的最大梦想。而世人为了纪念南丁格尔的贡献，将她的生日——5月12日定为国际护士节。南丁格尔曾经的誓言成为了护士的座右铭：“勿为有损之事，勿取服或故用有害之药。尽力提高护理之标准，慎守病人家务及秘密。竭诚协助医生之诊治，务谋病者之福利。”

于是，当一个个白衣天使静静地守候在生命的荒林，她们耐心地面对痛苦和呻吟却丝毫没有抱怨，她们专心致志地忙于自己的工作。同她们舞动的白衣共存的，就是南丁格尔传承下来的不灭的生命赞曲。

南丁格尔将博大的爱心献给了千百万病人和受伤的士兵，她看重的是病人康复时幸福的笑容和感激的目光，她使护士变作天使，她传承下来的不灭的生命赞曲鼓舞着每一个医护人员发扬救死扶伤的传统，人们必须向她致敬，因为她的善良和伟大温暖着人类。

成长，永远是自己最重要的事

一个世纪之前，有人说，女人要有一间属于自己的小屋，一笔属于自己的薪金，才能真正拥有创作的自由。拥有谋生能力，才有不将婚姻当作谋生手段的资本，才可以去谈论爱情。爱情应该是心甘情愿地付出关心，付出爱护，表达欣赏，表达尊重，而不是索取关心与道德绑架来的一生捆绑。想办法成为自己，去追寻灵魂的独立和自由，努力成长，这同苦心经营爱情同样重要！

玛丽莲·梦露：安全感，只来自于自己的内心

她的金发、碧眼、红唇，以及被风吹起的白色裙子，是世人心中永恒印记；

她童年不幸，年幼时曾在养父母、亲生母亲、监护人中辗转流离；

她做过普通的平民女工，也把握住成为性感女神的机会，她知道成名的代价；

她在纸醉金迷的好莱坞，除了烟酒、药物，书籍也曾是她灵魂的寄托；

她渴望幸福，爱情却兜兜转转；

她备受众人追捧却孤独至极；

她动人的表演风格和正值盛年时的陨落，让她成为影迷心中永远的性感女神。

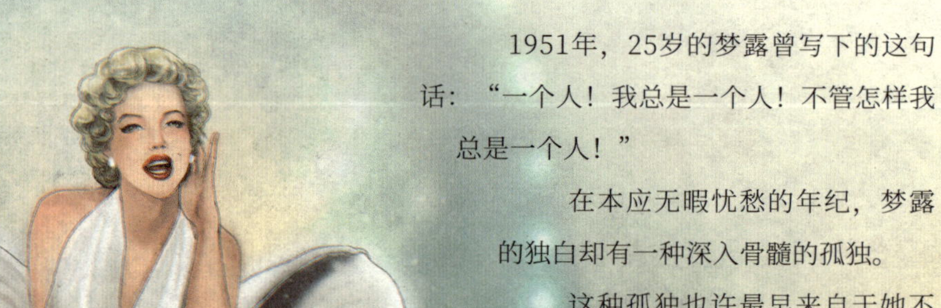

1951年，25岁的梦露曾写下的这句话：“一个人！我总是一个人！不管怎样我总是一个人！”

在本应无暇忧愁的年纪，梦露的独白却有一种深入骨髓的孤独。

这种孤独也许最早来自于她不幸的童年。

梦露出生时，她的母亲正濒临生活的绝境。她是母亲的第三个孩子，而梦露的两个姐姐被他的父亲带走，她的父亲还给她的母亲留下措辞十分生硬的便条：“我把孩子们带走了，你永远也找不到她们了。”

很显然，这是一次不太愉快的分手。她的母亲受到了家族的精神病史的遗传，没有办法照顾女儿，梦露从小就被寄养别处，同她的养父母生活9年后，她曾被送到孤儿院，后来又被母亲的好友收养，到了16岁时，养父母要前往弗吉尼亚州生活，他们准备放弃梦露。如果没有更好的去处，梦露只能回到孤儿院。

这时的梦露有一个正在交往的男朋友，对于当时的她来讲，结婚似乎是最好的选择。于是，在16岁生日，梦露嫁给了大她5岁的多尔蒂。也许这次的婚姻是出于无奈，可是，这也让她不再居无定所，与无休止地被驱遣的命运相比，稳定的生活是她最迫切的需求。婚后不久，她的丈夫应征入伍参加“二战”，梦露在洛杉矶附近的一家军用飞机工厂找到一份检查降落伞质量的工作。作为一个普通女工，她的工作乏味而枯燥。随着“二战”宣告结束，美国迎来消费主义和性解放的年代，好莱坞也需要新一代的明星。而梦露之前曾向往模特职业，她曾拍摄了一组与飞机工作有关的照片，并深受好评，这给了她信心和勇气。她开始关注好莱坞的一切，并渴望有机会可以创造属于自己的传奇。她的丈夫并不支持她的梦想，甚至要求她在事业与家庭中必须做出选择。1946年，20岁的梦露选择同丈夫结束4年的婚姻，此时她踌躇满志，她的电影梦也正式起航。

在一次试镜中，她赢得了20世纪福克斯高层人物的肯定及为期6个月的工作合同。这对梦露来说是个不错的开始，可这仅仅是一个不错的开始，影视道路的发展并非她想象的一帆风顺。但是，梦露却一直在努力。她曾经说过：“我注定要为我的性感付出很多，因为这是我自己选择的生存方式。”

梦露迎合当时大众的审美标准，注重形象，她常常练习性感的微笑，每看完一场电影，她都会在房间中对着镜子模仿，包括肢体动作、面部表情等。每次都是坚持到模仿到位才会停止。好运总是光顾有奋斗心的人，1947年玛丽莲·梦露终于以《危险的年代》一炮而红银幕，随后的《尼亚加拉》《如何嫁给百万富翁》和《绅士爱金发美人》三部电影大获成功，梦露性感的金发形象深入人心。

事业上收获成就的梦露此刻依旧孤独，也许追逐梦想时的忙碌让她暂时忘却了孤独的恐惧，可是当她写下“一个人！我总是一个人！不管怎样我总是一个人”时的落寞依旧让人心疼。她的孤独需要出口，于是，有了她的第二段婚姻。

1952年，在一家意大利餐厅，梦露和她的第二任丈夫迪马吉奥相识。迪马吉奥是美国棒球史上的传奇人物，他认识梦露后便苦苦追求。有过一次婚姻的梦露自然能够分辨出真情与假意，迪马吉奥对她的感情之深厚让不安的梦露非常踏实。的确，在梦露的一生，也许就只有迪马吉奥是最爱她的人。只是他的爱有些极端，他的爱极其自私，他将梦露当成私产，他不能忍受梦露在工作中的表现，即使那不过是逢场作戏，他也将嫉妒的情绪不合理地释放出来，他对梦露屡次家暴。这样扭曲的爱让梦露的精神和肉体都受到伤害，这段梦露寄予厚望的婚姻仅仅维持了9个月便无疾而终。迪马吉奥在离婚后感到很痛苦，直到梦露去世前，他都一直以自己的方式支持梦露，并不时谋求复合。迪马吉奥从未再婚，他在1999年去世，说的最后一句话是：“我终于要见到玛丽莲了。”

经历了第二次失败的婚姻后，梦露只能再次将重心转移到事业上来。1955年，玛丽莲·梦露同好友成立了电影制片公司，这不但能让自己有更多更自由的拍摄选择，从物质上来讲，也可以获得更多的经济收入。电影公司成立时，她的老东家20世纪福克斯电影公司的老板非常轻视梦露的选择，他曾满不在乎地说 ：“随她去吧，一个草包美人还能威胁到我的公司？真是笑话。”

于是梦露用她的努力瓦解了所有的歧视，经过一年的努力，以性感巨星形象出现的梦露成为好莱坞最抢手的女演员。

荧幕中的梦露总是性感得令人垂涎欲滴，却又笨拙得惹人怜爱。

人们总是将荧幕形象同明星本人画上等号，所以，很少有人关注她的思想与灵魂。她说：“好莱坞是这样一个地方：人们愿意花一千美元向你索吻，也不愿意为灵魂的相交花去分文。”

在纸醉金迷的好莱坞，玛丽莲·梦露有着一个与她外表完全不符的寄托：书籍。

她喜欢阅读，她有满架的图书，并总是认真地阅读。她在阅读时的表情，总是严肃而认真，她有长长的书单，她喜欢读惠特曼，她读完了《尤利西斯》，读书成为她最好的学习方式。源自于对文学的喜爱，她选择与剧作家阿瑟·米勒开始了她的第三段婚姻。

对文学的热爱，对知识分子的倾慕，让她认为这一次的婚姻应该是美好的，她在结婚照上写下一个词：希望、希望、希望。

这应该是梦露最看重的一段感情，梦露帮助阿瑟·米勒支付其前妻的赡养费，动用自己公司的资金为米勒在英国购买了一辆捷豹汽车，甚至为融入阿瑟·米勒的世界改信犹太教。

然而，希望越大，失望越大。

阿瑟·米勒认为自己在成为梦露的跟班，无法进行有价值的创作，他以文学家的敏感质疑他与梦露之间的关系。敏感的梦露也意识到两人的

距离，她想要生孩子来维系这段婚姻，却一再流产，她预感到米勒的疏远，也再一次感觉到将被抛弃的绝望，她开始借助酒精和毒品来缓解情绪和压力，而这些最终让她的婚姻彻底破灭。

离婚后的梦露患上了严重神经衰弱，为此，她曾进精神病院做短期治疗，体重骤然减少，人们常看到她在很多场合力不从心。甚至在一次颁奖典礼上，她因为酗酒而有些失态。

这个时代的宠儿并未引起公众的过分担心，因为，她会在心情不错时依旧光彩照人，她曾风情万种地为J.F.肯尼迪总统庆生，在祝寿的庆典上，玛丽莲·梦露深情款款地唱了那一首著名的“生日快乐”，也因此，有关玛丽莲·梦露和肯尼迪总统的绯闻广为流传。

在梦露36岁生日时，她还拍下一组生平极有魅力的照片，照片中，她丰腴如初，风韵依然。

然而两个月后，洛杉矶西区警察局接到报警，玛丽莲·梦露被发现死在家中的床上，赤身裸体，手里拿着电话，法医查出死因是过度服用安眠药。

就这样，曾经鲜活的生命戛然而止，她的美貌与性感在时间里凝固，36岁的梦露永远不用老去，她的生命永远地停留在这里。

关于她的死因，众说纷纭，至今没有定论，也许这将是永远的秘密。

人们已经习惯消费她的性感，却无人懂得她的孤独。

她曾在日记中写道：“缺乏持久的爱和关照，结果是对世界的不信任和恐惧。这是毫无益处的，最多告诉我年轻人、病人和弱者的基本需求是什么。”

她从未忘记早年的贫寒经历和居无定所带来的随时将被抛弃的恐惧。

她曾对克拉克·盖博说，她不知道自己的父亲是谁，当心中需要这样的角色，她便将荧幕中的他看作自己的父亲，她说，你是我的“秘密父亲”。而盖博闻听此言，先是露出微笑，继而潸然泪下。

她拥有最为喧嚣和掌声，却永远不能驱走心中的黑暗及孤独，她永远是一个孤儿，一个已被抛弃和随时等待被抛弃的弱者。

所以，她才要神经质地不断去寻找更牢靠的男人，为自己求得片刻的稳定感。她不断地走向虚荣与繁华，不断地寻求虚幻的荣耀，她得到金钱与名声，却还是找不到快乐。

也许，安全感从来不是来自于外部的世界，没有从内心深处地信任自己能够掌控自己命运的信心，才是她最大的恐惧来源。建立对于未知的信心，信任自己有让自己幸福的能力，才是生命的关键。

梦露从未想通，她找到爱，追求爱，每一次却总是惨淡收场的根源。但是这并不妨碍她成为每个男人的梦想，她明艳的笑容依旧会出现在男人的梦中。

静思小语

安全感从来不在外部的世界，没有从内心深处地信任自己能够掌控自己命运的信心，才是最大的恐惧来源。建立对于未知的信心，信任自己有让自己幸福的能力，才是生命的关键。

弗吉尼亚·伍尔芙：拥有平等爱人的能力

她是意识流作家，在两次世界大战期间是伦敦文学界的核心人物；

她是现代主义与女性主义的先锋，曾被誉为“20世纪现代主义与女性主义的先锋”；

她是无性主义者，却有一个体贴入微的丈夫，心甘情愿地同她度过了29年的无性婚姻生活；

她时常触探生命的哲理，甚至不惜结束生命来换取自我的完整性。

认识伍尔芙，是因为读了她享誉世界的文学著作《到灯塔去》。而这本书也大致以自己的家庭为背景，拉姆齐夫妇的原型即是她的父母亲。

《到灯塔去》讲的故事并不复杂，拉姆齐一家和几个客人在小岛海滨别墅里寻常的一天——他们计划第二天到灯塔去，但却由

于天气不好而未能如愿。大战爆发，拉姆齐夫人辞世，女儿普鲁难产早逝，儿子安德鲁战死，战后拉姆齐先生携带一双儿女乘舟出海，终于到达灯塔。

他们所向往的前方明亮的灯塔，就像生命中的梦想、希望。孤岛上灯塔的光亮越过黑暗的海水射向对岸，照亮了人的心灵。而书中的莉丽·布里斯科正是她自己的化身，于是，从这里，你能看到一个最为真实的伍尔芙。

她认为爱情宛如壮丽的火焰，但因为必须以焚弃个性的“珍宝”为代价，因此视婚姻为“丧失自我身份的灾难”。

对于爱情和婚姻的悲观大概是源于她不太美好的少女时期经历。

1882年1月25日，伍尔芙出生于英国伦敦，她的父亲莱斯利·斯蒂芬爵士是维多利亚时代出身于剑桥的一位著名文学评论家、学者和传记家。父母亲在结婚前都曾有过一次婚姻，父母结合后又生下四个孩子。伍尔芙在她少女时期曾遭受同父异母兄长的侵犯，这让她对于性极度厌恶，甚至弃绝。

1895年5月，伍尔芙的母亲去世，这让伍尔芙精神崩溃。1904年2月，父亲去世。5月，伍尔芙第二次精神崩溃，并试图跳窗自杀。两次亲人的离去给她的精神带来巨大的创伤，也成为她精神疾病无法治愈的根源。1905年，伍尔芙开始以写作为职业。她曾在《卫报》《时代文学增刊》上多次发表文章。

她对文学有着自己的理解，在自己的读书心得中说，作为一个读者，独立性是最重要的品质。如果把那些衣冠楚楚的权威学者请进图书馆，让他们告诉我们该读什么书，那就等于在摧毁自由精神。她以自己的方式写作，而不是遵循什么文学传统，她致力于捕捉瞬间印象，在小说中尝试意识流的写作方法，试图去描绘在人们心底里的潜意识。也因此，她在文学上的成就和创造性至今仍然产生很大的影响。伍尔芙把艺术看得高于一切。她在《奥兰多》中说：即使秘鲁的所有金矿，也无法为他买来一行优美的诗句。她曾是著名的布卢姆斯伯里团体的一员。这个团体是一个文艺和学术的中心，当时文化界的大批精英都云集于此，包括哲学家罗素、诗人T.S.艾略特、文学批评家德斯蒙德·麦卡锡、经济学家约翰·梅纳德·凯恩斯、画家邓肯·格兰特、作家福斯特等。伍尔芙与这样一批知识精英切磋文学和艺术，智慧、自由平等的精神灌输到她的心灵深处。这时，伍尔芙还有一个有意思的称呼："高雅的文学势利眼。"她欢迎那些拥有超凡智慧和独到见解的才子才女，却不能忍受那些附庸风雅的平庸者，伍尔芙常常不留情面地讥讽，用毒舌与冷眼将他们拒之门外。

在布卢姆斯伯里，伍尔芙认识了她的丈夫伦纳德。伦纳德毕业于剑桥大学，饶有文才，但是在人才济济的布卢姆斯伯里却并不出众，同伍尔芙的结合一度让人替这位才华出众的女人惋惜，甚至有人并不认为他们会幸福。可事实上，选择伦纳德，成了伍尔芙最正确的选择。

在认识伦纳德之前，伍尔芙曾与利顿·斯特雷奇订婚，但最终两人都没有勇气面对婚姻。毕竟，同伍尔芙一同生活需要勇气。

可当伦纳德同伍尔芙相处一段时间后，他极其欣赏倾慕伍尔芙的娴雅风度和超凡智慧，他鼓起勇气向伍尔芙求婚，他在求婚信中诚恳无比："我自私、嫉妒、残酷、好色、爱说谎而且或许更为糟糕。因此，我曾告诫自己永远不要结婚。这主要是因为，我想，我觉得和一个不如我的女人在一起，我无法控制我的这些恶习……你是多么聪明、美丽、坦率。此外，我们毕竟都喜欢对方，我们喜欢同样的东西和同样的人物，我们都很有才气，最重要的还有我们所共同理解的那种真实，而这对于我们来说，是很重要的。"

对于伍尔芙来讲，走进婚姻绝对需要勇气，但是她被伦纳德的诚意打动，1912年，俩人结婚。伍尔芙才华非凡，却不等于她是一个合格的家庭主妇，而事实上，她在照顾家庭方面能做的少之甚少。伦纳德却并不在意，他宽容这位迷糊的妻子做饭时把婚戒丢在猪油里，也不在意她在参加舞会时把衬裙穿反。他甚至可以迁就伍尔芙极度厌恶性，并心甘情愿地度过了29年的无性婚姻生活。更为艰巨的任务是，他必须细心地照料着时刻处于疯癫阴影下的妻子。伍尔芙常常在完成自己的作品后病情都会受到影响，她的神经极为脆弱和敏感，她无法客观地听取别人对她作品的评价，除了伦纳德之外。伦纳德是唯一可以评价她的作品而不会引起她不安的人。在伦纳德的照顾下，伍尔芙完成了一部部精彩的小说，也迎来了文学生命的全面绽放。1930年，伍尔芙告诉一位朋友，没有伦纳德，她可能早就开枪自杀了。伍尔芙发病时，常常情绪激动，无法自控，是伦纳德一次次轻轻用手按住伍尔芙激动的肩膀，伍尔芙无条件地把自己交托到他手中的神情，也近乎神圣。他们的爱情被称为20世纪最伟大的感情。丝毫不计较尘世间的算计，并可以包容其所有的不完美，伦纳德迷恋宠爱了她29年。他用自己的爱情标准践行一生：爱己所爱，无论对方的生理性别或其他种种。

1941年3月28日，59岁的伍尔芙最终无法忍受精神疾病的折磨，她在口袋中装满石子，然后一步步走向河流深处。

自杀前，她在留给丈夫的遗书中写道：

最亲爱的：

我感到我一定又要发狂了。我觉得我们无法再一次经受那种可怕的时刻。而且这一次我也不会再痊愈。我开始听见种种幻声，我的心神无法集中。因此我就要采取那种看来算是最恰当的行动。你已给予我最大可能的幸福，你在每一个方面都做到了任何人所能做到的一切。我相信，在这种可怕的疾病来临之前，没有哪两个人能像我们这样幸福。我无力再奋斗下去了。我知道我是在糟蹋你的生命；没有我，你才能工作。我知道，事情就是如此。你看，我连这张字条也写不好。我也不能看书。我要说的是，我生活中的全部幸福都归功于你。你对我一直十分耐心，你是难以置信地善良。这一点，我要说——人人也都知道。假如还有任何人能挽救我，那也只有你了。现在，一切都离我而去，剩下的只有确信你的善良。我不能再继续糟蹋你的生命。

我相信，再没有哪两个人像我们在一起时这样幸福。

伍尔芙不愿因为自己再去拖累伦纳德的生命，这是她能选择的爱伦纳德的唯一方式。

找到伍尔芙的遗体后，伦纳德举办了只有他一人参加的葬礼，他默默将伍尔芙的骨灰葬在了家中一棵树下，他将伍尔芙的小说《波浪》的尾声作为妻子的墓志铭。

“死亡，即使

我置身于你的怀抱，我也不会屈服，不受宰制。”

这是他了解的伍尔芙，也是他所希望的伍尔芙。

他希望伍尔芙伟大的灵魂能够最终获得安宁。

成年后流露出的同性恋倾向、严重的精神疾病、同丈夫的柏拉图式爱情以及极高的文学素养和思想成就了伍尔芙。

她宣扬女性独特的价值，她说，女人要有一间属于自己的小屋，一笔属于自己的薪金，才能真正拥有创作的自由。

女性可以同男性一样去追求灵魂的自由，而谋生的自由和灵魂的自由对于女性来说十分重要。

拥有谋生能力，才有不将婚姻当作谋生手段的资本，才可以去谈论爱情。眼中紧盯所谓的物质基础，并要求对方给予自己安全感，并以自己对于家庭的付出要求男人要同样地回报，不能摆脱对男人的依附，不能拥有对爱人无功利付出的意识，就不该奢望爱情。爱情应该是心甘情愿地付出关心，付出爱护，表达欣赏，表达尊重，而不是索取关心与道德绑架来的一生捆绑。

而要拥有平等爱人的能力，就必须拥有一个自由的灵魂。

静思小语

还有什么比心灵的自由，更值得我们追求？一个心灵自由的人可以享受生命的美好，而不是为获得所谓的安全感被迫付出，心灵的自由会带来喜悦以及真爱，时时刻刻，将自己打造为一个经济独立、精神独立的女性。

赛珍珠：爱是一种不死的欲望

她是以中文为母语之一的著名美国作家，她也是几乎只以中国为写作题材的外国作家；

她是诺贝尔文学奖的获得者，因为她的见解保持着深刻而温暖的人性；

她所表达的同情可以穿越广阔分隔的种族边界；

她的婚姻不尽人意，一路跌跌撞撞，却不曾放弃寻找爱情。

赛珍珠在出生3个月后就被父母带到了中国。她的父亲和母亲都是美国人，父亲赛兆祥是个狂热的传教士，他热衷传教，携带家人近乎流浪般四处宣讲福音，也因此一直忽略家庭。她的母亲热情开朗，全力照顾家中子女。赛珍珠长在中国，和中国的小孩成长相似，穿着中式罩衫和布鞋，吃中国食物，唱着中国儿歌，听着中国故事，在中国文化的熏陶下慢慢长大。

当然，当到了读书的年龄，她除了读中国的古典文学，母亲也常常教她英语，并引导她阅读莎士比亚等欧美文学家的作品，她的少年时光充实而美好。

17岁时，家人把她送到美国弗吉尼亚州伦道夫·梅康女子学院学习，在这里她攻读心理学，可是很快，毕了业的赛珍珠又回到中国。一方面是因为母亲生病需要照料，而另一方面是因为中国的成长经历让她未能全方位融入美国，她在美国反倒没有在中国感觉舒服。

随着年龄的增长，家人催促她成婚，她的适婚对象不多，家里要求是美国人，她不想离开中国，而在华的美国人屈指可数，来不及慢慢相处，赛珍珠就同一位叫约翰·洛辛·布克的农学家确定了婚姻关系。

同布克17年的婚姻生活枯燥而乏味。

赛珍珠的浪漫天性同布克的严谨理性格格不入，而且彼此都坚持自己的个性及爱好，这必然导致两人渐行渐远。而他们的第一个孩子，由于是先天性代谢异常的智障儿不得不在日后的生活中被人事无巨细地照料。

婚后，布克要去调查位于长江中游的安徽农村的农耕情况。他是农业经济学者，有自己的研究方向，他的研究成果也在他的里程碑式的著作《中国农业经济》中体现，而他的妻子赛珍珠女士一直跟随她的丈夫，她要做她丈夫的翻译，帮助他完成研究。而在这研究中，赛珍珠也有收获，这次农村调查经验让她更多地了解了中国农民，这也成了她创造小说《大地》的基础。布克和赛珍珠专注于自己的领域，虽然他们都来源于一个基础，却从未花费更多的时间来读一读彼此的研究，对于赛珍珠而言，照顾父亲和孩子而产生的社会和心理压力并未得到丈夫的抚慰，她的苦闷无法排解，甚至她写作的爱好也并不被丈夫鼓励，曾有过的对于美好爱情的向往在乏味的婚姻中逐渐破灭，她常常在作品中写出身居婚姻和情感中女性的紧张与不安，这也许是她当时的心情写照。

1924年，她邂逅中国诗人徐志摩，从此将一段隐秘的情感悄悄地放于心间，寄托于笔底。

那一年，印度诗哲泰戈尔应梁启超、蔡元培以北京讲学社的名义之邀来华访问。徐志摩作为泰戈尔全程的翻译一直追随左右。当时作为南京一个教会学校英语教师的赛珍珠十分敬仰泰戈尔，在南京的一次欢迎泰戈尔的宴会上，赛珍珠也因此结识了徐志摩。徐志摩才华横溢又浪漫多情，赛珍珠逐渐被他吸引。作为一个已婚女子，纵然对婚姻如何失望，也还是不能全然背叛伴侣，赛珍珠只能将心灵深处的隐秘情感散落在自己的作品中。1925年，赛珍珠写了短篇小说《一个中国女子的话》，讲了一对异族青年男女的浪漫故事，知情者，仿佛看破其中隐喻。也许这份感情在徐志摩的眼中微不足道，此时的赛珍珠即使文学颇有造诣却姿色平平。毕竟，这位风流才子的红颜知己个个名声响亮，容貌艳丽。但在赛珍珠的心中，这份仰慕与爱意却足以唤醒被日常生活磨灭掉的激情。作为一个文学家，这份激情弥足珍贵。

后来她又遇到理查德·威尔士，她对爱情又一次燃起希望。这还和她的作品有关。她的小说《大地》最初的名字是《王龙》，在即将出版时，理查德建议将其书名改为《大地》，这样的改动十分重要，也可见理查德对于小说的深刻解读和对文字的高度敏感。他同赛珍珠也有多次的交流，毫无疑问，每一次的沟通都十分愉快，而这对赛珍珠来讲，曾经浪漫狂热的激情被逐渐唤醒，也许，作为一个作家永远不可能对爱情绝望，即使生活如一潭死水，他们依旧可以在风平浪静中默默等候风起的时刻，如春风般和煦的爱情一入眼底，便要抓在手中。

很快，她同布克离婚，并在同一天，嫁给了理查德。一个感受过心灵契合并情感充沛的女人，是不肯再回到乏味枯燥的无爱婚姻中去的。而理查德的确让她的人生从此有了神奇的转变，40岁前，她还只是一个狂热却默默无名的传教士的女儿，后来变成乏味农学家的妻子，又要照顾患有痴

呆症的女儿，即使写作却名不见经传，可有了理查德这位出版界天才的帮助，赛珍珠的才华得到了世人的认同，她在美国的生活开始丰富。物质生活无忧，精神生活充实，赛珍珠同理查德携手走过的25年，应该是她最幸福的时光。

理查德先她离开，她不想孤独地默默走完人生最后一程。赛珍珠不断寻求爱情来驱散孤独，这在很大程度上是因为她独特的人生经历。她曾在美国找不到归属感，这里对她来说有异乡的疏离感，可是，她又回不去中国，那个曾是她割舍不掉的故乡。她无法脚踏实地，她也驱散不了伴随一生的孤独，除非拥有爱情。

于是，她继续追逐。

晚年曾有年轻的男人觊觎她的财产，投其所好布下温柔陷阱，她聪明一世并非一无所知，也许，对那时的赛珍珠来讲，她太需要一份能给她带来温暖的感情。所以，即使要冒着被欺骗、被遗弃的危险，她也要飞蛾扑火，迷失于虚假的浪漫与放纵的狂欢。她怎能不知道虚幻的爱如同绽放的烟花只是短暂的绚烂？可是突如其来的勇气的灼热和幻灭前的绚烂值得自己孤注一掷，她有失有得。

爱情是赛珍珠的救命稻草，她早已不需要男人的成就，仅仅需要男人的爱情。

静思小语

对爱情无尽的追逐让她的一生跌宕起伏，爱情是她最后一根救命稻草，她怎能不知道虚幻的爱如同绽放的烟花只是短暂的绚烂？可是突如其来的勇气的灼热和幻灭前的绚烂值得自己孤注一掷。这就是赛珍珠，永远的大地的女儿。

梅琳达·盖茨：不成为婚姻的附属品

她拥有世界上最智慧的男人和最多的财富，却一贯行事低调，拒绝奢华的上流生活；

她曾是一个全职太太，掌管华盛顿湖畔一座巨大的高科技豪宅；

她不想成为婚姻的附属品，在合适的时机开始自己的事业；

她恬淡、轻柔，从不咄咄逼人，但是却行事果断，雷厉风行；

她很少出现在聚光灯前，但却似乎没有让自己的影响力减弱；

她是一个宽容的女人，当智慧与宽容汇聚，她注定是个幸福的女人。

在嫁给比尔·盖茨之前，梅琳达已经在微软做出了骄人的业绩。

她毕业于杜克大学，拥有计算机科学和经济学的双学位，还取得了MBA学位。她曾在微软实习，以出色的实习成绩毕业后顺利地进入到微软工作，作为最年轻的员工、唯一的女性MBA，她很快崭露头角。由于她的努力和认真，及时修正了WINDOWS的致命失误，避免了公司的重大损失。不久，她成为了一名管理人员，其实，管理这些高智商的IT精英并不是件简单的事儿，但是聪明的梅琳达还是游刃有余，充分地发挥着她的管理天分，将工作进行得有声有色。

那时的梅琳达虽然在工作中雷厉风行，但是为人却总是恬淡优雅，她浅棕色的头发随意地搭在肩上，虽然不算顶级美女，但是却很赏心悦目。于是，当时微软的CEO比尔·盖茨被这位充满魅力的女士吸引。他向她提出约会的请求，梅琳达也欣然接受。的确，同当时世界上绝顶聪明的人约会应该是一次不错的体验。几次约会，比尔的幽默让梅琳达感觉不错，她的聪明和睿智也让比尔很动心。

经过一段时间的接触，比尔确定了梅琳达作为自己婚姻对象的首选。他浪漫地求婚，于1994年1月1日，在威利·尼尔森的歌声中举行了婚礼。

婚礼隆重而盛大，参加婚宴的宾客中都是身价不菲的富翁，梅琳达拥有了一场万众瞩目的奢华婚礼，成了全世界女人最为羡慕的对象。

可是，世界首富的妻子却并不好当。

婚前，比尔向梅琳达提出了一个不可思议的要求：他要求自己每年有一个星期的假期是自由的，这样的自由意味着，他要与他的前任情人在一起，他只想同她坐在一起谈谈物理学和计算机。他保证这是纯粹柏拉图式的相处。

而梅琳达的婆婆也送给她一封言辞恳切却并不轻松的家书，信中这样写道：

亲爱的梅琳达：

几小时后，你就要嫁给比尔，我和你将有同样的夫姓。威廉·盖茨和我结婚已经42年了。其实，我们仍在不断学习，了解到底什么是婚姻。“爱并且珍惜”，请赞扬他的优点，但记住不是全部。也许，你会发现一些地方——往往是他的母亲教育疏漏的地方——你很想改变，你可得知，改造自己的丈夫是一项非常漫长的工程，而且不会一帆风顺。有的时候，改变自己的心理预期，也许会好一些。“无论环境好坏”，别期望生活能平静如水，祈祷得到勇气，还要保持你的幽默感。从来，从来没有人能拥有完美无瑕、和谐融洽的婚姻生活。美好的婚姻需要双方一起努力，保留弹性的空间，并且克制自我。但是，最最重要的基石，是坚定的信念——坚信你们的婚姻一定会天长地久。“无论贫穷富足”，这句话也许只对极少数的人有着特殊含义。我们的每一天都是一种考验，考验你是否在所处环境中表现得谦逊。拥有的越多，责任也就越大。你是如何运用自己的资源，尽到了自己的责任？在最后，你的生命历程将得到一份判词。因为会回顾反思你的人生的，不是你一个人。“无论疾病还是健康”，就像你看到的一样，在过去几个月中，我们有了一个很直接的机会，反省“患难与共”这句誓言，事实上，这次挑战使我们的关系更深了一层。当然，水面不会一直平静，但我根本无法设想，如果我没有嫁给盖茨，会是怎样的生活。我祝愿，从现在开始，42年以后的你，也会对你的比尔·盖茨有同样美好的感受。

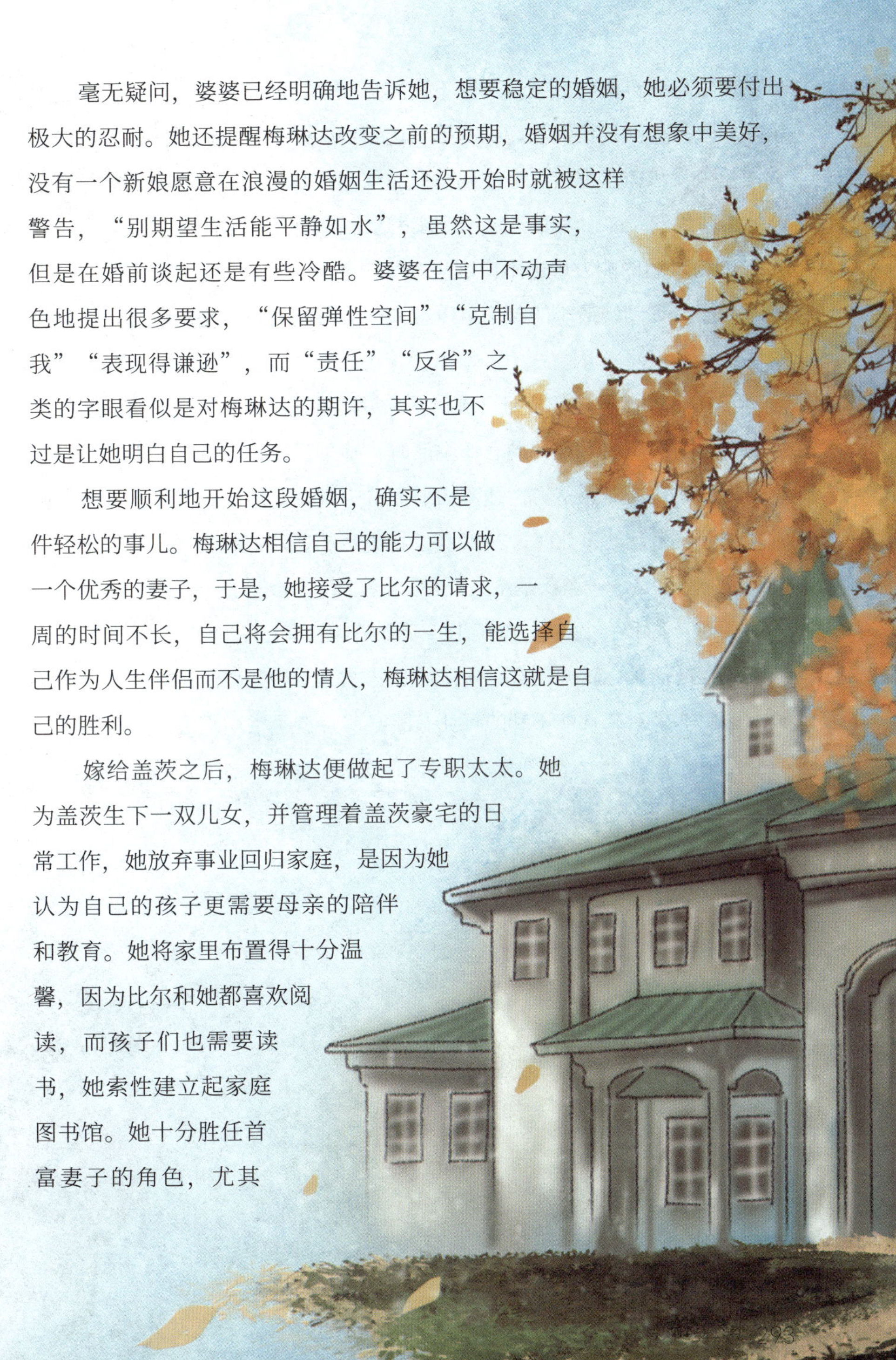

毫无疑问，婆婆已经明确地告诉她，想要稳定的婚姻，她必须要付出极大的忍耐。她还提醒梅琳达改变之前的预期，婚姻并没有想象中美好，没有一个新娘愿意在浪漫的婚姻生活还没开始时就被这样警告，“别期望生活能平静如水”，虽然这是事实，但是在婚前谈起还是有些冷酷。婆婆在信中不动声色地提出很多要求，“保留弹性空间”“克制自我”“表现得谦逊”，而“责任”“反省”之类的字眼看似是对梅琳达的期许，其实也不过是让她明白自己的任务。

想要顺利地开始这段婚姻，确实不是件轻松的事儿。梅琳达相信自己的能力可以做一个优秀的妻子，于是，她接受了比尔的请求，一周的时间不长，自己将会拥有比尔的一生，能选择自己作为人生伴侣而不是他的情人，梅琳达相信这就是自己的胜利。

嫁给盖茨之后，梅琳达便做起了专职太太。她为盖茨生下一双儿女，并管理着盖茨豪宅的日常工作，她放弃事业回归家庭，是因为她认为自己的孩子更需要母亲的陪伴和教育。她将家里布置得十分温馨，因为比尔和她都喜欢阅读，而孩子们也需要读书，她索性建立起家庭图书馆。她十分胜任首富妻子的角色，尤其是在比尔遇到难题时，她是一个不错的参谋。巴菲特曾说，如果要比宏观统筹能力，梅琳达比绝顶聪明的比尔还强那么一点儿。而摇滚巨星波诺也曾说：“我和盖茨都对生命的恣意损失感到极其愤怒，因此我们需要一个脉搏帮助我们缓冲，恢复理性，而梅琳达就是这样一个脉搏。”

而梅琳达的能力远远不只这些，做一个全职太太也只是她人生某一阶段的责任。等到她最小的孩子可以就读于全日制学校，梅琳达开始了自己的事业。

早在1994年的非洲蜜月之旅时，梅琳达就已经萌生了做慈善的想法，当她看到刚果（金）难民的悲惨生活时，她早已无暇欣赏自己喜欢的非洲小动物，她知道非洲贫穷，却不知道竟贫穷到如此地步。当终于有精力和时间去发展自己的事业时，2000年，梅琳达和盖茨一起建立了美国有史以来最大的基金会——盖茨基金会，并担任主席。

而这一阶段，比尔·盖茨正经历他的人生低谷，他的公司员工斯特凡妮，也是他桃色新闻的女主角，站在法庭上，指证盖茨使用非法手段竞争，这使本来对微软就不利的行业垄断案调查有了实质进展。知情的华尔街经纪人纷纷抛售微软股票，一时间，盖茨的个人财产损失高达80亿美

元。此后，比尔·盖茨逐步淡出他执掌多年的微软。

比尔的背叛让人愤怒，但是比尔的处境更需要她的帮助。梅琳达积极发展他们的慈善事业，她潜心研究艾滋病、疟疾和肺结核问题，对基金会的运作全盘考虑，对每一个投款方向都进行周密的论证。渐渐地，比尔也开始同她一起工作，并对慈善事业产生浓厚兴趣，他开始不再因为离开微软而沮丧，因为他正积极地在一个新的领域开启他们令人瞩目的人生篇章。

尽管梅琳达并不十分喜欢长时间在公众面前出现，她是一个低调务实的女性，不过，因为基金会的原因，她必须将贫困并饱受病痛困扰的民众的痛苦向公众传递。人们常说，这个女人一夜间拥有世界首富，却把钱捐到非洲去。

对于梅琳达来说，事业非常重要，因为她要为女儿做出榜样："我非常希望她不管从事什么职业，都能有发言权。"也只有这样，才可以找到人生的价值，也会让自己获得尊重。

静思小语

梅琳达作为世界首富的妻子，但是她却并未成为婚姻的附属品，她渴望展现自己的价值，并且为自己的女儿做出榜样。她是个宽容的妻子，她接受了婆婆的善意提醒，也因此有了一段虽然波折却还算幸福的婚姻。

奥普拉·温弗瑞：成长，永远是自己最重要的事情

她是美国的脱口秀女王，拥有全美3300万电视观众，很多世界名人甚至总统都要排队、哪怕插队都想上她的节目；

她通过控股哈普娱乐集团的股份，掌握了超过10亿美元的个人财富；

她在世界都有着非凡的影响力，美国伊利诺斯大学更是开设了一门课程专门研究她；

美国《名利场》杂志评价她说：“在大众文化中，她的影响力，可能除了教皇以外，比任何大学教授、政治家或者宗教领袖都大。”

她曾经有过一段地狱般的经历，但最终凭借自身的努力取得了成功；

因为，她一直将成长作为自己最重要的事。

麦当娜说过：“我在她身上学到了太多，她是一个自我修成的女人，在自己的领域叱咤了25年，现在仍然让人敬畏，我发誓自己会更加勇敢，永不言败。感

谢她鼓舞了我。”

不仅仅是麦当娜，全美国的女人都在她身上学到了太多东西，所以，一个贫穷的黑人街区女孩从苦难罪恶的深渊逃离，最后变成全球瞩目的“传媒女皇”，这个美国梦的实现，格外鼓舞人心。

奥普拉不是生来富贵，相反，她的童年悲惨无比。在美国南方密西西比州的一个单亲家庭度过童年，奥普拉的生活曾异常困顿，几乎整日处于颠沛流离的状态。她自己回忆：“6岁之前，我从来没有从商店新买一条裙子或者一双鞋子……我唯一的一个玩具也只是用牙签做成的玉米棒娃娃……”

然而，物质的匮乏却不是生活中遇到的最糟糕的事情。

奥普拉9岁时被表兄强奸，而且还成为了其他性犯罪者的牺牲品。这样的情况一直延续到她13岁，她曾因此而屡次离家出走，差点儿被送进少管所，14岁她还曾产下一个夭折的孩子。

这样不堪回首的经历是奥普拉在自己的节目中开诚布公地向嘉宾和观众说起的。普通人也许永远不会去回忆，甚至要刻意回避忘记的，她却主动说起，这到底需要多大的勇气。

她的勇敢毋庸置疑。

同奥普拉拥有相似遭遇的人也许早已经在黑暗中堕落，因为残酷的现实让人实在无法喘息。勇敢的人在自己无法选择的时候被动接受苦难和罪恶，那就在自己可以选择时，主动寻找温暖和光明。

奥普拉刻苦读书，当她发现自己拥有与生俱来的说话技巧和不俗的记忆力，她不断去练习去总结，以至于可以让自己的言谈更容易带动别人的情绪。幸运的是，19岁的奥普拉真的凭借自己的语言天赋被当地一家电台聘为业余新闻播音员，从此涉足传媒界。

在当时的美国，电视主持王国一贯是由白人男性主导，而奥普拉却成了这个王国的女王。

奥普拉的主持很有个人风格，她没有新闻报道者的客观冷静，相反，她经常情绪激动，她真诚、直率的特点，吸引了世界范围内数百万计的观众。

她语言幽默，常常在自嘲中逗得观众哈哈大笑，她讲述自己在密西西比州小镇的成长经历：“那个地方小得可怜。你吐口痰，痰还没着地就准飞出小镇了。”

言语中，她毫不掩饰自己的底层社会背景，以及曲折的个人经历。这也就缩小了与普通观众之间的距离。

她心存善意并善于倾听，当听到一位嘉宾含泪诉说自己被亲生父亲强暴后，生下了一个患有自闭症的孩子，奥普拉泪流满面，并和这位嘉宾紧紧地拥抱在一起。她希望这位嘉宾能够走出痛苦的阴霾，她愿意讲述自己的遭遇，毫无事先准备，也丝毫没有考虑任何后果，奥普拉向观众讲述了自己幼年时期被表哥强暴的痛苦遭遇。她认为自己已经足够强大去面对过去，只有直面自己的悲剧人生，才能在这个过程中获得内心抚慰而拯救自己。她已经在痛苦中成长，她也希望无数在痛苦中挣扎的人能够同样勇敢和坚强。

活着，没人能躲过疼痛。所以，活过，当然会疼痛过。你可以痛不欲生，也可痛定思痛，却不能深陷其中。因为，这个世界，没有一种痛是单独为你定制，你不必放大，只需放下。放下，你才有成长的机会，解开心结，才会有更开阔的未来。

如她所愿，数万观众同情她的亲身遭遇并被她不屈的精神所引领，一个做了子宫切除手术后陷入了悲哀绝望的妇女，就是在收看奥普拉的节目和演讲后摆脱沮丧，恢复了信心。

在节目中，奥普拉把话题设定在社会、生活领域，从女性视角探讨离婚、性虐待、男人的压力、儿童养育、战争等热门话题。她请来心理学家或是社会学家给出相关建议，而观众更认同的观点总是来自于这位意见领袖，因为她是如此直接和真诚。

当谈起毒品，这个每个明星避之不及的话题，她却坦率承认，在20年前她曾经吸食过强效可卡因。年轻的奥普拉也曾任性和偏执，为了一个正在约会的男人，她说：“我是那么地爱他，为了他我什么都可以去做。”曾经迷茫，曾经堕落，却依旧能够有自己的荣耀和财富，只要肯成长，便能破茧成蝶。

在美国，她自我奋斗的形象家喻户晓，她让观众体察到了精神素质和道德品格对于个人成功的重要性，这档节目也使奥普拉内心累积的能量得到

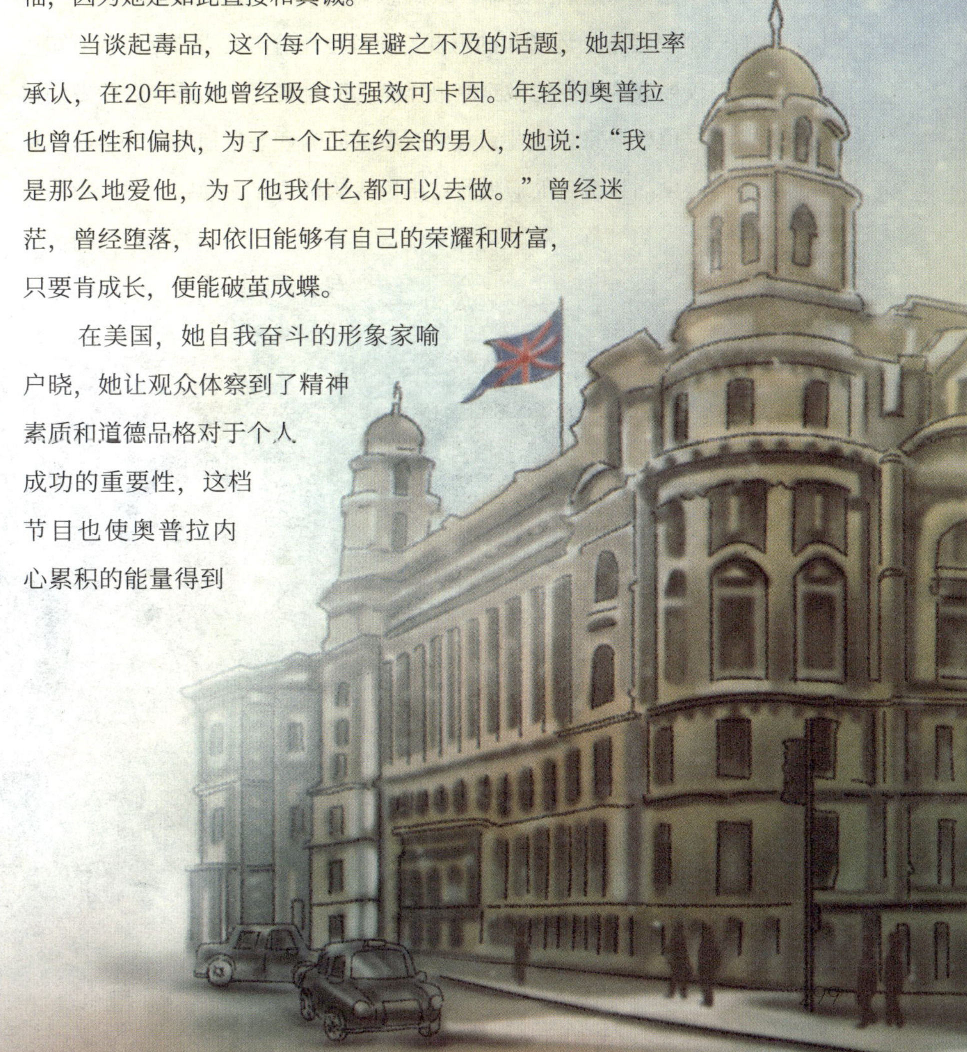

释放。

获得巨大成功的奥普拉并未止步，她开始组建自己的公司，并获得不错的经济收益，她还关注公益事业。在她的提议和直接推动下，1993年美国通过了保护儿童免受虐待和性骚扰的《全国儿童保护法案》，这部法案甚至因此被称为“奥普拉法案”。在2008年总统竞选时，她还曾经为奥巴马立下过汗马功劳，她不仅利用自己的影响力为奥巴马拉选票，而且为奥巴马主持各种活动筹集大量资金。她在美国的影响力毋庸置疑。

但是对于感情和婚姻，她却不愿刻意规划。

她有一个已经相处近30年的男友，奥普拉评价男友为“他是我所知道的第一个不仅要我成为所能做到的最佳者，而且要尽其所能地要我做到这点的人”。这位教育家与企业家与她有着共同的理想与信念——帮助有缺陷的孩子改善生活状况，他们为此付出巨大的精力和时间。当然，也许他

们抽得出时间来举办一场万众期待的婚礼，只是，奥普拉并不着急。

感情已经历经时光的打磨而日趋稳定，更重要的是，奥普拉自己已经成长为一个独立、坚强的女性，她自己已经是100分，不再需要将照顾自己的责任外包给另外一个人，所以，何时结婚，已不迫切。

不把对方当作满足自己的工具，也许，对于感情也就有了加倍的信心，他相信奥普拉的宽容和大度会给他以智慧的指引，奥普拉则将他看作自己快乐的源泉，这两个各自生命中的最佳搭档，已经在各自灵魂深处完成了最为庄严的仪式。

奥普拉靠着“一个人可以非常清贫、困顿、低微，但是不可以没有梦想”的简单信念，实现了美丽蜕变。她不肯放弃自己，坚持在痛苦中成长，才成就了一个百分百的自己，于是，在这一生中，无论遇到谁，都只是在为自己的人生多创造出一些精彩。而对于大多数女性而言，能够真正认可自己、尊重自己，所有的快乐也来源于自己，也就没有人能伤害你。

活着，没人能躲过疼痛。所以，活过，当然会痛过。你可以痛不欲生，也可痛定思痛，却不能深陷其中。因为，这个世界，没有一种痛是单独为你定制，你不必放大，只需放下。放下，你才有成长的机会，解开心结，才会有更开阔的未来。

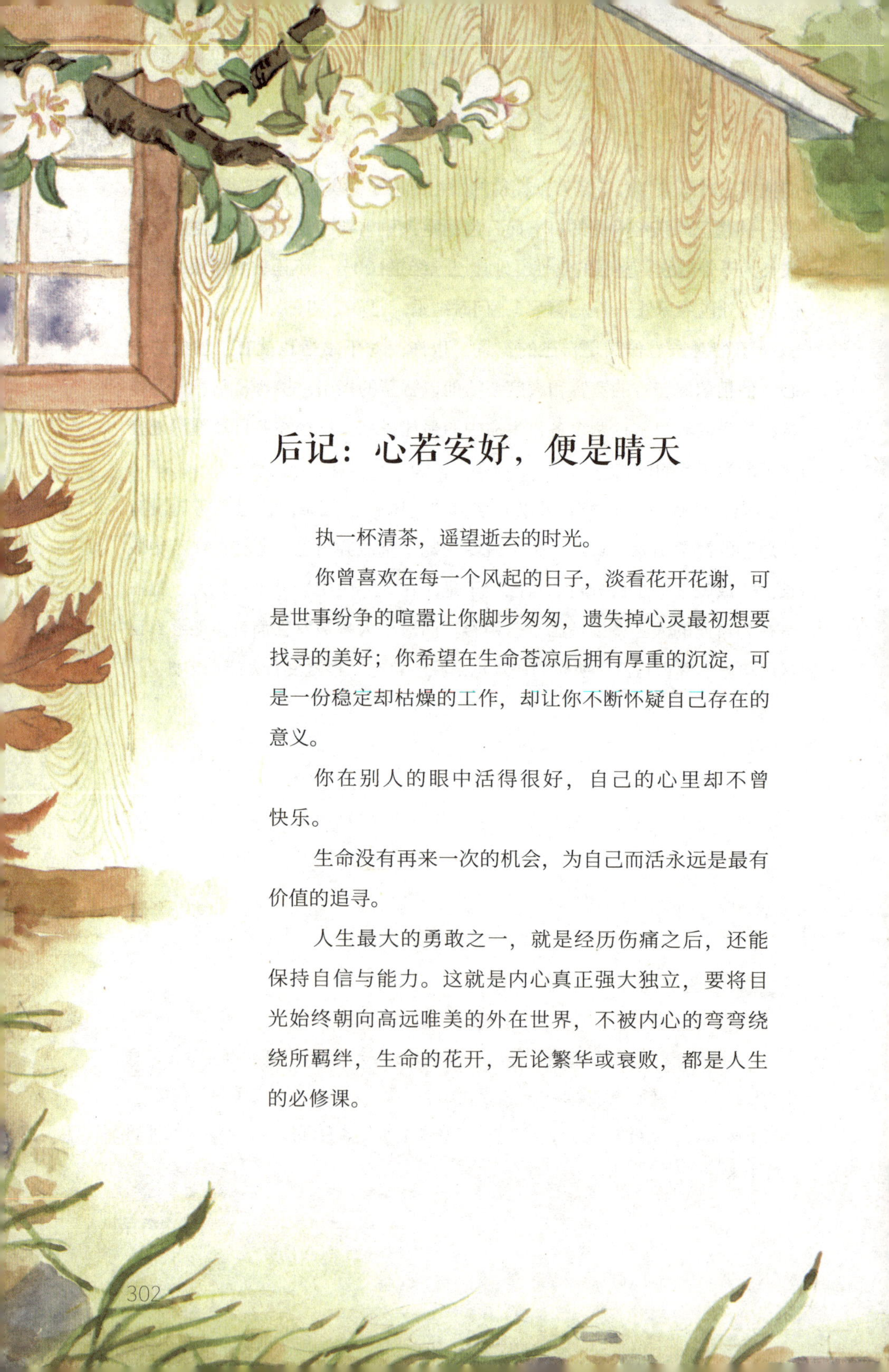

后记：心若安好，便是晴天

执一杯清茶，遥望逝去的时光。

你曾喜欢在每一个风起的日子，淡看花开花谢，可是世事纷争的喧嚣让你脚步匆匆，遗失掉心灵最初想要找寻的美好；你希望在生命苍凉后拥有厚重的沉淀，可是一份稳定却枯燥的工作，却让你不断怀疑自己存在的意义。

你在别人的眼中活得很好，自己的心里却不曾快乐。

生命没有再来一次的机会，为自己而活永远是最有价值的追寻。

人生最大的勇敢之一，就是经历伤痛之后，还能保持自信与能力。这就是内心真正强大独立，要将目光始终朝向高远唯美的外在世界，不被内心的弯弯绕绕所羁绊，生命的花开，无论繁华或衰败，都是人生的必修课。

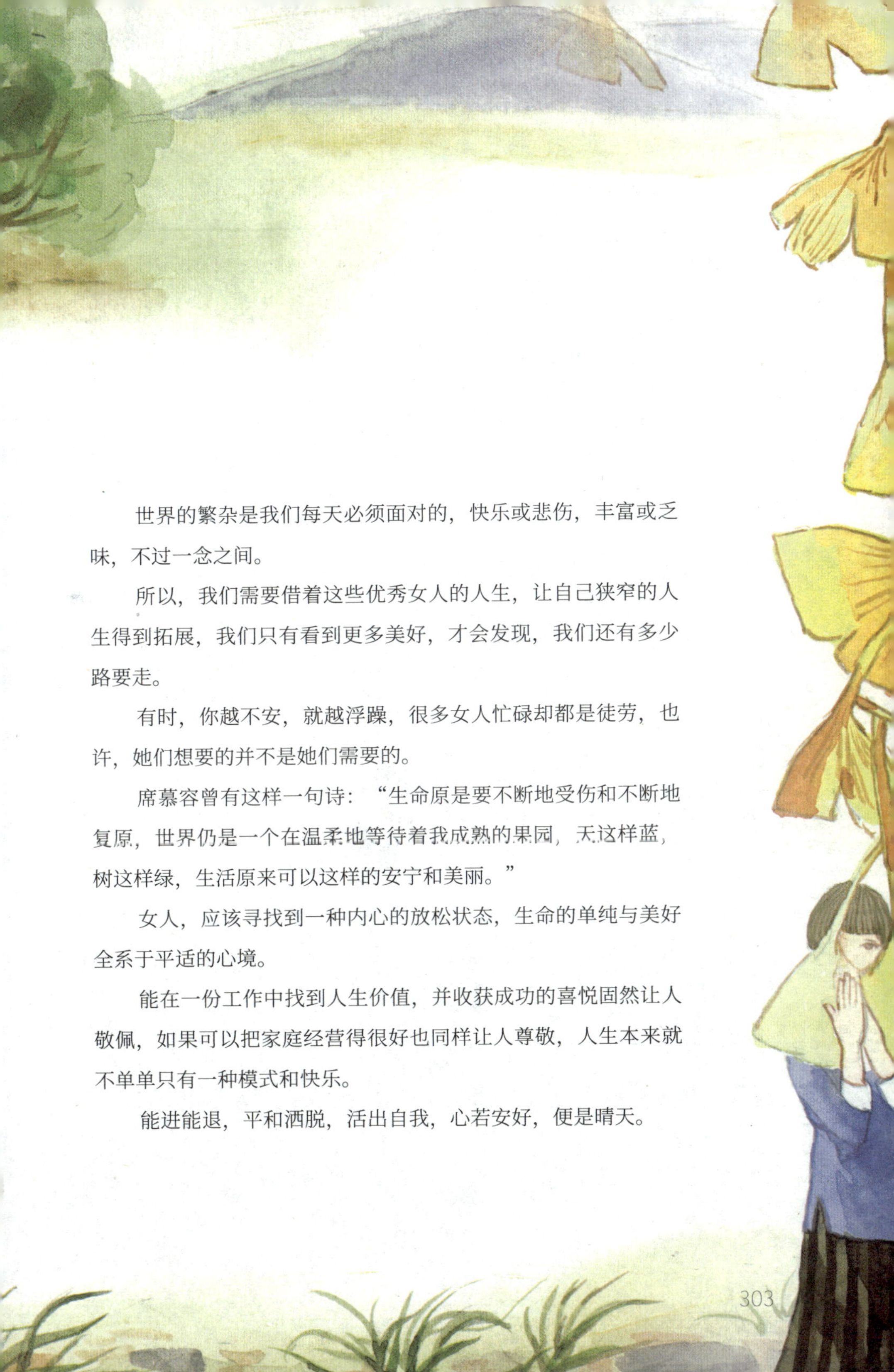

世界的繁杂是我们每天必须面对的，快乐或悲伤，丰富或乏味，不过一念之间。

所以，我们需要借着这些优秀女人的人生，让自己狭窄的人生得到拓展，我们只有看到更多美好，才会发现，我们还有多少路要走。

有时，你越不安，就越浮躁，很多女人忙碌却都是徒劳，也许，她们想要的并不是她们需要的。

席慕容曾有这样一句诗：“生命原是要不断地受伤和不断地复原，世界仍是一个在温柔地等待着我成熟的果园，天这样蓝，树这样绿，生活原来可以这样的安宁和美丽。”

女人，应该寻找到一种内心的放松状态，生命的单纯与美好全系于平适的心境。

能在一份工作中找到人生价值，并收获成功的喜悦固然让人敬佩，如果可以把家庭经营得很好也同样让人尊敬，人生本来就不单单只有一种模式和快乐。

能进能退，平和洒脱，活出自我，心若安好，便是晴天。